# 本质安全“一标双控”输电运检管理工作手册

国网内蒙古东部电力有限公司 编

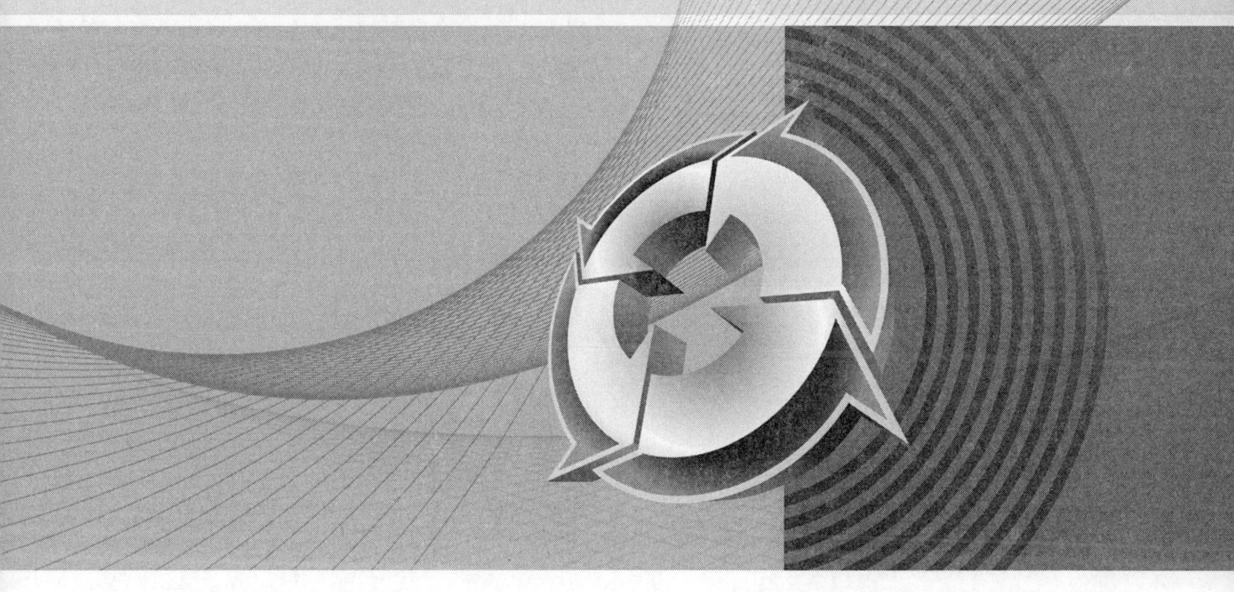

中国电力出版社
CHINA ELECTRIC POWER PRESS

**图书在版编目（CIP）数据**

本质安全“一标双控”输电运检管理工作手册 / 国网内蒙古东部电力有限公司编．—北京：中国电力出版社，2021.8（2022.2重印）
ISBN 978-7-5198-5868-1

Ⅰ. ①本…　Ⅱ. ①国…　Ⅲ. ①电力工业–安全生产–手册　Ⅳ. ①TM08-62

中国版本图书馆 CIP 数据核字（2021）第 162277 号

出版发行：中国电力出版社
地　　址：北京市东城区北京站西街 19 号（邮政编码 100005）
网　　址：http://www.cepp.sgcc.com.cn
责任编辑：雍志娟（010-63412255）
责任校对：黄　蓓　常燕昆
装帧设计：郝晓燕
责任印制：石　雷

印　　刷：廊坊市印艺阁数字科技有限公司
版　　次：2021 年 8 月第一版
印　　次：2022 年 2 月北京第二次印刷
开　　本：787 毫米×1092 毫米　16 开本
印　　张：13.5
字　　数：342 千字
印　　数：2201—2400册
定　　价：85.00 元

# 编 委 会

# Preface 前言

安全是电网企业最大的责任，是电网企业的生命线，是全体职工的共同利益。实现长治久安、保障安全发展，必须标本兼治，提升本质安全水平。

国家领导人习近平、李克强等中央及部委领导同志多次就安全生产工作作出重要指示，强调要强化企业主体责任落实，牢牢守住安全生产底线，切实维护人民群众生命财产安全。2016年，国家电网公司（简称国网）在年中工作会议中印发《关于强化本质安全的决定》，并在文件中指出“本质安全是内在的预防和抵御事故风险的能力”，同时强调要把队伍建设作为安全生产工作的关键，要狠抓基层、基础、基本功，构建预防为主的安全管理体系，提高企业本质安全水平，实现安全可控、能控、在控。2018年开局，国家电网公司召开安全生产电视电话会议，强调持续推进本质安全建设，确保公司高质量发展。2020年，国家电网有限公司提出牢固树立安全生产“四个最”意识，扎实抓好各项安全生产工作，集中精力保安全，确保大电网安全、设备稳定运行、人身安全和网络安全。

近年来，内蒙古地区电网建设步伐加快，境内“三交三直”特高压工程相继投入运行，对蒙东电网的运维能力提出了更高要求。同时，国网蒙东电力已经成为国网系统承担特高压运维任务最多的省级电力公司，特高压现场发生电网事故、重大设备损坏事故和火灾事故的风险陡增，蒙东电网地域跨度广、运维半径大、气候恶劣，没有形成整体统一互联的500kV网架，电网互供能力弱，配网还存在供电“卡脖子”、低电压问题。面对这些问题，需要透过现象看本质，遵循企业安全管理发展规律，找准管理基础薄弱的“痛点”和问题产生的“病根”，夯基垒台、立柱架梁，开出适合电网安全生产管理的“良方”，从而解决所面临的基础管理薄弱、员工素质参差不齐、特高压大电网运维风险等实际问题。

从电力行业近十几年来发生的事故来看，每一起事故背后都有违章行为的发生，究其原因主要还是岗位工作标准落实不到位、人员能力不足和现场管控缺失所致，最终导致事故发生的严重后果。因此，一方面从电网坚强、创新技术等“硬实力”上实现本质安全，另一方面我们也要从管理、人才培养和现场管控等“软实力”着手，从岗位、人员、现场三个维度压实安全责任，实现“每一个岗都有标准、每一个人都有能力、每一件事都有控制”，从而不断提升企业的本质安全水平，才能满足企业可持续发展的实际需要。国网蒙东电力基础管理薄弱、人员水平能力不足和现场管控难度较大，同时网架结构不够坚强，老旧设备较多，要想真正从本质上提升安全能力，就需要结合内蒙古地区电网和企业发展实际，从管理上下功夫，全面探索构建新的安全生产管理体系和模式，切实从基础上和根本上来提高企业的本质安全水平。

本书主要是突出标准化引领规范化，细化输变配各专业业务颗粒度，从流程和标准入手，明确了各项业务工作开展的标准化要求。本书适合于对设备运检管理人员开展业务流程培训和管理应用，也适合于对设备运检感兴趣的各类电力企业生产人员自学和参考，希望能够对设备运检管理的标准化水平提高有所帮助。

本书中有不妥和错误之处，恳请读者批评指正。

编者

2021 年 8 月

Contents 目录

# 1 概　述

本质安全“一标双控”是一个整体，“一岗一标”是前提，“一人一控”是核心，“一事一控”是目的。主要是遵循安全管理发展规律，坚持“安全第一，预防为主，综合治理”方针，秉持“人本管理、风险管理、系统管理”核心理念，坚持顶层设计与基层实际相结合，突出管理标准化引领规范化，以健全“一规范、一手册”的“一岗一标”管理标准体系为前提，以建立“岗位培训标准化、员工培养差异化”的“一人一控”员工培养机制为核心，以推行“一险（患）一措、一业一控”的防控机制来实现“一事一控”为目的，实现安全生产管理关口前移、重心下移、基础夯实，最终打造业务全面覆盖、流程上下贯通、现场运转高效的“一标双控”（“一岗一标”、“一人一控”、“一事一控”）安全生产管理体系。

“一岗一标”是以专业岗位为出发点，对应不同岗位职责、匹配制度标准等，梳理工作项目清单，本着“实用、易用、高效”的原则，构建“一规范、一手册”的管理标准，明确每一个岗位应该做什么、怎么做、做到什么程度，重点突出工作内容看得懂、操作标准记得住、业务流程用得上，明确每个岗位的工作流程和具体标准，全面提升规范化和标准化管理水平。

“一人一控”是通过对接“一岗一标”的岗位工作职责、工作项目和具体要求，构建岗位培训标准化、人员培训差异化的员工培养机制，实现员工立足岗位全过程闭环培养，着力提升专业人员能力素质，提高人员岗位匹配度。

“一事一控”是以防范电网（设备）风险（隐患）、管控作业现场为落脚点，逐一针对各类风险和作业现场分别采取对应措施和管控方法，从设备和人员两个角度实现全业态管控，全面杜绝重大设备损坏、大面积停电和人身伤亡事故发生。

通过全面构建和推广本质安全“一标双控”管理体系，旨在实现基础管理有效夯实、员工素质全面提升、事故防御能力明显增强，坚决杜绝重大设备损坏、大面积停电和人身伤亡事故的发生，全面提升公司本质安全能力，推动企业可持续健康发展。

本质安全“一标双控”围绕“人、物、环、管、文”五大要素系统搭建，突出工作标准化、流程规范化，是基于“全员、全方位、全过程”的基本要求，以“一岗一标、一人一控、一事一控”将风险管控落地到“每一个岗、每一个人、每一件事”的安全生产管理模式，是“标准上精确指导到岗位、细节上全员管理到个人、过程上闭环管理到任务”本质安全管理模式的落地载体，是摒弃传统安全管理的新方法、新模式、新机制，是风险预控关口前移和重心下移的安全管理方式变革。

输电专业业务规范项目见表 1-1。

表 1-1　　输电专业业务规范项目

| 工作项目 | 一级工作项目 | 依据 | 执行工作流程名称 | 执行工作流程编号 | 标准化分册编号 |
|---|---|---|---|---|---|
| 安全生产管理 | 安全活动 | | 安全活动工作流程 | MDYJ-SD-SDYJ-LC002 | MDYJ-SD-SDYJ-GZGF-002 |
| | 工作票管理 | 内蒙古东部电力有限工作票实施细则 | 工作票管理工作流程 | MDYJ-SD-SDYJ-LC003 | MDYJ-SD-SDYJ-GZGF-003 |
| | 工器具管理 | 国家电网公司运检装备配置使用管理规定 | 工器具管理工作流程 | MDYJ-SD-SDYJ-LC004 | MDYJ-SD-SDYJ-GZGF-004 |
| | 现场安全管理 | 国家电网公司安全生产工作规定 | 现场安全管理工作流程 | MDYJ-SD-SDYJ-LC005 | MDYJ-SD-SDYJ-GZGF-005 |
| | | 国家电网公司安全生产反违章工作管理办法［国网（安监/3）156—2014］ | | | |
| | | 国网蒙东电力关于加强小型分散作业现场安全管理的通知（蒙东电安质〔2016〕198 号） | | | |
| 运行维护管理 | 缺陷管理 | 国网内蒙古东部电力有限公司缺陷管理制度 | 缺陷管理工作流程 | MDYJ-SD-SDYJ-LC006 | MDYJ-SD-SDYJ-GZGF-006 |
| | 隐患管理 | 国家电网公司安全隐患排查治理管理办法［国网（安监/3）481—2014］ | 隐患管理工作流程 | MDYJ-SD-SDYJ-LC007 | MDYJ-SD-SDYJ-GZGF-007 |
| | 巡视工作 | 110kV～750kV 架空输电线路施工验收规范（GB 50233） | 巡视工作流程 | MDYJ-SD-SDYJ-LC008 | MDYJ-SD-SDYJ-GZGF-008 |
| | | 110kV～750kV 架空输电线路设计规范（GB 50545） | | | |
| | | 国网内蒙古东部电力有限公司输电线路标准化巡视方法规范 | | | |
| | | 架空输电线路运行状态评估技术导则（DL/T 1249） | | | |
| | | 电业安全工作规程（电力线路部分）（DL/T 409） | | | |
| | 检测工作 | 高压架空线路和发电厂、变电所环境污区分级及外绝缘选择标（GB/T 16434） | 检测工作流程 | MDYJ-SD-SDYJ-LC009 | MDYJ-SD-SDYJ-GZGF-009 |
| | | 电业安全工作规程（电力线路部分）（DL/T 409） | | | |
| | | 劣化盘形悬式绝缘子检测规程（DL/T 626） | | | |
| | | 杆塔工频接地电阻测量（DL/T 887） | | | |
| | 雷电定位系统的管理与应用 | 内蒙古东部电力有限公司雷电监测分析工作管理办法 | 雷电定位装置的管理与应用工作流程 | MDYJ-SD-SDYJ-LC010 | MDYJ-SD-SDYJ-GZGF-010 |
| | 线路特殊区段管理 | 国网蒙东电力输电运检工作手册 | 线路特殊区段管理工作流程 | MDYJ-SD-SDYJ-LC011 | MDYJ-SD-SDYJ-GZGF-011 |
| | | 国网蒙东电力输电专业精益化管理考核评价细则 | | | |
| | | 架空输电线路运行规程（DL/T 741—2010） | | | |
| | 通道与环境管理 | 国网内蒙古东部电力有限公司输电线路通道属地化管理实施细则 | 通道与环境管理工作流程 | MDYJ-SD-SDYJ-LC012 | MDYJ-SD-SDYJ-GZGF-012 |

续表

| 工作项目 | 一级工作项目 | 依据 | 执行工作流程名称 | 执行工作流程编号 | 标准化分册编号 |
|---|---|---|---|---|---|
| 运行维护管理 | 通道与环境管理 | 架空输电线路运行规程（DL/T 741—2010） | 通道与环境管理工作流程 | MDYJ-SD-SDYJ-LC012 | MDYJ-SD-SDYJ-012 |
| 标准化线路建设 | | 国网内蒙古东部电力有限公司标准化输电线路建设规范 | 标准化线路建设工作流程 | MDYJ-SD-SDYJ-LC013 | MDYJ-SD-SDYJ-GZGF-013 |
| 检修管理 | | 110～500kV 架空输电线路检修规范<br>1000kV 架空输电线路检修规范 | 检修管理工作流程 | MDYJ-SD-SDYJ-LC014 | MDYJ-SD-SDYJ-GZGF-014 |
| 专项管理 | “三跨”管理 | 关于印发《国家电网公司架空输电线路“三跨”重大反事故措施》（试行）的通知（国家电网运检〔2016〕413 号） | “三跨”管理工作流程 | MDYJ-SD-SDYJ-LC015 | MDYJ-SD-SDYJ-GZGF-015 |
| | | 国家电网公司关于印发架空输电线路“三跨”运维管理补充规定的通知（国家电网运检〔2016〕777 号） | | | |
| | | 110kV～750kV 架空输电线路设计规范（GB 50545—2010） | | | |
| | | 国家电网公司十八项重大反事故措施（国家电网生〔2012〕352 号） | | | |
| | | 国网运检部关于印发输电线路“三跨”治理计划审查意见的通知（运检二〔2016〕155 号） | | | |
| | | “三跨”隐患排查大纲 | | | |
| | 防汛管理 | 国家电网公司防汛管理办法（国家电网〔2010〕329 号） | 防汛管理工作流程 | MDYJ-SD-SDYJ-LC016 | MDYJ-SD-SDYJ-GZGF-016 |
| | 迎峰度夏（冬）管理 | 架空输电线路运行规程（DL/T 741—2010） | 迎峰度夏（冬）管理工作流程 | MDYJ-SD-SDYJ-LC017 | MDYJ-SD-SDYJ-GZGF-017 |
| | 保供电管理 | | 保供电管理工作流程 | MDYJ-SD-SDYJ-LC018 | MDYJ-SD-SDYJ-GZGF-018 |
| | 防雷 | 国家电网公司架空输电线路防雷击工作手册 | 防雷工作流程 | MDYJ-SD-SDYJ-LC019 | MDYJ-SD-SDYJ-GZGF-019 |
| | | 110（66）kV～500 kV 架空输电线路管理规范 | | | |
| | | 架空送电线路运行规程（DL/T 741—2001） | | | |
| | | 接地装置特性参数测量导则（DL/T 475—2006） | | | |
| | | 架空输电线路差异化防雷工作指导意见 | | | |
| | 防污闪 | 国家电网公司架空输电线路防污闪工作手册 | 防污闪工作流程 | MDYJ-SD-SDYJ-LC020 | MDYJ-SD-SDYJ-GZGF-020 |
| | | 电力系统污区分级与外绝缘选择标准（Q/GDW 152） | | | |
| | | 国家电网公司十八项电网重大反事故措施（修订版）（国家电网〔2012〕352 号） | | | |
| | | 500kV～1000kV 输电线路劣化悬式绝缘子检测规程（Q/GDW 516—2010） | | | |

续表

| 工作项目 | 一级工作项目 | 依据 | 执行工作流程名称 | 执行工作流程编号 | 标准化分册编号 |
|---|---|---|---|---|---|
| 专项管理 | 防污闪 | 架空输电线路外绝缘配置技术导则（DL/T 1122—2009） | 防污闪工作流程 | MDYJ-SD-SDYJ-LC020 | MDYJ-SD-SDYJ-GZGF-020 |
| | | 330kV 及 500kV 交流架空送电线路绝缘子串的分布电压（DL/T 487） | | | |
| | 防冰（舞） | 国家电网公司架空输电线路防冰害工作手册 | 防冰（舞）工作流程 | MDYJ-SD-SDYJ-LC021 | MDYJ-SD-SDYJ-GZGF-021 |
| | | 国网运检部关于印发架空输电线路防冰、防山火工作规范化指导意见的通知（运检二〔2014〕115 号） | | | |
| | | 国家电网公司十八项电网重大反事故措施》（国家电网生〔2012〕352 号） | | | |
| | 防鸟 | 国家电网公司架空输电线路运维管理规定（国网运检/305—2014） | 防鸟工作流程 | MDYJ-SD-SDYJ-LC022 | MDYJ-SD-SDYJ-GZGF-022 |
| | | 国家电网公司十八项电网重大反事故措施（国家电网生〔2012〕352 号） | | | |
| | | 国网运检部关于印发提升架空输电线路防雷击、防污闪、防风害和防鸟害工作规范化水平指导意见的通知（运检二〔2015〕35 号） | | | |
| | | 架空输电线路防鸟害装置安装及验收规范（试行）（运检二〔2016〕5 号） | | | |
| | 防外破（山火） | 国家电网公司电力设施保护管理规定（国家电网企管〔2014〕752 号） | 防外破（山火）工作流程 | MDYJ-SD-SDYJ-LC023 | MDYJ-SD-SDYJ-GZGF-023 |
| | | 国家电网公司十八项电网重大反事故措施（国家电网生〔2012〕352 号） | | | |
| | | 电力设施保护条例 | | | |
| | | 电力设施保护条例实施细则 | | | |
| | | 国家电网公司关于印发提升电力设施保护工作规范化水平指导意见的通知（国家电网运检〔2012〕1840 号） | | | |
| | 防风偏 | 国家电网公司架空输电线路防风害工作手册 | 防风偏工作流程 | | MDYJ-SD-SDYJ-GZGF-024 |
| | | 国家电网公司十八项电网重大反事故措施（国家电网生〔2012〕352 号） | | | |
| | | 国家电网公司提升架空输电线路防风害工作规范化水平指导意见（运检二〔2015〕号） | | | |
| | | 架空输电线路运行规程（DL/T 741—2010） | | | |
| | | 110kV～750kV 架空输电线路设计规范（GB 50545—2010） | | | |

续表

| 工作项目 | 一级工作项目 | 依据 | 执行工作流程名称 | 执行工作流程编号 | 标准化分册编号 |
|---|---|---|---|---|---|
| 班组建设 | | 国家电网公司班组建设三十条重点要求 | 班组建设工作规范 | | MDYJ-SD-SDYJ-GZGF-025 |
| | | 国家电网公司班组建设管理标准（国家电网企协〔2010〕861号） | | | |
| | | 国网蒙东电力输电专业精益化管理考核评价细则 | | | |
| 抢修管理 | | 国网内蒙古东部电力有限公司输电设备故障抢修管理办法 | 抢修管理工作流程 | MDYJ-SD-SDYJ-LC025 | MDYJ-SD-SDYJ-GZGF-026 |
| 验收管理 | | 国家电网公司输变电工程验收管理办法［国网（基建/3）188—2014］ | 验收管理工作流程 | MDYJ-SD-SDYJ-LC026 | MDYJ-SD-SDYJ-GZGF-027 |
| | | 110～500kV架空送电线路施工及验收规范（GB 50233—2005） | | | |
| | | 国家电网公司生产准备及验收管理规定［国网（运检/3）296—2014］ | | | |
| | | 国家电网公司架空输电线路运维管理规定［国网（运检/4）305—2014］ | | | |
| 培训工作 | | | 培训工作流程 | MDYJ-SD-SDYJ-LC027 | MDYJ-SD-SDYJ-GZGF-028 |
| 固定翼无人机 | | 架空输电线路固定翼无人机巡检技术规程 | 固定翼无人机工作流程 | MDYJ-SD-SDYJ-LC028 | MDYJ-SD-SDYJ-GZGF-029 |
| 多旋翼无人机 | | 架空输电线路无人直升机巡检技术规程 | 多旋翼无人机工作流程 | MDYJ-SD-SDYJ-LC029 | MDYJ-SD-SDYJ-GZGF-030 |
| 带电作业工具管理 | | | | | MDYJ-SD-SDYJ-GZGF-031 |
| 带电作业管理 | | 送电线路带电作业技术导则（DL/T 966—2005） | 带电作业工作流程 | MDYJ-SD-SDYJ-LC030 | MDYJ-SD-SDYJ-GZGF-032 |
| | | 带电作业操作导则（国电安运〔1997〕104号文） | | | |
| | | 关于印发《国网内蒙古东部电力有限公司输电带电作业管理办法》的通知（蒙东电运检〔2013〕557号） | | | |
| Pms2.0管理 | | 设备（资产）运维精益管理系统填写规范（输电专业） | Pms2.0管理工作规范 | | MDYJ-SD-SDYJ-GZGF-033 |

# 2 安全活动工作分册（MDYJ-SD-SDYJ-GZGF-002）

## 2.1 业务概述

班组安全活动是一种进行安全生产分析，研究防范措施，有针对性地学习文件、通报及安全知识，规范作业人员思想和行为的活动。各单位（含集体企业）集中进行的安全活动不能代替班组安全活动。班组安全活动必须坚持“真实、实用、高效”的原则。安全活动可采取灵活多样的多种有效形式，班组安全活动由兼职安全员主持。

## 2.2 相关条文说明

### 2.2.1 安全活动要求

**2.2.1.1** 安全活动必须全程录音。在活动结束后，学习内容及相关记录等应及时录入安监一体化平台系统，原则上不得超过 3 个工作日。

**2.2.1.2** 安监一体化平台系统中录入的学习内容及记录等应按照统一的格式进行录入。

**2.2.1.3** 因故不能参加安全活动的人员（请假、休假等）应在人员返回后，由班长或兼职安全员组织其及时进行补学，补学的内容、标准要与全体人员学习一致，做好补学记录的存档工作。

**2.2.1.4** 安全活动要确保每周至少召开一次，时间不少于 40 分钟。

**2.2.1.5** 遇有专项安全活动（安全月活动、上级指定的安全活动或事故“回头看”等专题安全活动）安排时，各单位要严格按照通知要求在规定时间组织人员开展安全活动。

### 2.2.2 班长一般工作要求

**2.2.2.1** 监督和指导安全活动开展情况。

**2.2.2.2** 总结本周安全生产工作开展情况，布置下周安全生产工作。

### 2.2.3 兼职安全员一般工作要求

**2.2.3.1** 组织开展安全活动。

**2.2.3.2** 宣贯上级有关安全工作的指示和文件精神，学习安全通报汲取事故教训，分析事故深层次原因，提出防范措施。

**2.2.3.3** 对本周班组的安全工作情况进行总结。主要包括对本班组设备运行情况、反违章工作开展情况、“两票”执行情况和隐患排查工作开展情况等方面进行分析。

**2.2.3.4** 以“四不放过”为原则开展批评教育和警示，并制定防范措施。

**2.2.3.5** 组织不能参加安全活动的人员及时补学，并填写补学记录。

**2.2.3.6** 存档活动记录与录音，并上传安监一体化平台系统。

**2.2.3.7** 汇总安全活动内容与影像资料。

## 2.2.4 工作班成员一般工作要求

**2.2.4.1** 定期参加安全活动，未能按时参加的人员应及时对相关内容进行补学。

**2.2.4.2** 结合本专业、本班组及本岗位工作实际，针对自身在执行安全生产工作规程、规定、标准和标准化作业等方面存在的问题进行剖析，认真查找安全隐患和不安全行为，充分讨论提出改进建议和措施。

# 2.3 流程图（见表 2-1）

**表 2-1** 流 程 图

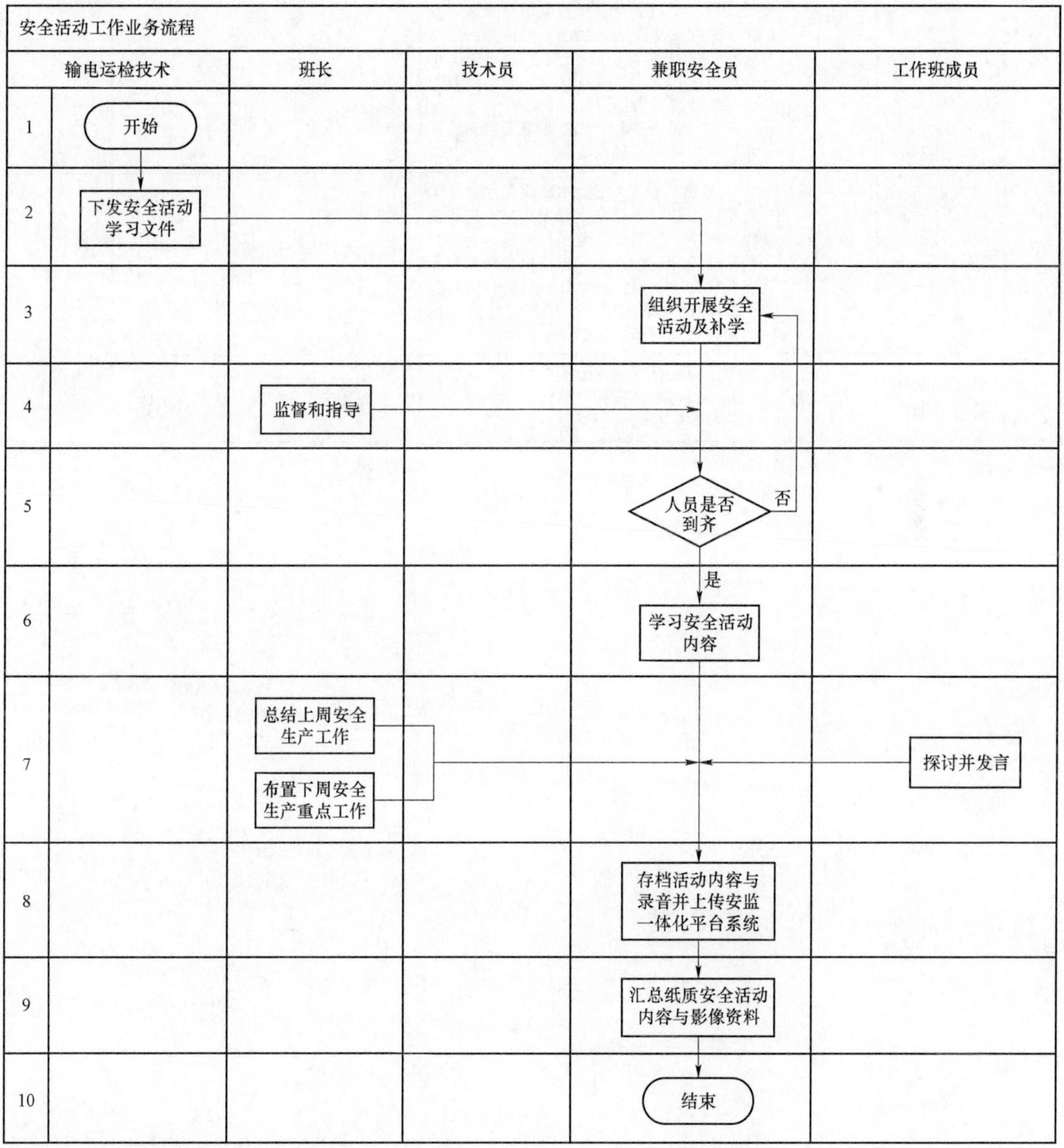

| 安全活动工作业务流程 | | | | | |
|---|---|---|---|---|---|
| | 输电运检技术 | 班长 | 技术员 | 兼职安全员 | 工作班成员 |
| 1 | 开始 | | | | |
| 2 | 下发安全活动学习文件 | | | | |
| 3 | | | | 组织开展安全活动及补学 | |
| 4 | | 监督和指导 | | | |
| 5 | | | | 人员是否到齐（否：返回“组织开展安全活动及补学”；是：继续） | |
| 6 | | | | 学习安全活动内容 | |
| 7 | | 总结上周安全生产工作<br>布置下周安全生产重点工作 | | | 探讨并发言 |
| 8 | | | | 存档活动内容与录音并上传安监一体化平台系统 | |
| 9 | | | | 汇总纸质安全活动内容与影像资料 | |
| 10 | | | | 结束 | |

## 2.4 流程步骤（见表 2-2）

表 2-2 流 程 步 骤

| 步骤编号 | 流程步骤 | 责任岗位 | 步骤说明 | 工作要求 | 备注 |
|---|---|---|---|---|---|
| 1 | 安全活动文件下发 | 输电运检技术 | 将安监一体化平台系统内每周下发的学习文件传达给各个班组兼职安全员 | | |
| 2 | 开展安全活动 | 兼职安全员 | 定期组织开展安全活动 | 兼职安全员为本班组安全活动管理工作的第一责任人，如有因故不能参加安全活动的人员，应进行补学 | |
| 3 | 人员签到录音 | 兼职安全员 | 所有参加人员在纸质安全活动记录内签名，并开始录音 | 对未能按时参加的人员及时记录，并在其返回时进行相关内容补学 | |
| 4 | 安全活动开始 | 兼职安全员 | 1. 宣贯上级有关安全工作的指示和文件精神，学习安全通报汲取事故教训，分析事故深层次原因，提出防范措施。<br>2. 对本班组设备运行情况、反违章工作开展情况、“两票”执行情况和隐患排查工作开展情况等方面进行分析。<br>3. 以“四不放过”为原则开展批评教育和警示，并制定防范措施 | | |
| 5 | 人员发言讨论 | 所有参会人员 | 1. 班员结合本单位、本班组及本岗位工作实际，针对自身在执行安全生产工作规程、规定、标准和标准化作业等方面存在的问题进行剖析，认真查找安全隐患和不安全行为，充分讨论提出改进建议和措施。<br>2. 班长总结本周安全生产工作开展情况，布置下周安全生产重点工作 | | |
| 6 | 活动记录存档，并上传 | 兼职安全员 | 由兼职安全员将安全活动内容与录音存档并 3 日内上传安监一体化平台系统，并汇总每次安全活动记录及音像资料 | 上传要求详见安全活动工作手册 | |

# 3　工作票管理工作分册（MDYJ-SD-SDYJ-GLSC-003）

## 3.1　业务概述

工作票管理包含工作票办理、执行、回填、评估、归档。为切实提升各班组工作票填写、执行水平，实现工作票填写格式统一、内容术语统一、执行流程统一，安全措施要求统一，制订本规范。

## 3.2　相关条文说明

### 3.2.1　工作票的格式

**3.2.1.1**　各种电气工作票格式执行国家电网公司 PMS 系统工作票规定的统一格式。

**3.2.1.2**　PMS 生产管理系统无法正常运行时，各单位必须依据本规范附件的 Word 版工作票格式（模板）编制工作票，使用微机填写部分内容，必须使用仿宋小四号字体且打印清晰。使用 Word 文档工作票，票面上须签字的地方必须本人签字或委托签字，不许用打印替代。

**3.2.1.3**　非 PMS 系统编写的工作票编号由七位阿拉伯数字组成，编号前两位为车间（包括检修分公司分部、市检修公司、旗县电力公司等）编号，第三、四位为各班组编号，后三位为工作票顺序号。各种工作票顺序号每年均从 001 开始排序，同一种工作票每年度内不可有重复编号或空号。

例：编号为 0102001 号工作票：01 为车间编号，02 为班组编号，001 为工作票顺序号。

**3.2.1.4**　承发包工程工作票编号前两位使用施工地点所在车间编号，第三位用字母 W 代表外来施工单位，第四、五位为外来施工单位班组编号，以阿拉伯数字 01 开始依次编号，后三位为工作票顺序号。

例：编号为 01W02001 工作票：01 为施工地点所在车间编号，W 为外来施工单位编号，02 为外来施工单位第 2 个班组编号，001 为工作票顺序号。

**3.2.1.5**　若分多组同时作业，工作票编号格式为，“工作票票号加（工作任务单总份数编号）”，工作任务单的编号为工作票票号加（总任务单编号加本小组的工作任务单编号）。

例：××kV ×××线已执行带有分组工作任务单的工作票，工作票号为：202001-001（00004）号，工作票、工作任务单共 5 张，且含 4 份工作任务单，则该工作任务单编号为：

202001-001（00004-00001）。

## 3.2.2 工作票填写

**3.2.2.1** 电力第一种工作票填写相关内容

（1）工作的线路或设备双重名称。

应按现场实际填写线路电压等级和双重名称，对同杆塔架设双回及以上线路中一回线路停电作业时，以面向线路杆塔号增加的方向，在线路名称后加括号写"左线""右线""上线""中线""下线"，对涂刷有标志色的线路还应在括号内注明颜色，对未涂刷标志色的线路在括号内注明杆号牌颜色；直流线路应标明极性牌名称。

单回例：××× kV ×××线（色标为××色）

双回例：××× kV ×××线（左线，××色）

（2）安全措施（必要时可附页绘图说明）。

应改为检修状态的线路间隔名称和应拉开的断路器（开关）、隔离开关（刀闸）、熔断器（保险）（包括分支线、用户线路和配合停电线路）：

例：拉开××××（变电站名称）××kV变电站×××kV×××线×××开关××××、××××、××××刀闸；

（3）保留或邻近的带电线路。

1）并架带电线路：

填写并架线路的双重名称（线路名称和位置编号）

例：×××kV×××线××号－××号（左线，××色）与×××kV××线××号－××号（右线、××色）带电线路同塔并架；

2）邻近平行带电线路：

例：×××kV×××线××号－××号（左线，××色）与右侧×××kV×××线××号－××号带电线路平行架设。

3）交叉跨越带电线路：

例：×××kV×××线××号－××号（上方）与×××kV×××线××号—××号（下方）带电线路交叉跨越。

4）如并架、平行架设或交叉跨越的带电线路不在停电作业线路的作业范围内及挂、拆接地线的杆塔范围内，则与停电线路并架、平行架设或交叉跨越的带电线路无需填写工作票中此项内容中。

5）保留或邻近的带电线路 100m 以内。（停电检修线路两侧若有多条平行线路时，在工作票中只填写检修线路左右两侧最近的带电线路即可）、设备须写明电压等级和双重名称。无保留或邻近的带电线路、设备应填写"无"，此项不允许空白。

6）停电作业线路跨越其他带电线路或被其他带电线路所跨越，有可能危及作业人员人身安全、设备安全时，应向有关部门、单位申请将带电线路停电或采取相应安全措施保证作业安全，并将线路交叉跨越详细信息填入工作票"保留或临近的带电线路"栏。

7）若需其他单位配合停电，应在工作票备注栏中注明配合停电线路联系人姓名及联系方式。

（4）其他安全措施和注意事项栏。

此栏由工作负责人或工作票签发人填写。主要内容有：变电站、发电厂升压站、开闭

所、换流站、配电站等应合上接地刀闸或应装设接地线；与带电设备保持的安全距离；在线路上已拉开的断路器（开关）、隔离开关（刀闸）操作机构上加锁、悬挂标示牌，按规定应设的看守人姓名；取下已拉开的跌落式熔断器熔丝管保管人姓名；停电的电容器和电缆应采取的放电措施；应装设的遮栏（围栏）、标示牌以及其他保证安全的措施，此栏不允许空白和写“无”。

（5）应挂的接地线。

应挂的接地线必须与实际相符，工作票所列接地线与附图必须一致，必须保证作业人员在接地线保护范围内工作，且应包括工作地段两端必须装设的接地线、可能反送电到停电线路上的分、支线应挂的接地线。同一停电线路上不同作业班组、不同工作票的接地线编号不允许重复。

例：××× kV ×××线×××号大号侧，接地线编号××号

（6）工作许可与终结项填写标准：

1）现场执行的工作票（工作负责人持有）：电话下达和派人送达联系时，在工作票许可栏中工作负责人代写工作许可人姓名，并在许可人姓名后注明“代签”字样。工作许可人在场时由本人签名，时间采用24小时制，年度按四位数字格式填写，月、日、时、分均按两位数字格式填写。

| 许可方式 | 工作许可人（签名） | 工作负责人（签名） | 许可工作的时间 |
|---|---|---|---|
| 电话下达 | ×××（代签） | ××× | ××××年××月××日××时××分 |

2）工作票签发人或工作许可人收执的工作票，需手工签名的项仅有工作许可人和工作负责人项，且需要本人亲自签名，其他各项（包括工作班成员项）无需签名。

| 终结方式 | 工作许可人（签名） | 工作负责人（签名） | 终结工作的时间 |
|---|---|---|---|
| 电话下达 | ×××（代签） | ××× | ××××年××月××日××时××分 |

（7）备注栏填写标准：

1）明确指定专责人姓名及指定监护工作内容。

例：指定专责监护人×××负责监护 ××kV ×××线路××号验电，挂、拆××号接地线。

2）明确其他事项填写内容：

例：同意开工，×××（到岗到位人），××××年××月××日××时××分。

3）工作票在执行过程中出现的特殊情况等需进行标注说明的，在此栏进行原因说明或标注。

（8）电力线路第一种工作票必须绘图。

绘图说明：单线简图应包括停电的变电站、升压站、开闭所、换流站、配电站和已拉开的断路器、隔离开关（输电专业可不用绘出拉开的断路器、隔离开关，只绘停电的变电站）；停电线路作业线段的起止杆塔号；停电线路与其并架、平行和交叉跨越的带电线路的相对位置和杆塔号及色标；挂接地线的杆塔号或设备位置及接地线编号；与停电设备相邻的带电设备，保留的带电设备和线路。单线简图中用虚线表示带电部分，用粗实线表示停电部分；或用红线表示带电部分，用绿线表示停电部分。

**3.2.2.2** 电力线路第二种工作票填写

（1）工作票在签发后一份由工作负责人收执，一份由工作票签发人留存。工作结束后，工作负责人向工作票签发人报告工作终结。

（2）其他部分参考电力线路第一种工作票填写释义。

**3.2.2.3** 电力线路带电作业工作票填写

（1）停用重合闸线路项。

1）应填写停用重合闸线路的双重名称。

2）不需停用重合闸时，填写“无”。

（2）工作条件项。

1）应填写“等电位带电作业、中间电位带电作业、地电位作业或邻近带电设备带电作业。带电作业工作票只能填写一种带电作业方式。

2）工作负责人或工作票签发人填写。根据工作任务、项目必须列出安全距离、组合间隙等安全措施。

3）专责监护人项。带电作业设指定专责监护人。监护人不得直接操作。监护范围不得超过一个作业点。复杂或高杆塔作业必要时应增设（塔上）监护人。专责监护人禁止由工作负责人担任。

4）其他部分参照电力线路第一种工作票填写。

**3.2.2.4** 电力线路事故应急抢修单填写释义

（1）抢修班人员项。填写参加现场有关抢修人员姓名及人数。

（2）抢修任务项。填写抢修地点、具体杆塔、线路及设备双重名称，明确范围、电压等级、抢修内容，抢修的工作任务和内容尽量具体。

（3）安全措施项。填写防止在抢修过程中发生人身事故、设备事故、其他事故等有关安全技术措施、注意事项、安全措施的具体要求，应拉开的变电站、发电厂升压站等出口断路器（开关）、隔离开关（刀闸），应装设的接地线的位置。

（4）抢修地点保留带电部位或注意事项。明确详细抢修地点具体邻近的带电设备部位，并提出相应的注意事项。

（5）上述1～5项由抢修工作负责人根据抢修任务布置人的布置填写项，第一空由工作负责人签字，第二空可由工作负责人与任务布置人核对无误后，填写任务布置人的名字。

（6）经现场勘察需补充下列安全措施项。由抢修工作负责人或抢修任务布置人根据现场勘察情况，补充必要的安全措施。重点考虑防止人身方面、设备方面的安全措施。同时注意抢修现场环境和使用工器具的安全。无需补充安全措施应填写“无”，此栏不可为空。此项由抢修工作负责人填写。时间项为许可人同意执行补充安全措施的时间。

（7）许可抢修时间项。调度值班员或线路工作许可人准许抢修实际开始时间。

（8）抢修结束汇报项。填入抢修人员全部撤离现场和抢修工作全部结束的时间。

（9）现场设备状况及保留安全措施栏。填写抢修设备作业后状况，注明抢修作业结束后保证系统安全运行而采取的安全措施，是否有无保留的安全措施。填写时间为向调度汇报时间。

（10）其他项。按工作票填写部分的一般规定和电力线路第一种工作票填写释义部分填写。

**3.2.2.5** 一级动火工作票填写

（1）“单位（车间）”项。填写动火工作负责人所在动火单位（车间）名称。

（2）“动火工作负责人和班组”项。填写动火单位工作负责人姓名和所在班组名称。

（3）“动火执行人”项。填写具体执行动火工作的人员（如电焊工等）。动火执行人应具备相应的资格证（如电焊工操作资格证）。

（4）“动火地点及设备名称”项。填写动火确切地点及设备名称。

（5）“动火工作内容”项。填写动火工作的具体内容，必要时可附页绘图说明。

（6）“动火方式”项。按照动火方式（焊接、切割、打磨、电钻、使用喷灯等）选择填写。

（7）“申请动火时间”项。填写计划动火工作的时间。

（8）“（设备管理方）应采取的安全措施”项。由动火工作负责人填写应由设备管理方采取的安全措施，主要填写动火设备与运行设备的隔离措施、消防安全措施。

（9）“（动火作业方）应采取的安全措施”项。由动火工作负责人填写应由动火作业方采取的安全措施，主要填写作业方在动火工作中针对危险点采取的控制措施、消防安全措施。

（10）“动火工作票签发人签名、（动火作业方）消防管理部门负责人签名、（动火作业方）安监部门负责人签名、分管生产领导或技术负责人（总工程师）签名”项。此项分别由申请动火单位（车间）负责人或技术专责、消防管理部门负责人、安监部门负责人、检修公司（或供电公司）分管生产的领导或总工程师签名。

（11）“确认上述安全措施已全部执行”项。由动火工作负责人和运行许可人分别签名，由运行许可人填写许可时间。

（12）“应具备的消防设施和采取的消防措施、安全措施已符合要求。可燃性、易爆气体含量或粉尘浓度测定合格”项。

（13）在首次动火时，各级审批人和动火工作票签发人均应到现场检查防火安全措施是否正确完备，测定可燃气体、易燃液体的可燃气体含量是否合格，并在监护下做明火试验，确认合格。由消防监护人（动火单位车间安全监督人员）、安监部门负责人、消防管理部门负责人、动火单位（车间）负责人、动火工作负责人、动火执行人、检修分公司（或供电公司）分管生产的领导或总工程师分别签名，并由检修公司（或供电公司）分管生产的领导或总工程师填写许可动火时间后，方可进行动火工作。

（14）“动火工作终结”项。动火工作完成后，由动火工作负责人填写工作结束时间，由动火执行人、消防监护人、动火工作负责人、运行许可人分别签名后，动火工作方告终结。

（15）“备注”项。

1）由动火工作负责人填写对应的检修工作票、工作任务单和事故应急抢修单编号，没有对应票，可填“无”。

2）动火工作负责人应将动火工作异常间断情况、工作票作废（或不合格）原因等填入其他事项栏。

3）可燃气体、易燃液体的可燃蒸气体含量的检查情况；动火工作过程中每隔2～4h对现场可燃气体、易燃液体的可燃蒸气体含量的测定结果填入其他事项栏。

4）其他项按变电站第一种工作票填写释义部分填写。

**3.2.2.6** 二级动火工作票填写

（1）“动火工作票签发人签名、（动火作业方）消防人员签名、（动火作业方）安监人员签名、分管生产领导或技术负责人（总工程师）签名”项。此项分别由申请动火班组长或班组技术员、消防人员（动火工作签发人指派的人员）、申请动火单位安全监督人员、申请动火单位（车间）负责人签名。

（2）“应配备的消防设施和采取的消防措施、安全措施已符合要求。可燃性、易爆气体含量或粉尘浓度测定合格”项。

1）在首次动火时，各级审批人和动火工作票签发人均应到现场检查防火安全措施是否正确完备，测定可燃气体、易燃液体的可燃气体含量是否合格，并在监护下做明火试验，确认合格。

2）由消防监护人（动火工作签发人指派的人员）、动火单位（车间）安全监督人员、动火工作负责人、动火执行人分别签名，并由动火执行人填写许可动火时间后，方可进行动火工作。

3）二级动火工作票其他项填写参照一级动火工作票释义。

### 3.2.3 工作票执行要求

**3.2.3.1** 工作内容项工作内容的填写须具体、明确。工作内容应与工作地点或地段对应。缺陷较多时，可另附缺陷处理任务单，应同时在工作内容栏内注明：处理缺陷几件（详见缺陷处理单）。缺陷处理单作为工作票的附页，填写工作票编号，并同工作票一并保存。

**3.2.3.2** 工作开始前，工作负责人组织全体工作班成员列队宣读工作票。工作负责人向工作班成员交待工作内容、人员分工、带电部位和现场安全措施，进行危险点和注意事项告知。工作负责人向部分工作班成员提问，确认每个工作班成员对上述讲解和要求都已清楚。工作班成员确认签名后，方可开工。工作负责人宣读工作票、提问和确认全过程应录音。

**3.2.3.3** 工作票中所列工作班成员应同时开工。因特殊情况工作班成员未能全部到齐时，工作负责人在保证落实安全责任的条件下也可组织开工，但应将未同时开工人员名单记录在备注栏中。

例：未到人员：×××、×××。

**3.2.3.4** 对未参加开工宣票过程的工作人员，在进入现场开始作业前应由工作负责人在工作人员变动情况栏中履行增添手续，向其交待工作内容、人员分工、带电部位和现场安全措施，进行危险点和注意事项告知。工作负责人向其提问，确认对上述讲解和要求都已清楚，并且确认签名后，方可开工。工作负责人交待工作票相关内容、提问和确认全过程应录音。

**3.2.3.5** 承发包工程，工作票应实行“双签发”形式。签发工作票时，双方工作票签发人在工作票上分别签名，各自承担《线路安规》工作票签发人相应的安全责任。施工方的工作票签发人，对工作必要性和安全性以及所派工作负责人和工作班人员是否适当和充足负责。设备运行单位工作票签发人，对设备及施工场所的所做安全措施是否正确完备负责。

**3.2.3.6** 工作任务单一式两份，由工作负责人签发，一份工作负责人留存，一份交小组负责人执行。工作任务单由工作负责人许可。工作结束后，由小组负责人交回工作任务单，向工作负责人办理工作结束手续。工作负责人手执的工作任务单，除工作班组人员签名外，其余项应填写完整。工作任务单按总工作票附件统计考核，不作为独立的工作票管理。

**3.2.3.7**　工作负责人收执的工作票在办理工作终结后，由工作负责人加盖“已执行”章。工作许可人或工作票签发人收执的工作均在工作票终结后加盖“已执行”章。

**3.2.3.8**　使用事故应急抢修单的工作，工作前必须做好安全措施，设专人监护。如果设备故障比较严重，恢复正常运行时间可能超过 4 小时或非连续进行的事故修复工作，则应填写工作票并履行正常的工作手续。

**3.2.3.9**　工作票由工作负责人填写，也可以由工作票签发人填写。使用 PMS 生产管理系统生成的工作票，签发人、工作负责人应采用电子签名。工作票许可、终结、延期等人员签名和时间项均使用黑色中性笔填写。

**3.2.3.10**　如 PMS 生产管理系统无法正常运行时，使用 Word 文档方式填写，所有签名、时间项均使用黑色中性笔填写。

**3.2.3.11**　在一张工作票中，工作票签发人、工作负责人和工作许可人三者不得互相兼任。

**3.2.3.12**　对工作票中涉及电压等级、频率的填写规定：电压等级千伏用“kV”填写（“k”小写，“V”大写），频率赫兹用“Hz”填写（“H”大写，“z”小写）。

**3.2.3.13**　各种工作票共有项的填写

（1）工作单位和班组项：须填写工作负责人所在车间和班组的全称，多专业分组作业时，填写指定工作负责人所在单位和班组名称。

（2）工作班人员项：填写所有参加作业人员姓名（不包括作负责人）。

（3）工作票填写的数字及英文字母应符合国际标准规定，其中数字部分用阿拉伯数字（1、2、3、4、5、6、7、8、9、0）填写。时间采用 24 小时制，年度按四位数字格式填写，月、日、时、分均按两位数字格式填写。工作票所填写的项目序列编号，使用（1）、（2）……以此类推。“（）”均采用汉字输入法手工输入。下级项目序列编号使用①、②……以此类推。

例 1：2010 年 01 月 07 日 09 时 18 分。

例 2：项目序列编号：（1）。

（4）工作票中的安全措施各栏和补充安全措施栏，没有措施时，应填写“无”，不许空白。

（5）遇大型技改、集中检修施工技术措施复杂的工作项目，工作涉及 5 个及以上不同的工作班组且人数超过 30 人时，应采用总工作票和分工作票。

**3.2.3.14**　工作票签发人、工作负责人、工作许可人名单正式文件，由各单位安监部门对其核实备案后对其下发授权证明。证明有效期最长不超过 1 年。

**3.2.3.15**　执行中的工作票，一份应保存在工作地点，由工作负责人收执，另一份由工作许可人收执。一个工作负责人不能同时执行多张工作票，工作票上所列的工作地点，以一个电气连接部分为限，工作班成员在同一时间内只能在一份执行中工作票允许范围内工作。

**3.2.3.16**　工作负责人收执的第一种工作票在办理工作终结后（以许可人签字为准），由许可人加盖“已执行”章；第二种工作票及带电作业工作票在办理工作票终结后（以许可人签字为准），由许可人加盖“已执行”章，由工作负责人所在班组留存。工作许可人收执的各种工作票均在工作票终结后立即加盖“已执行”章，由运行许可单位留存。

**3.2.3.17**　工作票在未办理许可开工手续前，由于某种原因取消作业，工作票视为作废，须加盖“作废”章；在办理完许可开工手续后，因故不能继续作业时，必须履行工作终结手续和工作票终结手续，此工作票视为已执行工作票，加盖“已执行”章，并在备注栏内注明原因。

**3.2.3.18** 工作票需办理延期手续，应按调度规程时间要求在工期尚未结束前由工作负责人向工作许可人提出申请。第一种工作票只能延期一次，带电工作票不得延期。

**3.2.3.19** 工作票“已执行”和“作废”章均由许可单位（许可人）收执。

**3.2.3.20** “已执行”“作废”印章规格见下表：

| 序号 | 名称 | 盖章位置 | 尺寸（mm） | 字体 |
|---|---|---|---|---|
| 1 | 已执行 | 工作票首页右上角 | 30×15 | 仿宋体 |
| 2 | 作废 | 工作票首页右上角 | 30×15 | 仿宋体 |

**3.2.3.21** 使用事故应急抢修单的工作，工作前必须做好安全措施，设专人监护。如果设备故障比较严重，恢复正常运行时间可能超过 4 小时或非连续进行的事故修复工作，则应填写工作票并履行正常的工作手续。

## 3.2.4 工作票管理

**3.2.4.1** 每月 5 日前，兼职安全员负责组织进行上月各种工作票的整理（按工作票类型各附封皮，按票号顺序分别装订成册）、检查与考核，并计算出合格率，填写工作票考评内容（当月无票也应填写）。考评封皮各栏内容的填写不得有涂改。作废、未执行的工作票只占工作票编号，不作合格率的统计与考核。

**3.2.4.2** 当月执行完的工作票，应存放在专用盒（夹）内，保持整洁有序。

**3.2.4.3** 工作票至少保存 1 年。

## 3.2.5 班长一般工作要求

**3.2.5.1** 在 PMS 系统中受理检修专工派发的班组工作任务单。

**3.2.5.2** 在 PMS 系统班组工作任务单中指派工作负责人（如有小组工作任务，指派小组工作负责人，当面指派）。

**3.2.5.3** 审核工作负责人（小组负责人）在 PMS 系统编制的标准作业文本无误后，确认签名推送至运行专工审核待发布。

**3.2.5.4** 对 PMS 终结存档的工作票进行一级评估。

**3.2.5.5** 对 PMS 标准化作业文本进行评估。

**3.2.5.6** 工作负责人一般工作要求

**3.2.5.7** 在 PMS 系统工作任务单上编制工作票，确认无问题后，推送至运维专工审核待签发，待签发后，填写会签姓名及时间。

**3.2.5.8** 审核 PMS 系统电力线路工作任务单，确认无问题后，签发并填写会签姓名及时间推送至小组负责人。

**3.2.5.9** 工作负责人（小组负责人）在 PMS 系统编制完成标准化作业文本推送至班长进行审核。

**3.2.5.10** 待签发的 PMS 系统工作票由专工审核完成后，工作负责人填写会签姓名和时间，发送至工作负责人形成待许可票（工作票已生成票号）。

**3.2.5.11** 工作负责人审核 PMS 系统电力线路工作任务单后，发送至小组负责人，小组负责

人填写会签姓名和时间后发送至小组负责人。

**3.2.5.12**　工作开始前，工作负责人组织全体工作班成员列队宣读工作票。工作负责人向工作班成员交待工作内容、人员分工、带电部位和现场安全措施，进行危险点和注意事项告知。工作负责人向部分工作班成员提问，确认每个工作班成员对上述讲解和要求都已清楚。工作班成员确认签名后，方可开工。工作负责人宣读工作票应全程录音。

**3.2.5.13**　工作负责人与工作许可人办理工作票许可相关手续，履行"唱票复诵制"，落实安全措施，并在工作票上填写许可相关信息。

**3.2.5.14**　工作结束后，组织拆除接地线，并在工作票上填写拆除接地线组数和编号。

**3.2.5.15**　工作负责人与工作许可人办理工作票终结相关手续，履行"唱票复诵制"，并在工作票上填写终结相关信息。

**3.2.5.16**　工作班成员增减变动时，须经工作负责人同意，并在工作负责人所持工作票的工作人员变动情况栏中填写变动人员姓名和时间，并签名。

**3.2.5.17**　终结 PMS 工作票，由工作负责人在 PMS 系统工作票上填写许可工作信息、工作班成员及终结工作信息后，发送至存档。工作结束后 3 日内工作票必须归档。

**3.2.5.18**　在 PMS 系统标准化作业管理填写标准化作业文本执行信息并执行（也可在班组工作任务单中工作任务项作业文本填写）。

**3.2.5.19**　在 PMS 系统班组工作任务单中工作任务项填写修试记录和缺陷完成信息上报验收环节。

**3.2.5.20**　对 PMS 上报的修试记录验收进行填写验收信息。

**3.2.5.21**　在 PMS 系统班组工作任务单上填写实际开始时间、实际完成时间、完成情况，设备变动情况。

**3.2.5.22**　在 PMS 系统工作任务单中工作任务项，确定"班组任务单终结"。

### 3.2.6　小组负责人工作任务

**3.2.6.1**　在 PMS 系统工作票上建附票电力线路工作任务单，编制完小组工作任务单推送至工作负责人进行审核。

**3.2.6.2**　编制 PMS 系统标准化作业文本发送至班长进行审核。

**3.2.6.3**　接到工作负责人签发的 PMS 系统电力线路工作任务单后，填写会签姓名及时间，推送至小组负责人，形成待许可票（小组工作任务单已生成工作票号和工作任务单票号）。

**3.2.6.4**　在 PMS 系统电力线路工作任务单上填写许可工作信息、工作班成员及终结工作信息后，保存发送至存档。

**3.2.6.5**　在 PMS 系统标准化作业管理填写作业文本执行信息并执行（也可在班组工作任务单中工作任务项作业文本填写）。

### 3.2.7　技术员工作任务

将考评、统计后的纸质工作票归档。

### 3.2.8　工作班成员工作任务

熟悉工作票所列安全措施，明确工作地点、危险点和安全注意事项，并在工作票上履行交底签名确认手续。

## 3.3 流程图（见表 3-1）

表 3-1　　流　程　图

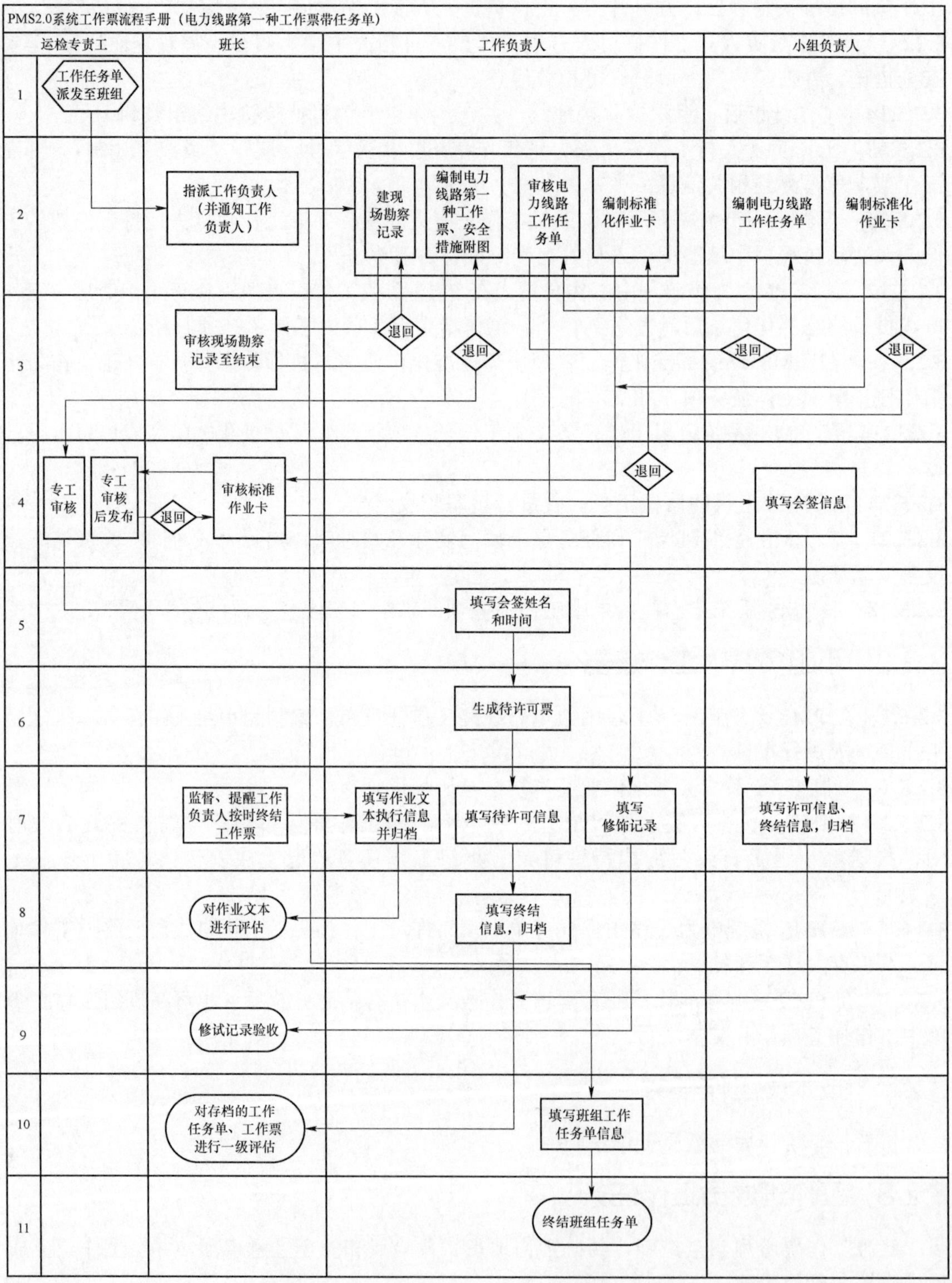

| PMS2.0系统工作票流程手册（电力线路第一种工作票带任务单） | | | | |
|---|---|---|---|---|
| | 运检专责工 | 班长 | 工作负责人 | 小组负责人 |
| 1 | 工作任务单派发至班组 | | | |
| 2 | | 指派工作负责人（并通知工作负责人） | 建现场勘察记录；编制电力线路第一种工作票、安全措施附图；审核电力线路工作任务单；编制标准化作业卡 | 编制电力线路工作任务单；编制标准化作业卡 |
| 3 | | 审核现场勘察记录至结束 | 退回；退回 | 退回；退回 |
| 4 | 专工审核；专工审核后发布 | 退回；审核标准作业卡 | 退回 | 填写会签信息 |
| 5 | | | 填写会签姓名和时间 | |
| 6 | | | 生成待许可票 | |
| 7 | | 监督、提醒工作负责人按时终结工作票 | 填写作业文本执行信息并归档；填写待许可信息；填写修饰记录 | 填写许可信息、终结信息，归档 |
| 8 | | 对作业文本进行评估 | 填写终结信息，归档 | |
| 9 | | 修试记录验收 | | |
| 10 | | 对存档的工作任务单、工作票进行一级评估 | 填写班组工作任务单信息 | |
| 11 | | | 终结班组任务单 | |

## 3.4 流程步骤（见表 3-2）

表 3-2 流 程 步 骤

| 步骤编号 | 流程步骤 | 责任岗位 | 步骤说明 | 工作要求 | 备注 |
|---|---|---|---|---|---|
| 1 | 指派工作负责人（小组负责人） | 班长 | 根据运检专工在PMS系统下发的班组工作任务单指派工作负责人（小组负责人） | 1. 班长指派工作负责人后，应通知工作负责人。<br>2. PMS 系统中无法指派小组工作负责人，指派的小组工作负责人应当面告知 | |
| 2 | 编制工作票、标准化作业文本 | 工作负责人 | 工作负责人编写工作票、安全措施附图、现场勘察、标准作业文本 | 1. 编制工作票应准确填写每项内容，针对工作任务编写安全措施和注意事项。<br>2. 正确绘制安全措施附图，应与实际相符。<br>3. 针对每个作业项目编制作业标准及要求和风险辨识与预控措施 | |
| 3 | 编制电力线路工作任务单、标准化作业文本 | 小组负责人 | 编制电力线路工作任务单、标准作业文本 | 1. 编制电力线路工作任务单应准确填写每项内容，针对工作任务编写安全措施和注意事项。<br>2. 针对每个作业项目编制作业标准及要求和风险辨识与预控措施 | |
| 4 | 审核工作票 | 运检专工 | 工作负责人编制完成的工作票推送检修专工审核完成后，推送至工作负责人形成待接票 | 如发现工作票面填写不正确、安全措施不完善，退回工作负责人 | |
| 5 | 填写待接工作票信息 | 工作负责人 | 在待接工作票上填写工作负责人姓名和时间。（工作票产生工作票票号） | | |
| 6 | 审核现场勘察、标准化作业文本 | 班长 | 1. 工作负责人将编制的现场勘察推送班长审核至保存。<br>2. 工作负责人、小组负责人编制标准作业文本发送至班长审核后，推送至专工审核 | 1. 工作负责人编写现场勘察，如与现场不符或措施不全退回工作负责人。<br>2. 班长审核标准化作业卡时，发现错误或编写不规范退回重新编辑 | |
| 7 | 审核标准化作业文本 | 运检专工 | 审核完成推送至发布 | 针对作业项目审核作业标准及要求和风险辨识与预控措施，认为安全措施不完善的应予退回补充 | |
| 8 | 审核电力线路工作任务单 | 工作负责人 | 小组负责人编制的电力线路工作任务单推送至工作负责人审核并签发，签发完成后发送至小组负责人 | 1. 电力线路工作任务单待签发由工作负责人签发。<br>2. 电力线路工作任务单由工作负责人审核，如发现安全措施或填写不正确退回小组负责人。<br>3. 工作负责人认为小组任务单不合格、不完善予以退回 | |
| 9 | 电力线路工作任务单填写会签信息 | 小组负责人 | 在电力线路工作任务单上填写会签信息，电力线路工作任务单产生任务单编号 | | |
| 10 | 待许可 | 工作负责人 | 填写工作票许可信息 | | |
| 11 | 待许可 | 小组负责人 | 填写电力线路工作任务单许可信息 | | |
| 12 | 待终结 | 小组负责人 | 填写电力线路工作任务单终结信息，存档 | | |
| 13 | 待终结 | 工作负责人 | 填写工作票终结信息，存档 | | |
| 14 | 作业文本执行 | 小组负责人 | 填写执行信息并归档 | 对标准作业文本执行信息逐一填写，不得漏项 | |
| 15 | 作业文本执行 | 工作负责人 | 填写执行信息并归档 | 对标准作业文本执行信息逐一填写，不得漏项 | |

续表

| 步骤编号 | 流程步骤 | 责任岗位 | 步骤说明 | 工作要求 | 备注 |
|---|---|---|---|---|---|
| 16 | 填写班组工作任务单信息 | 工作负责人 | 在班组工作任务单上填写实际开始时间、实际完成时间、完成情况，设备变动情况 | | |
| 17 | 填写验收 | 工作负责人 | 由工作负责人登录班长账号，对已消缺完成的缺陷进行填写验收 | | |
| 18 | 评估工作票 | 班长 | 先对电力线路工作任务单进行一级评估，再对工作票进行一级评估 | | |
| 19 | 评估作业文本 | 班长 | | | |
| 20 | 终结班组任务单 | 工作负责人 | | | |

# 4　工器具及仪器仪表工作分册（MDYJ-SD-SDYJ-GZGF-004）

## 4.1　业务概述

**4.1.1**　本分册旨在规范工器具及仪器仪表管理工作，指导工器具及仪器仪表安全使用，明确工器具及仪器仪表保管及维护方法，对工器具及仪器仪表出入库及报废流程进行有效规范。

**4.1.2**　工器具及仪器仪表管理主要工作内容：班组工器具及仪器仪表定置管理、保养、使用、送试、校验及报废。

## 4.2　相关条文说明

### 4.2.1　工器具及仪器仪表的使用与保管

**4.2.1.1**　通用要求

建立本班组工器具及仪器仪表台账并根据公司工器具管理要求，统一规定工器具及仪器仪表名称、编号，并录入台账系统。工器具及仪器仪表台账见附件 1、附件 3。

班组公用的工器具及仪器仪表实行定置管理，应由专人负责管理、维护、保养，工器具及仪器仪表应有专用的库房储存。

定期开展工器具及仪器仪表清查盘点，确保做到账、卡、物一致，班组工器具参考配置要求国家电网生〔2014〕483 号《国家电网公司输变电装备配置管理规范》（工器具及仪器仪表外观检查表见附件 2、附件 4）。

**4.2.1.2**　安全工器具

安全工器具的保管及存放，必须满足国家和行业标准及产品说明书要求（安全工器具保管存放具体要求见附件 5）。

**4.2.1.3**　检修工器具

检修工器具设专人管理，全面负责检修工具库的工器具管理，定期检查检修工器具。

检修工器具库应定期清扫，保持库内整齐有序，整洁干净，确保检修工器具无锈蚀、霉烂、变质、变形等情况。

检修工器具要摆放整齐有序，工器具要有明显标识。

**4.2.1.4**　个人工器具

个人使用的工器具，使用者负责管理、维护和保养，班组兼职安全员不定期抽查使用维护情况。

**4.2.1.5**　仪器仪表

仪器仪表库房应保持室内整洁、卫生、干燥，一切有腐蚀性物质不得存放在仪器仪表库房内。

每台仪器仪表应有固定标识牌，包括名称、型号、出厂号、固定资产号、购置日期、责任人等。

仪器仪表应存放在专用橱柜内，存放时应注意防尘、防潮、防腐、防老化。

**4.2.1.6** 工器具及仪器仪表使用总体要求

使用单位每年至少应组织一次工器具使用方法培训；新进员工上岗前应进行工器具使用方法培训；新型工器具使用前应组织针对性培训。工器具使用前应进行外观、试验周期有效性等检查。工器具检查及使用要求详见工器具检查使用手册。

对工器具的机械、绝缘性能产生疑问或发现缺陷时，应进行试验，合格后方可使用。

仪器仪表设备使用人员要经过认真学习，熟悉设备的工作性能，掌握设备的工作原理，认真操作。

不经常使用的仪器设备要定期通电检查（雨季每周通电一次，其他季节半月通电一次）。

与仪器设备配套使用的电脑不得安装与仪器设备使用无关的软件。

**4.2.1.7** 工器具及仪器仪表领用、归还应严格履行交接和登记手续。领用时，保管人和领用人应共同确认工器具及仪器仪表的有效性，确认合格后，方可出库；归还时，保管人和领用人应共同进行清洁整理和检查确认，不合格或超试验周期的应另外存放，做出"禁用"标识，停止使用。出入库登记表详见附件 6。

**4.2.1.8** 工器具及仪器仪表在保管及运输过程中应防止损坏和磨损，绝缘工器具应做好防潮措施。

**4.2.1.9** 使用中若发现产品质量、售后服务等不良问题，应及时上报物资部门和安全监察质量部门。

### 4.2.2 工器具试验、检验及仪器仪表校验

**4.2.2.1** 各类电力工器具必须由具有资质的电力工器具检验机构进行检验。

**4.2.2.2** 根据规程中工器具预防性试验的项目、周期和要求，定期将工器具交付试验部门进行试验，试验合格后才能投入使用。

**4.2.2.3** 应进行试验的工器具

（1）规程要求进行试验的工器具。

（2）新购置和自制的工器具。

（3）检修后或关键零部件经过更换的工器具。

（4）对其机械、绝缘性能产生疑问或发现缺陷的工器具。

出了质量问题的同批工器具。

**4.2.2.4** 周期性试验及检验周期、标准及要求见附件 7。

**4.2.2.5** 工器具经预防性试验或检验合格后，必须在合格的电力工器具上（不妨碍绝缘性能且醒目的部位）贴上"试验合格证"标签，注明试验人、试验日期及下次试验日期，并在 15 个工作日内及时将试验报告录入 PMS 系统。

**4.2.2.6** 仪器仪表应按照有关规定，由具备资质的检测机构定期校验合格后方可使用，校验合格的装备上应有明显的检测试验合格证（校验项目包括仪器的稳定性、灵敏度、精密度与精度等）。

### 4.2.3 工器具及仪器仪表的报废

**4.2.3.1** 符合下列条件之一者，即予以报废。

工器具及仪器仪表经试验或校验不符合国家或行业标准。

超过有效使用期限或不能达到有效防护功能指标。

其他单位已发现问题的相同型号工器具及仪器仪表。

**4.2.3.2**　报废的工器具及仪器仪表，应做破坏处理，并撕毁“合格证”。

**4.2.3.3**　报废的工器具及仪器仪表应及时清理，不得与合格的工器具及仪器仪表存放在一起，更不得使用报废的工器具及仪器仪表。

**4.2.3.4**　报废的工器具及仪器仪表应及时统计上报输电运检技术，输电运检技术到各单位安全监察质量部门备案。

**4.2.3.5**　工器具及仪器仪表报废情况应纳入管理台账做好记录，在PMS启动报废流程，存档备查。

### 4.2.4　班长一般工作要求

**4.2.4.1**　审核工器具及仪器仪表管理台账。

**4.2.4.2**　指定专人保管工器具及仪器仪表。

**4.2.4.3**　督促兼职安全员每月对工器具及仪器仪表进行全面检查。

**4.2.4.4**　根据月检查情况、预防性试验结果和生产需求，及时办理工器具及仪器仪表报废及补购手续。

### 4.2.5　工作组负责人一般工作要求

**4.2.5.1**　根据工作计划领用工器具及仪器仪表。

**4.2.5.2**　领用与归还工器具及仪器仪表时应由领用者和保管者共同对工器具及仪器仪表进行外观检查，确认其有效性后方可办理出入库手续，入库时领用者应与保管者共同清洁工器具及仪器仪表。

### 4.2.6　兼职安全员一般工作要求

**4.2.6.1**　建立并维护工器具及仪器仪表管理台账。

**4.2.6.2**　按规定办理工器具及仪器仪表领用和出、入库手续。

**4.2.6.3**　保证工器具及仪器仪表正确摆放并分类编号，确保账、卡、物三符合。

**4.2.6.4**　做好各种工器具及仪器仪表的保管、日常维护和保养工作。

**4.2.6.5**　根据预防性试验项目、要求和周期，配合输电运检技术工作，定期将工器具及仪器仪表交付试验部门进行试验、校验，对实验报告进行归档。

**4.2.6.6**　每月对工器具及仪器仪表进行全面检查，检查工器具及仪器仪表“试验、校验合格证”“工器具及仪器仪表的实验、校验报告”是否正确完备，并做好月检查记录，及时向输电运检技术申报工器具及仪器仪表的不良状况。

**4.2.6.7**　注意仓库防火、防盗，保证材料物资安全。

**4.2.6.8**　保证仓库环境干净整洁，温湿度等环境因素满足工器具及仪器仪表存储要求。

### 4.2.7　工作组成员一般工作要求

**4.2.7.1**　参加工器具及仪器仪表管理培训，学会正确使用工器具及仪器仪表。

**4.2.7.2**　做好个人工器具的保管、维护和保养工作。

**4.2.7.3**　负责工器具及仪器仪表在运输过程中的保管工作，做好工器具及仪器仪表的磨损、防尘、防摔等措施。

**4.2.7.4**　在工器具及仪器仪表使用过程中若发现质量问题，应及时上报兼职安全员。

## 4.3 流程图（见表 4-1）

表 4-1　　流　程　图

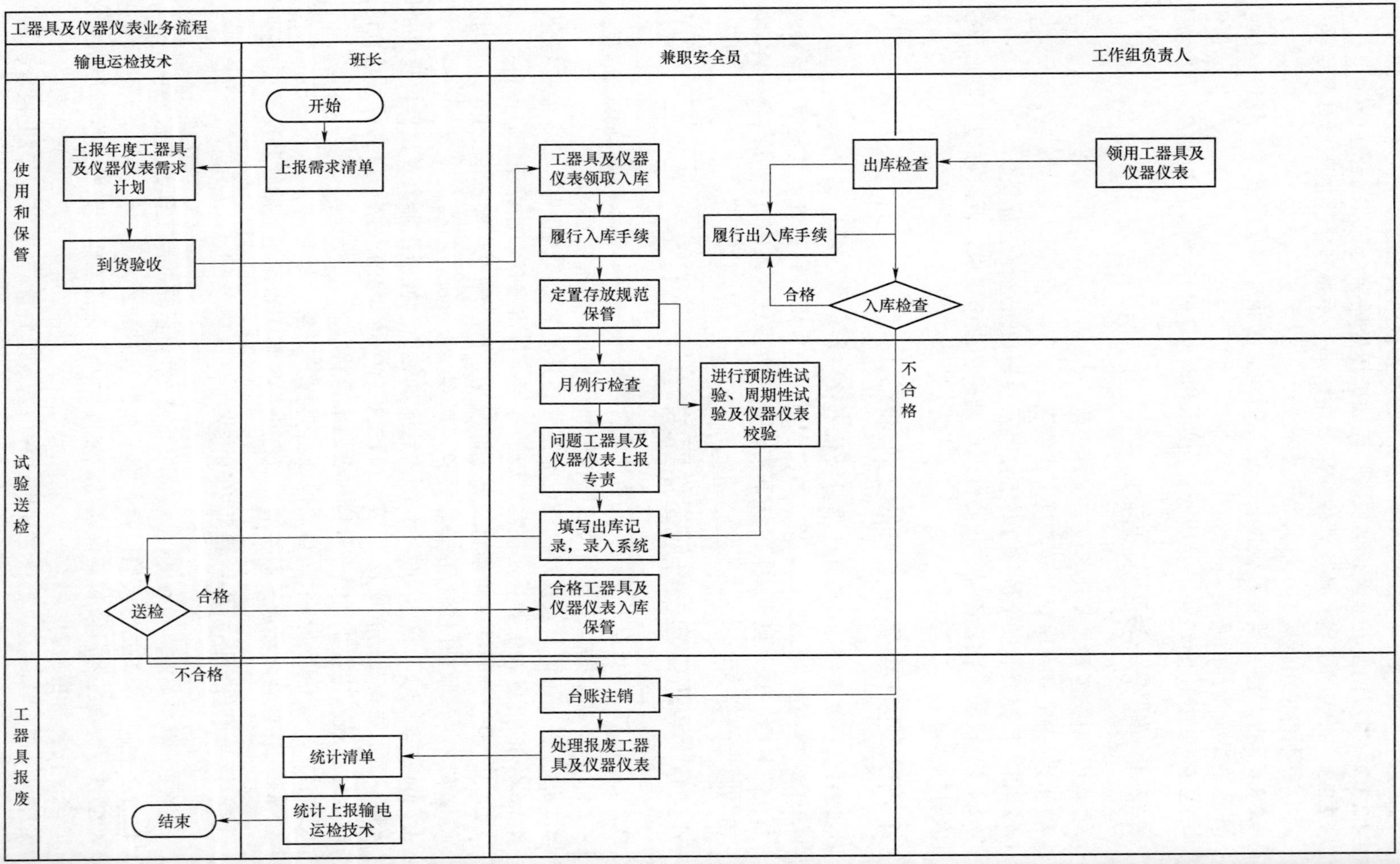

| 工器具及仪器仪表业务流程 | 输电运检技术 | 班长 | 兼职安全员 | 工作组负责人 |
| --- | --- | --- | --- | --- |
| 使用和保管 | 上报年度工器具及仪器仪表需求计划；到货验收 | 开始；上报需求清单 | 工器具及仪器仪表领取入库；履行入库手续；定置存放规范保管；出库检查；履行出入库手续；入库检查（合格；不合格） | 领用工器具及仪器仪表 |
| 试验送检 | 送检（合格；不合格） | | 月例行检查；进行预防性试验、周期性试验及仪器仪表校验；问题工器具及仪器仪表上报专责；填写出库记录，录入系统；合格工器具及仪器仪表入库保管 | |
| 工器具报废 | 结束 | 统计清单；统计上报输电运检技术 | 台账注销；处理报废工器具及仪器仪表 | |

## 4.4 流程步骤（见表 4-2）

表 4-2　　　　流 程 步 骤

| 步骤编号 | 流程步骤 | 责任岗位 | 步骤说明 | 工作要求 | 备注 |
|---|---|---|---|---|---|
| 1 | 上报需求清单 | 班长 | 结合生产实际上报需求清单 | | |
| 2 | 上报年度工器具及仪器仪表需求计划 | 输电运检技术 | 结合生产实际上报年度工器具及仪器仪表需求计划 | | |
| 3 | 到货验收 | 输电运检技术 | 到货后工器具及仪器仪表验收 | | |
| 4 | 工器具及仪器仪表领取入库 | 兼职安全员 | 领取工器具及仪器仪表 | | |
| 5 | 履行入库手续 | 兼职安全员 | 填写工器具及仪器仪表台账，录入PMS系统并上报输电运检技术 | | |
| 6 | 定置存放、规范保管 | 兼职安全员 | 定置存放、规范保管 | | |
| 7 | 月例行检查 | 兼职安全员 | 进行工器具及仪器仪表月检，检查工器具及仪器仪表有无破损或临近到期 | 需填写工器具及仪器仪表月检查表 | |
| 8 | 进行预防性试验、周期性试验及仪器仪表校验 | 兼职安全员 | 根据工器具检修周期定期上报输电运检技术进行预防性试验和周期性试验。<br>根据仪器仪表校验规则定期上报输电运检技术进行校验工作 | 填写出库记录，录入系统 | |
| | 问题工器具及仪器仪表上报输电运检技术 | 兼职安全员 | 将对其电气性能和绝缘性能有疑问的工器具列出清单上报输电运检技术送检。<br>将需要进行校验的仪器仪表列出清单上报输电运检技术送检 | | |
| 9 | 履行出库手续 | 兼职安全员 | 履行出库手续 | 填写出库记录，录入系统 | |
| 10 | 送检 | 输电运检技术 | 移交检修试验单位 | | |
| 11 | 入库保管 | 兼职安全员 | 合格工器具及仪器仪表入库保管 | 在合格的工器具及仪器仪表上贴“试验、校验合格证”，试验、校验资料归档并履行入库手续，录入台账系统 | 合格工器具及仪器仪表 |
| 12 | 台账注销 | 兼职安全员 | 不合格工器具及仪器仪表进行台账注销 | | 不合格工器具及仪器仪表 |
| 13 | 处理报废工器具及仪器仪表 | 兼职安全员 | 处理报废工器具及仪器仪表 | 报废的工器具及仪器仪表，应做破坏处理，并撕毁“合格证”。<br>报废的工器具及仪器仪表应及时清理，不得与合格的工器具及仪器仪表存放在一起，更不得使用报废的工器具及仪器仪表 | |
| 14 | 统计清单 | 班长 | 统计报废工器具及仪器仪表清单 | | |
| 15 | 上报输电运检技术 | 班长 | 统计上报安全输电运检技术 | | |
| 16 | 领用工器具及仪器仪表 | 工作组负责人 | 根据工作计划领用工器具及仪器仪表 | | 工器具及仪器仪表使用流程 |
| 17 | 出库检查 | 兼职安全员<br>工作组负责人 | 出库时共同检查工器具及仪器仪表的有效性，有效方可出库 | | |
| 18 | 履行出库手续 | 兼职安全员 | 履行出库手续 | 填写出库记录，录入系统 | |
| 19 | 入库检查 | 兼职安全员<br>工作组负责人 | 入库时共同检查工器具及仪器仪表是否有损坏并清洁 | | |
| 20 | 履行入库手续 | 兼职安全员 | 履行入库手续 | 填写出库记录，录入系统 | |
| 21 | 工器具及仪器仪表损坏 | 兼职安全员 | 损坏的工器具及仪器仪表进行报废流程 | | |

# 附件 1：电力工器具台账（见附表 4-1）

单位：　　　　　　　　　　　　　　　　　　　　　　　　　　班组：

填写要求：

1. 班组电力工器具台账由兼职安全员负责记录，审核由班长签字。
2. 使用状态栏填写工具报废、库存备用、在运等事项。
3. 各单位安全监察质量部台账参照此表入账，表内增加存放地点栏。

**附表 4-1**　　　　　　　　　　　**电 力 工 器 具 台 账**

| 序号 | 工具名称 | 编号 | 电压等级 | 型号 | 数量 | 购置日期 | 生产厂家 | 使用状态 |
|---|---|---|---|---|---|---|---|---|
| | | | | | | | | |
| | | | | | | | | |
| | | | | | | | | |
| | | | | | | | | |
| | | | | | | | | |
| | | | | | | | | |
| | | | | | | | | |
| | | | | | | | | |

记录人：　　　　　　　　　　　　审核：　　　　　　　　　　　　入账日期：　　　　年　月　日

# 附件 2：电力工器具外观检查记录（见附表 4-2）

单位：　　　　　　　　　　　　　　　　　　　　　　　　　　班组：

填写要求：

1. 定置摆放栏填写"是"或"否"，外观检查与评价栏：如果有问题将存在的问题详细填写，若无问题填写"良好"字样。
2. 各单位安全监察质部检查记录参照此表进行记录。

**附表 4-2**　　　　　　　　　　　**电力工器具外观检查记录**

| 序号 | 存放地点 | 名称 | 型号 | 环境温度 | 环境湿度 | 定置摆放 | 外观检查与评价 | 备注 |
|---|---|---|---|---|---|---|---|---|
| | | | | | | | | |
| | | | | | | | | |
| | | | | | | | | |
| | | | | | | | | |
| | | | | | | | | |
| | | | | | | | | |
| | | | | | | | | |
| | | | | | | | | |
| | | | | | | | | |
| | | | | | | | | |
| | | | | | | | | |
| | | | | | | | | |
| | | | | | | | | |

检查人：　　　　　　　　　　　　　　　　　　　　　　　　检查日期：　年　月　日

# 附件 3：仪器仪表台账（见附表 4-3）

单位：　　　　　　　　　　　　　　　　　　　　　　　　班组：

填写要求：

1. 班组仪器仪表账由兼职安全员负责记录，审核由班长签字。
2. 使用状态栏填写工具报废、库存备用、在运等事项。
3. 各单位安全监察质量部台账参照此表入账，表内增加存放地点栏。

**附表 4-3**　　　　　　　　　　　　**仪 器 仪 表 台 账**

| 序号 | 仪器仪表名称 | 编号 | 型号 | 规格 | 数量 | 购置日期 | 生产厂家 | 使用状态 |
|---|---|---|---|---|---|---|---|---|
| | | | | | | | | |
| | | | | | | | | |
| | | | | | | | | |
| | | | | | | | | |
| | | | | | | | | |
| | | | | | | | | |
| | | | | | | | | |
| | | | | | | | | |

记录人：　　　　　　　　　　　　审核：　　　　　　　　　　　　入账日期：　　年　月　日

# 附件 4：仪器仪表外观检查记录（见附表 4-4）

单位：　　　　　　　　　　　　　　　　　　　　　　　　班组：

填写要求：

1. 定置摆放栏填写“是”或“否”，外观检查与评价栏：如果有问题将存在的问题详细填写，若无问题填写“良好”字样。
2. 各单位安全监察质部检查记录参照此表进行记录。

**附表 4-4**　　　　　　　　　　　　**仪器仪表外观检查记录**

| 序号 | 存放地点 | 仪器仪表名称 | 型号 | 环境温度 | 环境湿度 | 定置摆放 | 外观检查与评价 | 备注 |
|---|---|---|---|---|---|---|---|---|
| | | | | | | | | |
| | | | | | | | | |
| | | | | | | | | |
| | | | | | | | | |
| | | | | | | | | |
| | | | | | | | | |
| | | | | | | | | |
| | | | | | | | | |
| | | | | | | | | |
| | | | | | | | | |
| | | | | | | | | |
| | | | | | | | | |

检查人：　　　　　　　　　　　　　　　　　　　　　　　检查日期：　年　月　日

# 附件5：安全工器具保管及存放要求

1. 橡胶塑料类工器具

橡胶塑料类工器具应存放在干燥、通风、避光的环境下，存放时离开地面和墙壁20cm以上，离开发热源1m以上，避免阳光、灯光或其他光源直射，避免雨雪浸淋，防止挤压、折叠和尖锐物体碰撞，严禁与油、酸、碱或其他腐蚀性物品存放在一起。

（1）防护眼镜保管于干净、不易碰撞的地方。

（2）防毒面具应存放在干燥、通风，无酸、碱、溶剂等物质的库房内，严禁重压。防毒面具的滤毒罐（盒）的贮存期为5年（3年），过期产品应经检验合格后方可使用。

（3）空气呼吸器在贮存时应装入包装箱内，避免长时间曝晒，不能与油、酸、碱或其他有害物质共同贮存，严禁重压。

（4）防电弧服贮存前必须洗净、晾干。不得与有腐蚀性物品放在一起，存放处应干燥通风，避免长时间接触地气受潮。防止紫外线长时间照射。长时间保存时，应注意定期晾晒，以免霉变、虫蛀以及滋生细菌。

（5）绝缘手套使用后应擦净、晾干，保持干燥、清洁，最好洒上滑石粉以防粘连。绝缘手套应存放在干燥、阴凉的专用柜内，与其他工具分开放置，其上不得堆压任何物件，以免刺破手套。绝缘手套不允许放在过冷、过热、阳光直射和有酸、碱、药品的地方，以防胶质老化，降低绝缘性能。

（6）绝缘靴（鞋）应放在干燥通风的仓库中，防止霉变。贮存期限一般为24个月（自生产日期起计算），超过24个月的产品须逐只进行电性能预防性试验，只有符合标准规定的鞋，方可以电绝缘鞋销售或使用。电绝缘胶靴不允许放在过冷、过热、阳光直射和有酸、碱、油品、化学药品的地方。应存放在干燥、阴凉的专用柜内或支架上。

（7）当绝缘垫（毯）脏污时，可在不超过制造厂家推荐的水温下对其用肥皂进行清洗，再用滑石粉让其干燥。如果绝缘垫粘上了焦油和油漆，应该马上用适当的溶剂对受污染的地方进行擦拭，应避免溶剂使用过量。汽油、石蜡和纯酒精可用来清洗焦油和油漆。绝缘垫（毯）贮存在专用箱内，对潮湿的绝缘垫（毯）应进行干燥处理，但干燥处理的温度不能超过65℃。

（8）防静电鞋和导电鞋应保持清洁。如表面污染尘土、附着油蜡、粘贴绝缘物或因老化形成绝缘层后，对电阻影响很大。刷洗时要用软毛刷、软布蘸酒精或不含酸、碱的中性洗涤剂。

（9）绝缘遮蔽罩使用后应擦拭干净，装入包装袋内，放置于清洁、干燥通风的架子或专用柜内，上面不得堆压任何物件。

2. 环氧树脂类工器具

环氧树脂类工器具应置于通风良好、清洁干燥、避免阳光直晒和无腐蚀、有害物质的场所保存。

（1）绝缘杆应架在支架上或悬挂起来，且不得贴墙放置。

（2）绝缘隔板应统一编号，存放在室内干燥通风、离地面200mm以上专用的工具架上或柜内。如果表面有轻度擦伤，应涂绝缘漆处理。

（3）接地线不用时将软铜线盘好，存放在干燥室内，宜存放在专用架上，架上的号码与接地线的号码应一致。

（4）验电器使用后应存放在防潮盒或绝缘工器具存放柜内，置于通风干燥处。

3. 纤维类工器具

纤维类工器具应放在干燥、通风、避免阳光直晒、无腐蚀及有害物质的位置，并与热源保持1m以上的距离。

（1）安全带不使用时，应由专人保管。存放时，不应接触高温、明火、强酸、强碱或尖锐物体，不应存放在潮湿的地方。储存时，应对安全带定期进行外观检查，发现异常必须立即更换，检查频次应根据安全带的使用频率确定。

（2）安全绳每次使用后应检查，并定期清洗。

（3）安全网不使用时，应由专人保管，储存在通风、避免阳光直射，干燥环境，不应在热源附近储存，避免接触腐蚀性物质或化学品，如酸、染色剂、有机溶剂、汽油等。

（4）合成纤维带速差式防坠器，如果纤维带浸过泥水、油污等，应使用清水（勿用化学洗涤剂）和软刷对纤维带进行刷洗，清洗后放在阴凉处自然干燥，并存放在干燥少尘环境下。

（5）静电防护服装应保持清洁，保持防静电性能，使用后用软毛刷、软布蘸中性洗涤剂刷洗，不可损伤服装纤维。

（6）屏蔽服装应避免熨烫和过渡折叠，应包装在一个里面衬有丝绸布的塑料袋里，避免导电织物的导电材料在空气中氧化。整箱包装时，避免屏蔽服装受重压。

4. 其他类工器具

（1）钢绳索速差式防坠器，如钢丝绳浸过泥水等，应使用涂有少量机油的棉布对钢丝绳进行擦洗，以防锈蚀。

（2）安全围栏（网）应保持完整、清洁无污垢，成捆整齐存放。

（3）标识牌、警告牌等，应外观醒目，无弯折、无锈蚀，摆放整齐。

## 附件6：班组运检装备出入库记录模板（见附表4-5）

**附表4-5　　　　××班组运检装备出入库记录**

填写要求：

1. 工器具及仪器仪表领用、归还应严格履行交接和登记手续。

2. 领用时，保管人和领用人应共同确认工器具及仪器仪表有效性，确认合格后，方可出库；归还时，保管人和领用人应共同进行清洁整理和检查确认。

<table>
<tr><td colspan="2">领用人</td><td colspan="2"></td><td colspan="2">事由</td><td colspan="4"></td></tr>
<tr><td colspan="2">出库时间</td><td></td><td>领用人</td><td colspan="2"></td><td>兼职安全员</td><td colspan="3"></td></tr>
<tr><td colspan="2">归还时间</td><td></td><td>领用人</td><td colspan="2"></td><td>兼职安全员</td><td colspan="3"></td></tr>
<tr><td rowspan="2">序号</td><td rowspan="2">名称</td><td rowspan="2">规格型号</td><td rowspan="2">领用数量</td><td colspan="2">工器具状态</td><td rowspan="2">退库数量</td><td colspan="2">工器具状态</td><td rowspan="2">备注</td></tr>
<tr><td>（完好√或损坏×）</td><td>配件齐全打√</td><td>（完好√或损坏×）</td><td>配件齐全打√</td></tr>
<tr><td></td><td></td><td></td><td></td><td></td><td></td><td></td><td></td><td></td><td></td></tr>
<tr><td></td><td></td><td></td><td></td><td></td><td></td><td></td><td></td><td></td><td></td></tr>
<tr><td></td><td></td><td></td><td></td><td></td><td></td><td></td><td></td><td></td><td></td></tr>
<tr><td></td><td></td><td></td><td></td><td></td><td></td><td></td><td></td><td></td><td></td></tr>
<tr><td></td><td></td><td></td><td></td><td></td><td></td><td></td><td></td><td></td><td></td></tr>
</table>

# 附件 7：工器具试验项目、周期和要求（见附表 4-6～附表 4-8）

附表 4-6　　　　绝缘工器具试验项目、周期和要求

<table>
<tr><th>序号</th><th>器具</th><th>项目</th><th>周期</th><th colspan="4">要求</th><th>说明</th></tr>
<tr><td rowspan="10">1</td><td rowspan="10">电容型验电器</td><td>A. 起动电压试验</td><td>1 年</td><td colspan="4">起动电压值不高于额定电压的 40%，不低于额定电压的 15%</td><td>试验时接触电极应与试验电极相接触</td></tr>
<tr><td rowspan="9">B. 工频耐压试验</td><td rowspan="9">1 年</td><td rowspan="2">额定电压（kV）</td><td rowspan="2">试验长度（m）</td><td colspan="2">工频耐压（kV）</td><td rowspan="9"></td></tr>
<tr><td>1min</td><td>5min</td></tr>
<tr><td>10</td><td>0.7</td><td>45</td><td>—</td></tr>
<tr><td>35</td><td>0.9</td><td>95</td><td>—</td></tr>
<tr><td>63（66）</td><td>1.0</td><td>175</td><td>—</td></tr>
<tr><td>110</td><td>1.3</td><td>220</td><td>—</td></tr>
<tr><td>220</td><td>2.1</td><td>440</td><td>—</td></tr>
<tr><td>330</td><td>3.2</td><td>—</td><td>380</td></tr>
<tr><td>500</td><td>4.1</td><td>—</td><td>580</td></tr>
<tr><td rowspan="10">2</td><td rowspan="10">携带型短路接地线</td><td>A. 成组直流电阻试验</td><td>不超过 5 年</td><td colspan="4">在各接线鼻之间测量直流电阻，对于 25、35、50、70、95、120mm² 的各种截面，平均每米的电阻值应分别小于 0.79、0.56、0.40、0.28、0.21、0.16mΩ</td><td>同一批次抽测不小于 2 条，接线鼻与软导线压接的应做试验</td></tr>
<tr><td rowspan="9">B. 操作棒的工频耐压试验</td><td rowspan="9">5 年</td><td rowspan="2">额定电压（kV）</td><td rowspan="2">试验长度（m）</td><td colspan="2">工频耐压</td><td rowspan="9">试验电压加在护环与紧固头之间</td></tr>
<tr><td>1min</td><td>5min</td></tr>
<tr><td>10</td><td>—</td><td>45</td><td>—</td></tr>
<tr><td>35</td><td>—</td><td>95</td><td>—</td></tr>
<tr><td>63（66）</td><td>—</td><td>175</td><td>—</td></tr>
<tr><td>110</td><td>—</td><td>220</td><td>—</td></tr>
<tr><td>220</td><td>—</td><td>440</td><td>—</td></tr>
<tr><td>330</td><td>—</td><td>—</td><td>380</td></tr>
<tr><td>500</td><td>—</td><td>—</td><td>580</td></tr>
<tr><td>3</td><td>个人保安线</td><td>成组直流电阻试验</td><td>不超过 5 年</td><td colspan="4">在各接线鼻之间测量直流电阻，对于 10、16、25mm² 的各种截面，平均每米的电阻值应分别小于 1.98、1.24、0.79mΩ</td><td>同一批次抽测不小于 2 条</td></tr>
<tr><td rowspan="9">4</td><td rowspan="9">绝缘杆</td><td rowspan="9">工频耐压试验</td><td rowspan="9">1 年</td><td rowspan="2">额定电压（kV）</td><td rowspan="2">试验长度（m）</td><td colspan="2">工频耐压</td><td rowspan="9"></td></tr>
<tr><td>1min</td><td>5min</td></tr>
<tr><td>10</td><td>0.7</td><td>45</td><td>—</td></tr>
<tr><td>35</td><td>0.9</td><td>95</td><td>—</td></tr>
<tr><td>63（66）</td><td>1.0</td><td>175</td><td>—</td></tr>
<tr><td>110</td><td>1.3</td><td>220</td><td>—</td></tr>
<tr><td>220</td><td>2.1</td><td>440</td><td>—</td></tr>
<tr><td>330</td><td>3.2</td><td>—</td><td>380</td></tr>
<tr><td>500</td><td>4.1</td><td>—</td><td>580</td></tr>
<tr><td rowspan="6">5</td><td rowspan="6">核相器</td><td rowspan="3">A. 连接导线绝缘强度试验</td><td rowspan="3">必要时</td><td>额定电压（kV）</td><td>工频耐压（kV）</td><td colspan="2">持续时间（min）</td><td rowspan="3">电阻率小于 100Ω・M</td></tr>
<tr><td>10</td><td>8</td><td colspan="2">5</td></tr>
<tr><td>35</td><td>28</td><td colspan="2">5</td></tr>
<tr><td rowspan="3">B. 绝缘部分工频耐压试验</td><td rowspan="3">1 年</td><td>额定电压（kV）</td><td>试验长度（m）</td><td>工频耐压（kV）</td><td>持续时间（min）</td><td rowspan="3"></td></tr>
<tr><td>10</td><td>0.7</td><td>45</td><td>1</td></tr>
<tr><td>35</td><td>0.9</td><td>95</td><td>1</td></tr>
</table>

续表

| 序号 | 器具 | 项目 | 周期 | 要求 | | | | 说明 |
|---|---|---|---|---|---|---|---|---|
| 5 | 核相器 | C. 电阻管泄漏电流试验 | 半年 | 额定电压（kV） | 工频耐压（kV） | 持续时间（min） | 泄漏电流（mA） | |
| | | | | 10 | 10 | 1 | ≤2 | |
| | | | | 35 | 35 | 1 | ≤2 | |
| | | D. 动作电压试验 | 1年 | 最低动作电压应达0.25倍额定电压 | | | | |
| 6 | 绝缘罩 | 工频耐压试验 | 1年 | 额定电压（kV） | 工频耐压（kV） | 时间（min） | | |
| | | | | 6～10 | 30 | 1 | | |
| | | | | 35 | 80 | 1 | | |
| 7 | 绝缘隔板 | A. 表面工频耐压试验 | 1年 | 额定电压（kV） | 工频耐压（kV） | 持续时间（min） | | 电极间距离300mm |
| | | | | 6～35 | 60 | 1 | | |
| | | B. 工频耐压试验 | 1年 | 额定电压（kV） | 工频耐压（kV） | 持续时间（min） | | |
| | | | | 6～10 | 30 | 1 | | |
| | | | | 35 | 80 | 1 | | |
| 8 | 绝缘胶垫 | 工频耐压试验 | 1年 | 电压等级 | 工频耐压（kV） | 持续时间（min） | | 使用于带电设备区域 |
| | | | | 高压 | 15 | 1 | | |
| | | | | 低压 | 3.5 | 1 | | |
| 9 | 绝缘靴 | 工频耐压试验 | 半年 | 工频耐压（kV） | 持续时间（min） | 泄漏电流（mA） | | |
| | | | | 15 | 1 | ≤7.5 | | |
| 10 | 绝缘手套 | 工频耐压试验 | 半年 | 电压等级 | 工频耐压（kV） | 持续时间（min） | 泄漏电流（mA） | |
| | | | | 高压 | 8 | 1 | ≤9 | |
| | | | | 低压 | 2.5 | 1 | ≤2.5 | |
| 11 | 导电鞋 | 直流电阻试验 | 穿用不超过20h | 电阻值小于100kΩ | | | | 符合《防静电鞋导电鞋安全技术要求》 |
| 12 | 绝缘夹钳 | 工频耐压试验 | 1年 | 额定电压（kV） | 试验长度（m） | 工频耐压（kV） | 持续时间（min） | |
| | | | | 10 | 0.7 | 45 | 1 | |
| | | | | 35 | 0.9 | 95 | 1 | |
| 13 | 绝缘绳 | 高压 | 每6个月一次 | 105kV/0.5m | | | | |

**附表4-7　　登高工具试验项目、周期和要求**

| 序号 | 名称 | 项目 | 周期 | 要求 | | | 说明 |
|---|---|---|---|---|---|---|---|
| 1 | 安全带 | 静负荷试验 | 1年 | 种类 | 试验静拉力（N） | 载荷时间（min） | 牛皮带试验周期为半年 |
| | | | | 围杆带 | 2205 | 5 | |
| | | | | 围杆绳 | 2205 | 5 | |
| | | | | 护腰绳 | 1470 | 5 | |
| | | | | 安全绳 | 2205 | 5 | |
| 2 | 安全帽 | 冲击性能试验 | 按规定期限 | 冲击力小于4900N | | | 使用期限：从制造之日起，塑料帽≤2.5年，玻璃钢帽≤3.5年 |
| | | 耐穿刺性能试验 | 按规定期限 | 钢锥不接触头模面 | | | |
| 3 | 脚扣 | 静负荷试验 | 1年 | 施加1176N静压力，持续时间5min | | | |

续表

| 序号 | 名称 | 项目 | 周期 | 要求 | 说明 |
|---|---|---|---|---|---|
| 4 | 升降板 | 静负荷试验 | 半年 | 施加2205N静压力，持续时间5min | |
| 5 | 竹（木）梯 | 静负荷试验 | 半年 | 施加1765N静压力，持续时间5min | |
| 6 | 防坠自锁器 | 静负荷试验 | 1年 | 施加7500N静压力，持续时间5min | |
| | | 冲击试验 | 1年 | 安全带与悬挂物处同一水平位置，自由落体荷载980N，锁止距离应不超过0.2m | |
| 7 | 缓冲器 | 冲击试验 | 2年抽检 | 悬挂980N荷载自由落体冲击行程4m，挂点冲击力不超过8825N | |
| 8 | 速差自控器 | 使用前检查 | | 将速差自控器上端悬挂在作业点上方，将自控器内绳索和安全带上半圆环连接，可任意将绳索拉出，在一定位置作业。工作完毕后，人向上移动，绳索自行收回自控器内，坠落时自控器受速度影响制动控制 | 标准来自GB 6096—1985《安全带检验方案》3.3条 |
| | | 冲击试验 | 1年 | 拉出绳长0.8m，安全带与悬挂物处同一水平位置，自由落体荷载980N模拟人，要求模拟人坠落下滑距离不超过1.2m | |

**附表 4-8　　检修工器具检查和试验周期、质量参考标准**

| 编号 | 起重工具名称 | 检查与试验质量标准 | 检查与预防性试验周期 |
|---|---|---|---|
| 1 | 白棕绳 | 检查：绳子光滑、干燥无磨损现象 | 每月检查一次 |
| | | 试验：以2倍容许工作荷重进行10min的静力试验，不应有断裂和显著的局部延伸 | 每年试验一次 |
| 2 | 钢丝绳（起重用） | 检查：1. 接口可靠，无松动现象；2. 钢丝绳无严重磨损现象；3. 钢丝断裂根数在规程规定限度以内 | 每月检查一次（非常用的钢丝绳在使用前应进行检查） |
| | | 试验：以2倍容许工作荷重进行10min的静力试验，不应有断裂和显著的局部延伸现象 | 每年试验一次 |
| 3 | 铁链 | 检查：1. 链节无严重锈蚀，无磨损；2. 链节无裂纹 | 每月检查一次 |
| | | 试验：以2倍容许工作荷重进行10min的静力试验，链条不应有断裂、显著的局部延伸及个别链节拉长等现象 | 每年试验一次 |
| 4 | 葫芦（绳子滑车） | 检查：1. 葫芦滑轮完整灵活；2. 滑轮吊杆（板）无磨损现象，开口销完整；3. 吊钩无裂纹、变形；4. 棕绳光滑无任何裂纹现象（如有损伤须经详细鉴定）；5. 润滑油充分 | 每月检查一次 |
| | | 试验：1. 新安装或大修后，以1.25倍容许工作荷重进行10min的静力试验后，以1.1倍容许工作荷重作动力试验，不应有裂纹，显著局部延伸现象；2. 一般的定期试验，以1.1倍容许工作荷重进行10min的静力试验 | 每年试验一次 |
| 5 | 夹头、卡环等 | 检查：丝扣良好，表面无裂纹 | 每年检查一次 |
| | | 试验：以2倍容许工作荷重进行10min的静力试验 | 每年试验一次 |
| 6 | 电动及机动绞磨 | 检查：1. 齿轮箱完整，润滑良好；2. 吊杆灵活，铆接处螺丝无松动或残缺；3. 钢丝绳无严重磨损现象，断丝根数在规程规定范围以内；4. 吊钩无裂纹变形；5. 滑轮滑杆无磨损现象；6. 滚筒突缘高度至少应比最外层绳索的表面高出该绳索的一个直径。吊钩放在最低位置时，滚筒上至少剩有5圈绳索，绳索固定点良好；7. 机械转动部分防护罩完整，开关及电动机外壳接地良好；8. 卷扬限制器在吊钩升起距起重构架300mm时自动停止；9. 荷重控制器动作正常；10. 制动器灵活良好 | 6个月检查一次；第3项应使用前进行检查；第7、8、9、10项应每月试验检查一次 |
| | | 试验：1. 新安装的或经过大修的以1.25倍容许工作荷重升起100mm进行10min的静力试验后，以1.1倍容许工作荷重作动力试验，制动效能应良好，且无显著的局部延伸；2. 一般的定期试验，以1.1倍容许工作荷重进行10min的静力试验 | 每年试验一次 |

续表

| 编号 | 起重工具名称 | 检查与试验质量标准 | 检查与预防性试验周期 |
| --- | --- | --- | --- |
| 7 | 千斤顶 | 检查：1. 顶重头形状能防止物件的滑动；2. 螺旋或齿条千斤顶，防止螺杆或齿条脱离丝扣的装置良好；3. 螺纹磨损率不超过 20%；4. 螺旋千斤顶，自动制动装置良好 | 每年检查一次 |
|  |  | 试验：1. 新安装的或经过大修的，以 1.25 倍容许工作荷重进行 10min 的静力试验后，以 1.1 倍容许工作荷重作动力试验，结果不应有裂纹和显著局部延伸现象；2. 一般的定期试验，以 1.1 倍容许工作荷重进行 10min 的静力试验 | 每年试验一次 |
| 8 | 吊钩、卡线器、双钩紧线器 | 检查：1. 无裂纹或显著变形；2. 无严重腐蚀、磨损现象；3. 牙口、刃口中、转动部分灵活、无卡涩现象 | 半年检查一次 |
|  |  | 试验：以 1.25 倍容许工作荷重进行 10min 静力试验，用放大镜或其他方法检查，不应有残余变化、裂纹及裂口 | 每年试验一次 |
| 9 | 抱杆 | 检查：1. 金属抱杆无弯曲变形、焊口无开焊；2. 无严重腐蚀；3. 抱杆帽无裂纹、变形 | 每月查一次、使用前检查 |
|  |  | 试验：以 1.25 倍容许工作荷重进行 10min 静力试验 | 每年试验一次 |
| 10 | 其他<br>起重工具 | 试验：以≥1.25 倍容许工作荷重进行 10min 静力试验（无标准可依据时） | 每年试验一次、使用前检查 |

# 5 现场安全管理工作规范（MDYJ-SD-SDYJ-GZGF-005）

## 5.1 业务概述

现场安全管理是防范生产作业现场事故风险的重要管理措施，明晰安全职责界面和责任分工，分解落实各岗位安全职责，明确履责要求和履责记录，制定覆盖各岗位的安全责任，进一步夯实本质安全基础，确保作业现场安全。

## 5.2 相关条文说明

**5.2.1** 严格按照《国家电网公司安全工作规定》,《国家电网公司安全生产反违章工作管理办法国网》（安监/3）156-2014 进行现场作业，保证作业安全和现场安全措施的落实。

**5.2.2** 加强检修、抢修工器具及安全工器具管理，使用前、使用后必须进行检查，对超期、损坏的应立即更换。

**5.2.3** 加强作业过程管控，管理人员要严格执行作业现场到岗到位规定，工作负责人（或专责监护人）必须认真履行安全职责，严格遵守规程，做到全过程监护，不得兼做其他工作。

**5.2.4** 现场作业前必须完成相关准备工作，其包含任务分解、现场勘察、危险点分析与预控、其他班组间配合或交叉作业危险因素分析、编制和审批作业文本、召开班前会，根据实际工作任务，按照标准化作业指导卡准备工作中需要的工器具、材料、备品备件等。

**5.2.5** 外来施工工作票双签发时安全职责分界。运行单位工作票签发人对《安规》中“工作票上所填安全措施是否正确完备”负责，施工单位工作票签发人对“工作必要性和安全性以及所派工作负责人和工作班人员是否适当和充足”负责，同时对工作票正确性负责。

**5.2.6** 外来线路施工，由运行单位许可，现场安全措施由施工单位自行布置。布置安全措施方法应经运行单位同意并监督，不得对设备造成伤害。

**5.2.7** 外来施工对于在生产管理 PMS 系统外以纸质文档形式办理工作票，工作票编号前两位使用施工地点所在单位编号，具体编号可参照工作票工作规范规定。

**5.2.8** 应按照“谁资产、谁管理，谁运维、谁组织”的原则明确管理主体；按照“谁管理、谁负责，谁组织、谁负责，谁实施、谁负责”的原则落实安全生产责任。

**5.2.9** 班长一般工作要求

**5.2.9.1** 班组在接到作业计划后，应合理安排工作负责人、工作班成员，认真组织开展现场勘察，提前分析作业风险，确定工作实施方案，准备工器具材料。

**5.2.9.2** 根据现场实际情况，准确填用工作票，明确作业内容、主要危险点、安全措施和安全注意事项。

**5.2.9.3** 召开安全交底会议，落实班组各项工作的安全措施，对参与现场作业组人员进行安全提示。

**5.2.9.4** 办理外来施工单位工作票时，审查施工方案或标准化作业指导卡中的相关安全措施，并根据工作内容，布置现场安全措施。做好施工现场安全巡视检查工作。

**5.2.10** 技术员一般工作要求

**5.2.10.1** 协助班长解决现场危及安全生产的隐患及问题，对安全工作提出意见和建议，落实相关问题整改。

**5.2.10.2** 做好安全风险辨识和管控措施落实。

**5.2.10.3** 及时掌握线路危急、严重缺陷，组织协助处理输电线路运行中出现的缺陷。

**5.2.10.4** 协助班长做好外来施工单位工作票，施工方案或标准化作业指导卡中的相关安全措施的审查。

**5.2.11** 工作负责人一般工作要求

**5.2.11.1** 负责风险管控现场安全和技术措施的把关。

**5.2.11.2** 负责召开现场安全交底会、现场风险管控措施的执行和监督。

**5.2.11.3** 负责组织做好外来施工现场监督，认真履行现场监督职责。

**5.2.11.4** 负责制定作业文本，包括工作票和标准化作业文本。

**5.2.12** 工作组成员一般工作要求

**5.2.12.1** 进入作业现场，遵守安全工作规程，作业人员应正确佩戴安全帽、统一穿全棉长袖工作服、绝缘鞋，登高作业应正确使用安全带。

**5.2.12.2** 严格执行安全规程和作业计划，严格现场安全监督，不误登杆塔，不擅自扩大工作范围。

**5.2.12.3** 提前了解自己工作内容及存在风险，掌握风险管控措施，避免人身伤害和人为责任事故的发生。

**5.2.12.4** 熟悉工作流程内容，工作流程，掌握安全措施，明确工作中的危险点，并在工作票上履行交底签名确认手续。

**5.2.12.5** 服从工作负责人（监护人）、专责监护人的指挥，严格遵守安规和劳动纪律，在确定的作业范围内工作，对自己在工作中的行为负责，相互关心工作安全。

**5.2.12.6** 正确使用施工器具、安全工器具和劳动防护用品。

**5.2.12.7** 外来施工时，做好现场安全监督，落实相关安全措施。

## 5.3 流程图（见表 5-1）

表 5-1　　　　　　　　　　　　流　程　图

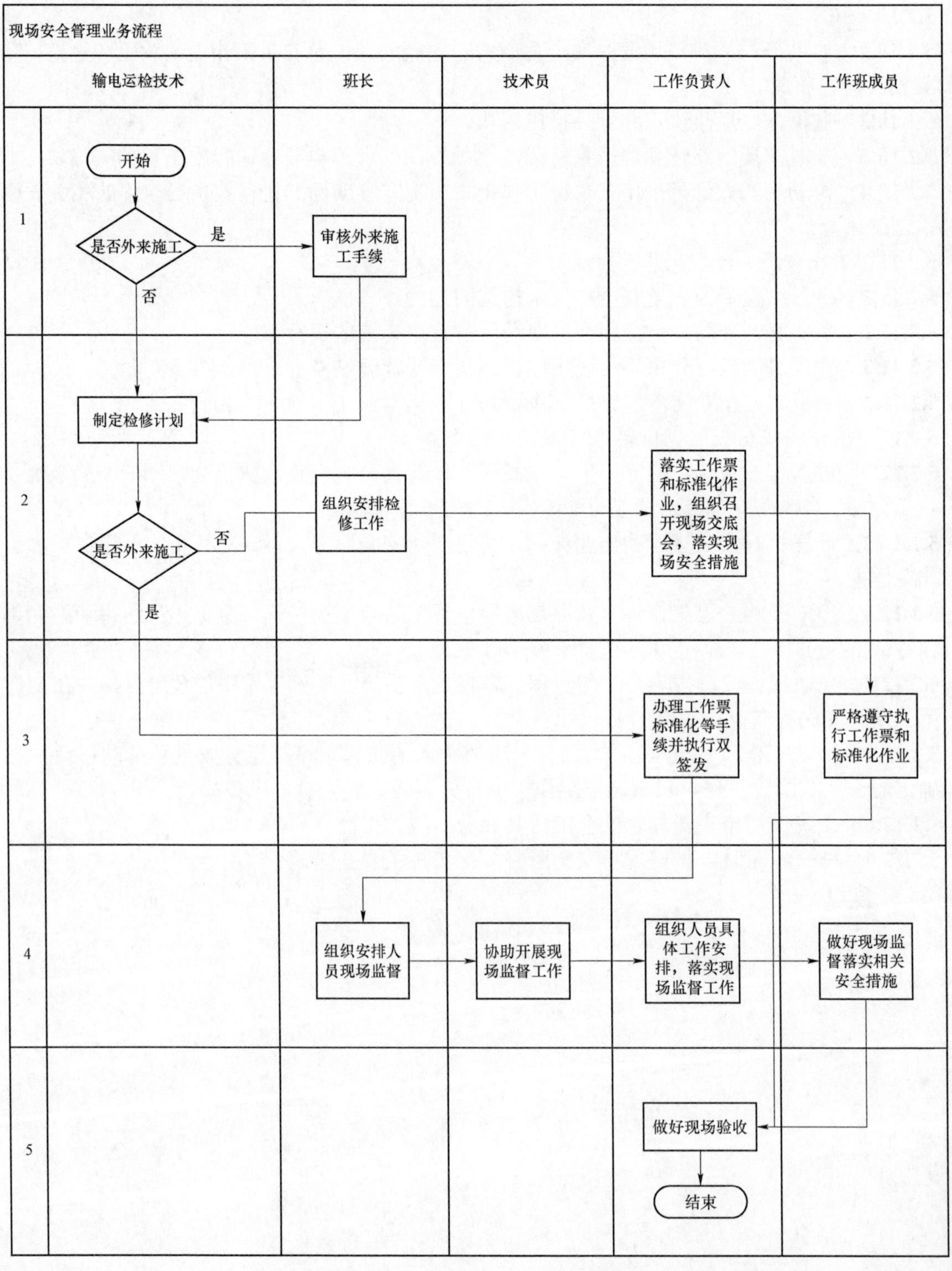

| 现场安全管理业务流程 | | | | | |
|---|---|---|---|---|---|
| | 输电运检技术 | 班长 | 技术员 | 工作负责人 | 工作班成员 |
| 1 | 开始<br>是否外来施工<br>是<br>否 | 审核外来施工手续 | | | |
| 2 | 制定检修计划<br>是否外来施工<br>否<br>是 | 组织安排检修工作 | | 落实工作票和标准化作业，组织召开现场交底会，落实现场安全措施 | |
| 3 | | | | 办理工作票标准化等手续并执行双签发 | 严格遵守执行工作票和标准化作业 |
| 4 | | 组织安排人员现场监督 | 协助开展现场监督工作 | 组织人员具体工作安排，落实现场监督工作 | 做好现场监督落实相关安全措施 |
| 5 | | | | 做好现场验收<br>结束 | |

## 5.4 现场安全管理流程步骤（见表 5-2）

表 5-2 现场安全管理流程步骤

| 步骤编号 | 流程步骤 | 责任岗位 | 步骤说明 | 工作要求 | 备注 |
|---|---|---|---|---|---|
| 1 | 制定检修计划 | 专责 | 1. 根据工作计划安排班组检修作业。<br>2. 如是外来施工，应在审核外来施工手续合格后再制定检修计划组织实施 | 1. 审核施工单位办理开工手续，施工“三措”，并对施工单位进行现场管理，对施工安全、质量、进度进行全面管控；负责协调解决施工过程中存在问题。<br>2. 外来施工工作票双签发时安全职责分界。运行单位工作票签发人对《安规》中“工作票上所填安全措施是否正确完备”负责，施工单位工作票签发人对“工作必要性和安全性以及所派工作负责人和工作班人员是否适当和充足”负责，同时对工作票正确性负责 | |
| 2 | 组织开展检修作业 | 班长、工作负责人 | 1. 组织安排检修工作。<br>2. 落实工作票和标准化作业，组织召开班前会，工作现场交底会，落实现场安全措施 | 1. 现场作业前必须完成相关准备工作，其包含任务分解、现场勘察、危险点分析与预控、其他班组（或专业）间配合或交叉作业危险因素分析、编制和审批作业文本、召开班前会，根据实际工作任务，按照标准化作业指导卡准备工作中需要的工器具、材料、备品备件等。<br>2. 加强作业过程管控，工作负责人（或专责监护人）必须认真履行安全职责，严格遵守规程，做到全过程监护，不得兼做其他工作。<br>3. 加强检修、抢修工器具及安全工器具管理，使用前、使用后必须进行检查，对超期、损坏的应立即更换 | |
| 3 | 作业现场过程安全监督 | 工作负责人 | 1. 班组检修作业过程安全措施落实到位。<br>2. 外来施工，应做好作业过程中监督工作，落实现场安全相关措施 | 1. 作业过程中，作业人员应认真履行《安规》等相关规定，严格按照“三措”（施工方案）、“标准化作业指导卡”进行作业，严禁违反标准化作业规定进行作业。<br>2. 工作负责人对各工作面的安全措施、现场安全、人员行为、工作进度、工艺要求进行检查和监护，保证所有工作班成员没有任何违反安全工作规程和现场安全措施的行为 | |
| 4 | 工作结束验收 | 工作负责人 | 完成作业后进行现场验收 | 1. 作业结束后，必须对作业情况进行验收，严禁未进行工作验收终结工作。外来施工作业验收工作由设备运维单位组织，项目管理部门、施工单位参加验收工作。<br>2. 已完工的设备均视为带电设备，任何人禁止在安全措施拆除后处理验收发现的缺陷和隐患。<br>3. 工作结束后，工作班应清扫、整理现场，工作负责人应先周密检查，待全体作业人员撤离工作地点后，方可履行工作终结手续 | |

# 6　缺陷管理工作分册（MDYJ-SD-SDYJ-GZGF-006）

## 6.1　业务概述

缺陷管理是对巡视、检修维护等运行工作中发现的电网设备缺陷进行记录和管理，缺陷是指运用中的电气设备及其相应的辅助设备在运行及备用时，出现影响电网安全运行或设备健康水平的一切异常现象，缺陷应纳入 PMS 系统进行全过程闭环管理，主要包括发现、统计、系统登记、消缺、验收。

## 6.2　相关条文说明

**6.2.1**　班组人员对发现的缺陷应及时记录，经确认、定性后，及时录入 PMS 系统，纳入缺陷管理流程。

**6.2.2**　班长对 PMS 系统内的缺陷进行审核，审核合格后将缺陷导出上报输电运检技术，如有危急、严重缺陷应加强监控，等待处理。

**6.2.3**　设备缺陷按其严重程度分为危急、严重、一般缺陷三类

**6.2.3.1**　危急缺陷指缺陷情况已危及到线路安全运行，随时可能导致线路发生事故，既危险又紧急的缺陷。危急缺陷消除时间不应超过 24 小时，或临时采取确保线路安全的技术措施进行处理，随后消除。

**6.2.3.2**　严重缺陷指缺陷情况对线路安全运行已构成严重威胁，短期内线路尚可维持安全运行，情况虽危险，但紧急程度较危急缺陷次之的一类缺陷。此类缺陷的处理不应超过 72 小时，最多不超过 1 个月，消除前须加强监视。

**6.2.3.3**　一般缺陷指缺陷情况对线路的安全运行威胁较小，在一定期间内不影响线路安全运行的缺陷，此类缺陷一般应在一个检修周期内予以消除，需要停电时列入月度停电检修计划。

**6.2.3.4**　缺陷等级分类标准详见《国家电网公司输电设备缺陷标准库》。

**6.2.4**　本单位输电运检技术应核对缺陷性质，危急、严重缺陷应及时报本地市公司运检部备案；并组织有关人员分析发生缺陷的原因，找出规律，制定出相应预防措施，并合理组织安排缺陷消除工作，对未消除的缺陷应加强监视防止进一步恶化。监视中如有发展，应按规定及时上报，不得拖延造成设备事故，设备负责人应对消缺情况进行全过程监督、检查及验收。

**6.2.5**　班长一般工作要求

**6.2.5.1**　对 PMS 系统中录入的缺陷进行审核。

**6.2.5.2** 将 PMS 系统中审核合格的缺陷导出，发送至输电运检技术。

**6.2.5.3** 安排技术员制定检修策略。

**6.2.5.4** 在检修计划未批复前，对未消除的缺陷加强监控。

**6.2.5.5** 按照检修计划组织消缺及验收工作。

**6.2.6** 技术员一般工作要求

根据缺陷性质制定检修策略，并上报输电运检技术。

**6.2.7** 工作组负责人一般工作要求

将发现的缺陷录入 PMS 系统已流转的巡视记录中，并在 PMS 系统中推送流程至班长审核。

**6.2.8** 工作组成员一般工作要求

配合工作组负责人完成 PMS 系统缺陷录入工作。

## 6.3 流程图（见表 6-1）

**表 6-1** 流 程 图

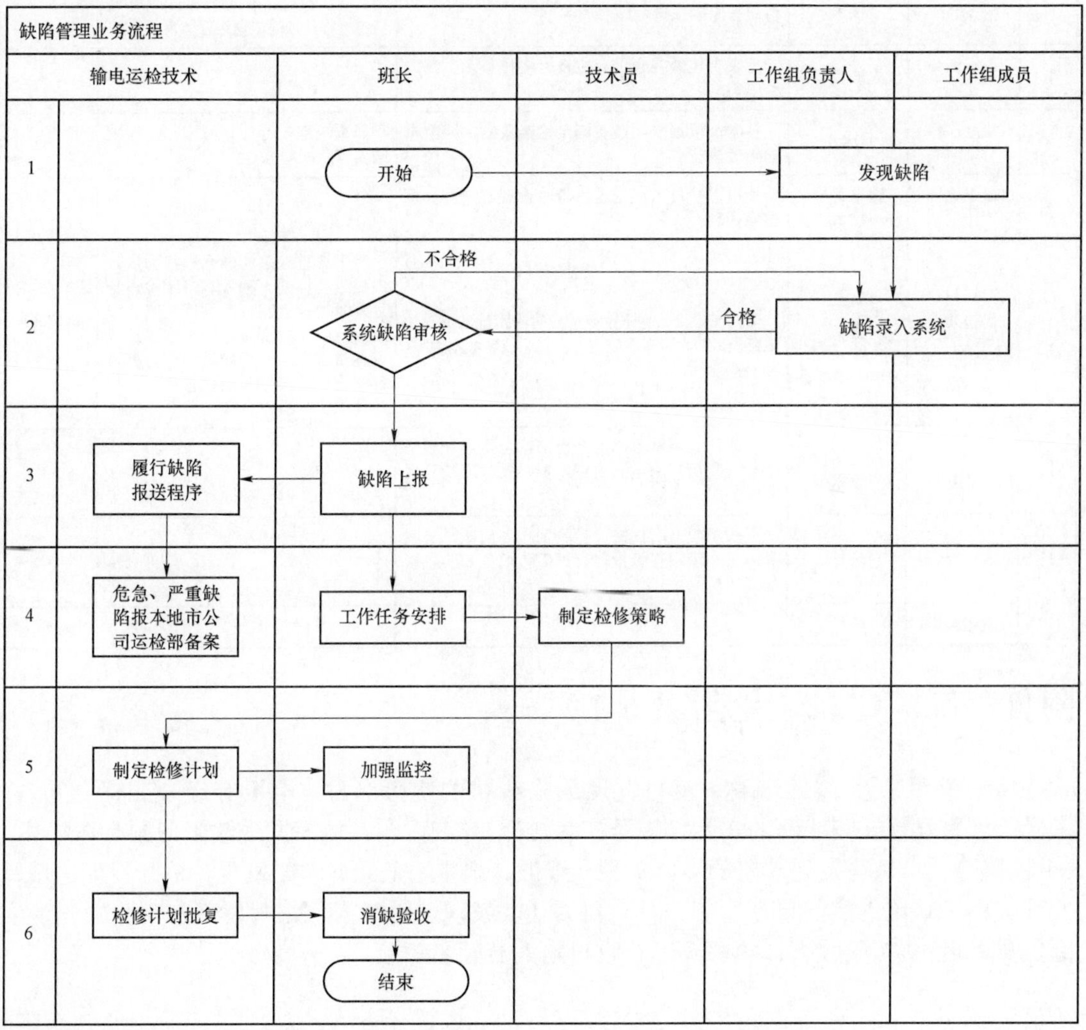

| 缺陷管理业务流程 | | | | | |
|---|---|---|---|---|---|
| | 输电运检技术 | 班长 | 技术员 | 工作组负责人 | 工作组成员 |
| 1 | | 开始 | | 发现缺陷 | |
| 2 | | 系统缺陷审核（不合格；合格） | | 缺陷录入系统 | |
| 3 | 履行缺陷报送程序 | 缺陷上报 | | | |
| 4 | 危急、严重缺陷报本地市公司运检部备案 | 工作任务安排 | 制定检修策略 | | |
| 5 | 制定检修计划 | 加强监控 | | | |
| 6 | 检修计划批复 | 消缺验收<br>结束 | | | |

## 6.4 流程步骤（见表6-2）

表6-2 流 程 步 骤

| 步骤编号 | 流程步骤 | 责任岗位 | 步骤说明 | 工作要求 | 备注 |
|---|---|---|---|---|---|
| 1 | 发现缺陷 | 工作组负责人及工作组成员 | 工作组负责人带领工作组成员通过线路巡视或检修维护发现缺陷 | 工作组负责人要全面保证工作组成员现场作业安全及缺陷记录的规范性、正确性 | |
| 2 | 缺陷录入 | 工作组负责人及工作组成员 | 工作组人员将发现的缺陷录入PMS系统已流转的巡视记录中，并在PMS系统中推送流程至班长审核 | 工作组人员录入缺陷后，及时通知班长在PMS系统中对缺陷进行审核 | |
| 3 | 系统缺陷审核 | 班长 | 班长对PMS系统中录入的缺陷进行审核 | 审核合格后在系统中填写审核意见保存即可，若审核不合格从系统退回至录入人员进行修改 | |
| 4 | 缺陷上报 | 班长 | 班长将PMS系统中审核合格的缺陷导出，发送至输电运检技术 | | |
| 5 | 履行缺陷报送程序 | 输电运检技术 | 输电运检技术收到缺陷后，按照缺陷性质严格履行缺陷报送程序 | 危急、严重缺陷应及时报本地市公司运检部备案，将一般缺陷作为申请停电检修计划的依据进行留存 | |
| 6 | 工作任务安排 | 班长 | 班长审核缺陷合格后应及时安排技术员制定检修策略 | | |
| 7 | 制定检修策略 | 技术员 | 技术员根据缺陷性质制定检修策略，并上报输电运检技术 | 严重缺陷实行计划检修，一般缺陷实行状态检修 | |
| 8 | 制定检修计划 | 输电运检技术 | 输电运检技术根据检修策略合理制定并提报检修计划 | | |
| 9 | 加强监控 | 班长 | 班长在检修计划未批复前应对未消除的缺陷加强监控，防止设备缺陷进一步发展或事故发生 | 对于严重缺陷应加强巡视力度，缩短巡视周期，列入本月度检修计划及时进行处理，若发现缺陷有发展按规定及时上报，不得拖延造成设备事故，对于一般缺陷应定期进行检查，并提报年度检修计划进行处理或实行状态检修 | |
| 10 | 检修计划批复 | 输电运检技术 | 检修计划经本单位生产检修综合作业计划平衡会批复后，输电运检技术及时安排班长开展消缺工作 | | |
| 11 | 消缺验收 | 班长 | 班长组织开展消缺、验收工作，消缺、验收具体工作流程详见检修管理工作规范和验收管理工作规范 | | |
| 12 | 工作结束 | 班长 | | | |

## 附件：缺陷记录（见附表6-1）

填写说明：① 线路名称：填写发现缺陷线路的实际名称（电压等级+名称）；② 杆塔号：填写发现缺陷线路的实际杆塔号；③ 缺陷详细内容：填写发现缺陷问题具体描述；④ 缺陷分类：填写发现缺陷的实际类型（一般、严重、危急）；⑤ 发现、消除日期：填写发现、消除缺陷的实际日期（年、月、日）；⑥ 发现、消除人：填写发现和消除缺陷的实际人员姓名；⑦ 验收人：填写实际验收缺陷人员姓名。

**附表 6-1**　　　　　　　　　　**缺　陷　记　录**

班组：

| 序号 | 线路名称 | 杆塔号 | 缺陷详细内容 | 缺陷分类 | 发现日期 | 发现人 | 消除日期 | 消除人 | 验收人 | 备注 |
|---|---|---|---|---|---|---|---|---|---|---|
| | | | | | | | | | | |
| | | | | | | | | | | |
| | | | | | | | | | | |
| | | | | | | | | | | |
| | | | | | | | | | | |
| | | | | | | | | | | |

# 7 隐患管理工作规范（MDYJ-SD-SDYJ-GZGF-007）

## 7.1 业务概述

安全隐患是指安全风险程度较高，可能导致事故发生的作业场所、设备设施、电网运行的不安全状态、人的不安全行为和安全管理方面的缺失。安全隐患与设备缺陷有延续性又有区别。超出设备缺陷管理制度规定的消缺周期仍未消除的设备危急缺陷和严重缺陷，即为安全隐患。

## 7.2 相关条文说明

**7.2.1** 班组是设备隐患排查治理的具体实施单位，班组所在单位负责制定设备隐患排查治理工作计划，班组开展设备隐患排查治理工作。

**7.2.2** 按制定的工作计划开展全面隐患排查；按专业要求开展与本专业相关的专项隐患排查；结合设备巡视和检修预试等工作开展日常隐患排查。

**7.2.3** 输电专业设备隐患排查记录表的填写使用要求：以整体检查、防舞动、防风害、防雷害、防污闪、防鸟害、防外破等排查项目填表（每个排查小组每基杆塔填用一份记录表）。

**7.2.4** 设备隐患分为重大事故隐患、一般事故隐患和安全事件隐患三个等级。

**7.2.4.1** 重大事故隐患分为Ⅰ级重大事故隐患、Ⅱ级重大事故隐患两个等级：

（1）Ⅰ级重大事故隐患指可能造成以下后果的安全隐患：

1）1-2 级电网或设备事件；

2）特大或重大火灾事故。

（2）Ⅱ级重大事故隐患指可能造成以下后果或安全管理存在以下情况的安全隐患：

1）3-4 级电网事件；

2）3 级设备事件，或 4 级设备事件中造成 100 万元以上直接经济损失的设备事件；

3）较大或一般火灾事故。

**7.2.4.2** 一般事故隐患指可能造成以下后果的安全隐患：

（1）其他 4 级设备事件，5-7 级电网或设备事件；

（2）火灾（7 级事件）。

**7.2.4.3** 安全事件隐患指可能造成以下后果的安全隐患：

（1）8 级电网或设备事件；

（2）火警（8 级事件）。

**7.2.5** 隐患的等级由隐患所在单位按照预评估、评估、认定三个步骤确定。重大隐患由省

公司级单位认定，一般隐患由地市公司级单位认定，安全事件隐患由地市公司级单位的二级机构或县公司级单位认定。

设备隐患一经认定，隐患所在单位应立即采取控制措施，防止事故发生。同时根据隐患具体情况和急迫程度，及时制定治理计划及治理方案，并列入检修计划或申请非计划检修，做好隐患整改工作。

**7.2.6** 隐患排查治理工作要全面落实“发现、评估、报告、建档、治理、验收、销号”过程管控的工作要求。

**7.2.7** 设备隐患治理结果验收应在提出申请后10天内完成。验收后填写隐患排查治理档案表。

**7.2.8** 隐患所在单位对已消除并通过验收的应销号，整理相关资料，妥善存档。

**7.2.9** 班长一般工作要求

**7.2.9.1** 负责本班组管辖的输电线路本体、通道等方面的隐患排查治理工作。

**7.2.9.2** 按上级下发的隐患排查计划，组织人员开展工作，并做具体工作安排。

**7.2.9.3** 审核本班组隐患内容、分类及性质是否正确，确认是隐患的严格履行报送程序，不属于隐患的将按缺陷进行管理。

**7.2.9.4** 负责本班组管理范围内隐患排查治理情况的上报。

**7.2.9.5** 对已核定的设备隐患，建立隐患档案进行管理。

**7.2.10** 技术员一般工作要求

**7.2.10.1** 协助班长组织人员开展隐患排查工作，并做具体工作安排。

**7.2.10.2** 负责收集整理隐患排查影像资料，报班长审核。

**7.2.10.3** 对已核定的设备隐患，根据下达的隐患编号建立隐患管理档案。

**7.2.10.4** 协助班长开展输电线路本体、通道等方面隐患治理工作。

**7.2.10.5** 负责本班组管理范围内隐患排查治理情况的汇总。

**7.2.11** 工作组负责人一般工作要求

**7.2.11.1** 负责按班组隐患排查计划安排具体隐患排查工作。

**7.2.11.2** 负责收集班组人员隐患排查结果和相应的影像资料。

**7.2.11.3** 协助技术员对已核定的隐患建立隐患档案。

**7.2.11.4** 负责本班组管辖范围内设备隐患的控制、治理等具体工作。

**7.2.12** 工作组成员一般工作要求

**7.2.12.1** 参与设备隐患预控、治理工作，本专业相关的专项排查工作，结合设备巡视和检测等日常工作排查隐患，发现设备隐患。

**7.2.12.2** 负责对输电线路本体、通道等方面进行隐患排查工作，并填写隐患排查记录表，收集影像资料，并保存原始记录。

**7.2.12.3** 负责将发现的审核后的隐患录入PMS系统。

## 7.3 流程图（见表 7-1）

表 7-1 流 程 图

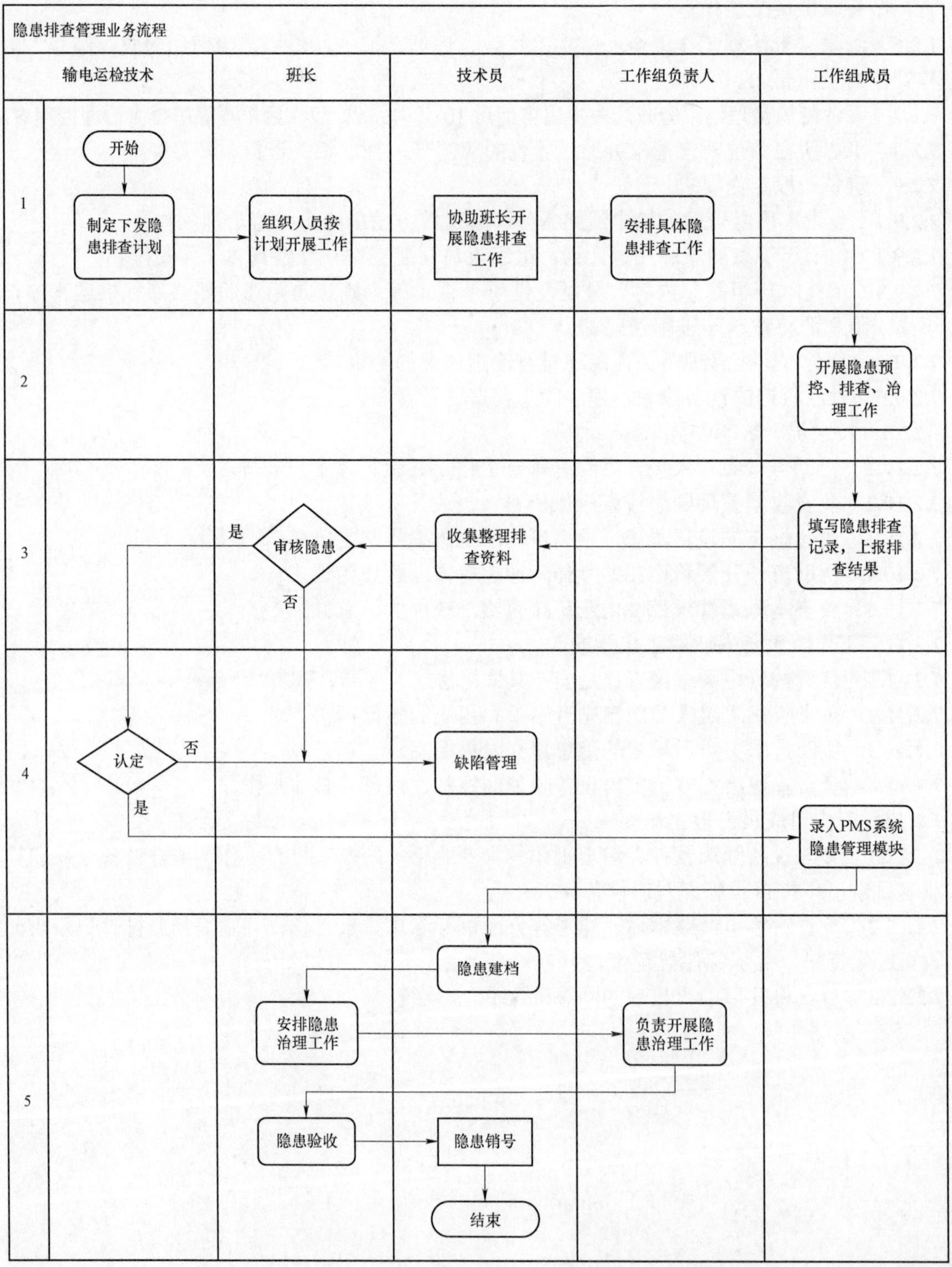

| 隐患排查管理业务流程 | | | | | |
|---|---|---|---|---|---|
| | 输电运检技术 | 班长 | 技术员 | 工作组负责人 | 工作组成员 |
| 1 | 开始<br>制定下发隐患排查计划 | 组织人员按计划开展工作 | 协助班长开展隐患排查工作 | 安排具体隐患排查工作 | |
| 2 | | | | | 开展隐患预控、排查、治理工作 |
| 3 | | 审核隐患（是/否） | 收集整理排查资料 | | 填写隐患排查记录，上报排查结果 |
| 4 | 认定（否/是） | | 缺陷管理 | | 录入PMS系统隐患管理模块 |
| 5 | | 安排隐患治理工作<br>隐患验收 | 隐患建档<br>隐患销号<br>结束 | 负责开展隐患治理工作 | |

## 7.4 流程步骤（见表 7-2）

表 7-2 流 程 步 骤

| 步骤编号 | 流程步骤 | 责任岗位 | 步骤说明 | 工作要求 | 备注 |
|---|---|---|---|---|---|
| 1 | 制定下发隐患排查计划 | 输电运检技术 | 制定隐患排查计划，安排班组开展隐患排查工作 | 班组是设备隐患排查治理的具体实施单位，班组所在单位负责制定设备隐患排查治理工作计划，组织各生产班组开展设备隐患排查治理工作 | |
| 2 | 开展隐患工作 | 班长 | 按隐患排查工作计划开展全面排查工作 | 按隐患排查工作计划开展全面排查工作，按要求开展与本专业相关的专项排查工作，结合设备巡视和检修预试等日常工作排查隐患，发现设备隐患 | |
| 3 | 隐患排查具体工作开展 | 工作负责人、工作班成员 | 1. 按隐患排查工作要求开展线路本体、通道隐患排查。<br>2. 隐患排查记录应详细，并留有影像资料 | 1. 输电专业设备隐患排查记录表的填写使用要求：以整体检查、防舞动、防风害、防雷害、防污闪、放鸟害、防外破等排查项目填表（每个排查小组每基杆塔填用一份记录表）。<br>2. 应记录详实、影像资料完整准确 | |
| 4 | 隐患上报及认定 | 输电运检技术、班长、工作组成员 | 审核上报隐患，认定为隐患的继续执行报送程序，认定不是隐患的，进行缺陷管理 | 1. 设备隐患一经核定，隐患所在单位应立即采取控制措施，防止事故发生。同时根据隐患具体情况和急迫程度，及时制定治理计划及治理方案，并列入检修计划或申请非计划检修，做好隐患整改工作。<br>2. 工作班成员将认定的隐患录入 PMS 系统隐患管理模块，并启动流程 | |
| 5 | 隐患建档 | 技术员 | 将认定后的隐患进行汇总建档 | 隐患档案应做到“一患一档”。隐患档案应包括以下信息：隐患简题、隐患来源、隐患内容、隐患编号、隐患所在单位、专业分类、归属职能部门、评估等级、整改期限、整改完成情况等。隐患排查治理过程中形成的传真、会议纪要、正式文件、治理方案、验收报告等也应归入隐患档案 | |
| 6 | 隐患治理验收、销号 | 工作组负责人、技术员 | 1. 及时根据工作安排制定治理方案及措施。<br>全面落实隐患全过程管理。<br>2. 建立健全一患一档，完善隐患销号管理 | 1. 安全隐患一经确定，应立即采取防止隐患发展的控制措施，防止事故发生，同时根据隐患具体情况和急迫程度，及时制定治理方案或措施。<br>2. 隐患排查治理工作要全面落实“发现、审核、报告、建档、治理、验收、销号”过程管控的工作要求。<br>3. 事故隐患治理结果验收应在提出申请后 10 天内完成。验收后填写“重大、一般事故或安全事件隐患排查治理档案表” | |

# 8 巡视工作分册（MDYJ-SD-SDYJ-GZGF-008）

## 8.1 业务概述

为掌握线路的运行情况，及时发现线路本体、附属设施以及线路保护区出现的缺陷或隐患，并为线路检修、维护及状态评价（评估）等提供依据，对线路进行观测、检查、记录的工作。根据巡视不同的需要（或目的），线路巡视分为正常巡视、故障巡视和特殊巡视。

## 8.2 相关条文说明

### 8.2.1 线路运行维护分界点

**8.2.1.1** 架空输电线路与变电站运行维护分界点划分原则

（1）分界点位置：以变电站进（出）线门型架构线路侧导、地线（含 OPGW）耐张线夹向外 1m 处为分界点。

（2）运行维护职责分工：分界点线路侧设备的运行维护由相应线路运维单位（班组）负责；分界点变电站侧设备的运行维护由相应变电设备运维单位（班组）负责。

**8.2.1.2** 架空输电线路与 T 接的用户线路运行维护分界点划分原则

（1）分界点位置：以导线 T 接点处为分界点。

（2）运行维护职责分工：分界点主线路侧设备运行维护由主线路运维单位负责。分界点分支线路侧设备（包括 T 接点处连接金具）的运行维护由分支线路产权单位负责。

**8.2.1.3** 跨区架空输电线路设备运行维护分界点划分原则

（1）分界点位置：以分界杆塔导、地线（含 OPGW）耐张线夹向外 1m 处为分界点。分界杆塔及附属设施归属由双方根据具体情况商定。

（2）运行维护职责分工：分界点蒙东侧设备的运行维护由蒙东检修公司指定的线路运维单位负责。分界点另一侧设备的运行维护由对方省公司指定的线路运维单位负责。

**8.2.1.4** 设备维护分界点协议书是为了明确责任，将设备维护分界点划分清楚。协议书要写明本单位输电专业与其他单位输电专业、与变电站（所）维护线路的分界点。

**8.2.1.5** 分界点要划分清楚、详细，不得出现无人维护的空缺；协议书由各责任单位共同填写、共同收执在双方就协议签订中存在分界点异议，可协商解决。

### 8.2.2 线路状态巡视周期

**8.2.2.1** 线路巡视一般每月一次，可根据线路动态评价结果适当调整巡视周期或进行特殊巡视。

**8.2.2.2**　运维单位应根据线路地形地貌、周围环境、气象条件及气候变化等划分区域，针对不同区域调整巡视周期。对于特殊区域要加强巡视，如：易受外力破坏区、树竹速长区、偷盗多发区等，巡视周期一般为半个月。

**8.2.2.3**　线路状态巡视周期一般划分为3类，按以下I类、II类、III类线路原则确定。

（1）Ⅰ类线路巡视周期一般为1个月。主要包括：

1）特高压交直流线路状态评价结果为“注意”“异常”“严重”状态的线路区段。

2）外破易发区、偷盗多发区、采动影响区、水淹（冲刷）区、垂钓区、重要跨越、大跨越等特殊区段。

3）城市（城镇）及近郊区域的线路区段。

（2）Ⅱ类线路巡视周期一般为2个月。主要包括：

1）远郊、平原、山地丘陵等一般区域的线路区段。

2）状态评价为“正常”状态的线路区段。

（3）Ⅲ类线路巡视周期一般为3至6个月。主要包括：

1）高山大岭、沿海滩涂地区一般为3个月。在大雪封山等特殊情况下，可适当延长周期，但不应超过6个月。

2）无人区一般为 3 个月，在每年空中巡视1次的基础上可延长为6个月。

**8.2.2.4**　退运线路应纳入正常运维范围，巡视周期一般为 3 个月。发现丢失塔材等缺陷应及时进行处理，确保线路完好、稳固。

**8.2.2.5**　特殊时段的状态巡视基本周期按以下执行，视现场情况可适当调整。

（1）树木速长区在春、夏季巡视周期一般为半个月。（农田边及水分充足地区应适当缩短巡视周期）。

（2）地质灾害区在雨季、洪涝多发期，巡视周期一般为半个月。

（3）鸟害多发区、多雷区、风害区、微风振动区、重污区、重冰区、易舞区、季冻区等特殊区段在相应季节巡视周期一般为1个月。

（4）对线路通道内固定施工作业点，及时以工作联系单的形式、启动PMS隐患审核流程，通知属地供电公司。

（5）重大保电、电网特殊方式等特殊时段，应制定专项运维保障方案，依据方案开展线路巡视。

**8.2.2.6**　跨区线路、重要电源送出线路、单电源线路、重要联络线路、电铁牵引站供电线路、重要负荷供电线路巡视周期不应超过1个月。

**8.2.2.7**　新、改建线路或区段在投运后3个月内，应每月进行1次全面巡视。

**8.2.2.8**　输电运维班对多雷区、微风振动区、重污区、重冰区、易舞区、大跨越、三跨等区段应适当开展带电登杆（塔）检查，重点抽查导线、地线（含OPGW）、金具、绝缘子、防雷设施、在线监测装置等设备的运行情况，原则上 1 年不少于 1 次。对已开展直升机、无人机巡视的线路或区段，可不进行带电登杆（塔）检查。

**8.2.2.9**　运维单位组织输电运维班于每年 11 月 30 日前逐线逐段编报次年度巡视计划，经本单位运检部审核并经主管领导批准后下发执行。500kV 及以上交直流线路的年度巡视计划应报省级公司运检部备案。

**8.2.2.10**　每月 28 日前，设备运维单位编制下发状态巡视月度实施计划。输电运维班应根据月度实施计划编制周计划并执行。

**8.2.2.11**　输电运维班在巡视中发现线路新增隐患及特殊区段范围发生变化时，应于每月25日汇总上报分部（输电运检室）。设备运维单位应根据设备状况、季节和天气影响以及电网运行要求等，对巡视计划及巡视周期进行调整。

**8.2.2.12** 输电运维班巡视中发现的缺陷、隐患应及时录入 PMS 系统，最长不超过 3 日。

**8.2.2.13** 线路发生故障后，不论开关重合是否成功，设备运维单位均应根据气象环境、故障录波、行波测距、雷电定位系统、在线监测、现场巡视情况等信息初步判断故障类型，组织故障巡视（如遇危及巡视人员安全的天气、环境可推迟巡视）并将故障信息逐级上报。

（1）事件发生后 30 分钟（线路为 2 小时）内，各单位应将有关情况以手机短信或传真等形式第一时间报告国网蒙东电力运检部分管主任、处长及专责。

（2）事件发生后 4 小时（线路为 6 小时）内，各单位将故障详细情况以快报（模板见附件）形式通过电子邮件或传真等报送国网蒙东电力运检部。

对故障现场应进行详细记录（包括通道环境、杆塔本体、基础等图像或视频资料），引发故障的物证应取回，必要时保护故障现场组织初步分析，并报本单位运检部认定。线路故障信息应 24 小时内录入 PMS 系统。

**8.2.2.14** 线路运检单位应在气候剧烈变化、自然灾害、外力影响、异常运行和对电网安全稳定运行有特殊要求时组织开展特殊巡视。巡视的范围视情况可为全线、特定区段或个别组件。

**8.2.2.15** 运维单位应积极采用直升机、无人机等巡检技术开展线路巡视工作，对跨区线路或重要线路应有计划地安排直升机、无人机巡检。

**8.2.2.16** 在线路巡视周期内，已开展直升机或无人机巡视的线路或区段，人工巡视周期可适当调整，巡视内容以通道环境和塔头以下部件为主。

### 8.2.3 线路巡视工作要求

**8.2.3.1** 巡线工作应由有电力线路工作经验的人员担任。单独巡线人员应考试合格并经部门（车间、工区、公司、中心）分管生产领导批准。电缆隧道、偏僻山区和夜间巡线应由两人进行。汛期、暑天、雪天等恶劣天气巡线，必要时由两人进行。单人巡线时，禁止攀登电杆和铁塔。遇有火灾、地震、台风、冰雪、洪水、泥石流、沙尘暴等灾害发生时，如需对线路进行巡视，应制订必要的安全措施，并得到设备运维管理单位（部门）分管领导批准。巡视应至少两人一组，并与派出部门之间保持通信联络。

**8.2.3.2** 雷雨、大风天气或事故巡线，巡视人员应穿绝缘鞋或绝缘靴；汛期、暑天、雪天等恶劣天气和山区巡线应配备必要的防护用具、自救器具和药品；夜间巡线应携带足够的照明工具。

**8.2.3.3** 夜间巡线应沿线路外侧进行；大风时，巡线应沿线路上风侧前进，以免万一触及断落的导线；特殊巡视应注意选择路线，防止洪水、塌方、恶劣天气等对人的伤害；巡线时禁止泅渡。

**8.2.3.4** 事故巡线应始终认为线路带电；即使明知该线路已停电，亦应认为线路随时有恢复送电的可能。巡线人员发现导线、电缆断落地面或悬挂空中，应设法防止行人靠近断线地点 8m 以内，以免跨步电压伤人，并迅速报告调控人员和上级，等候处理。

**8.2.3.5** 线路巡视人员应配齐巡视、检查线路所必需的工器具以及安全用具和劳动防护用品等。

### 8.2.4 巡视检查内容及标准

巡视时应查明：线路各部件的缺陷、线路防护区内的异常情况和线路附近影响线路安全运行的各种工程施工情况并做好记录，制定确保安全的措施。

**8.2.4.1** 沿线的情况

（1）线路通道应消除的隐患

防护区内的草堆、木材堆、垃圾堆和能腐蚀塔基的堆积物等。倒下时可能损伤导线的

树枝和天线。林区、公园、绿化区超过最小允许距离的树枝。居民区的草席、苫布以及能被风吹起造成导线短路的物件。

（2）进行防外力破坏宣传。

（3）根据季节的变化及沿线地理条件的特点、检查各种异常现象，如活动沙丘、河水泛滥、山洪、杆塔被淹、鸟类活动、线路附近的污源情况等。

（4）线路附近河道、冲沟的变化，检查维修巡视用的道路、桥梁和便桥的损坏情况。

**8.2.4.2**　交叉跨越

（1）被跨越的通讯线、广播线、电力线能否在断线的情况下影响架空线路的安全。

（2）于被交叉跨越物的各部距离、交叉角度是否满足《架空输电线路运行规程》2010版要求。

（3）导线连接是否满足《架空输电线路运行规程》2010版规定。

**8.2.4.3**　杆塔

（1）杆塔和各部件有无歪斜变形、损坏、弯曲、丢失、各部件连接固定是否完好无损。

（2）杆塔基础（含保护帽）有无冻鼓、开裂、损坏、下沉或培土不够，防洪设施不全及固沙基础有无风蚀现象。

（3）杆塔部件的螺丝有无松扣、少帽、长度不符合要求和铆焊缺陷等情况。

（4）杆塔受力构件螺丝丝扣有无剪切磨损现象。

（5）铁塔各部件有无生锈、裂缝、混凝土杆有无弯曲、裂纹、剥落和钢筋外露，以及混凝土电杆弯曲裂纹变化情况。

（6）杆塔上有无鸟巢及异物威胁安全运行的情况。

（7）杆塔标志（杆塔号牌、警示牌、色标牌、相序牌、航巡牌等）是否齐全，标志应与实际相符，安装位置统一，颜色鲜艳易见。

（8）防洪设施坍塌或损坏。

**8.2.4.4**　导线与避雷线

（1）线条有无断股、金钩、损坏或闪络烧伤痕迹，导线上有无抛掷物。

（2）驰度是否平衡，导线对地及其他物体距离是否合格，导地线之间的距离是否合乎要求。

（3）导线与地线是否锈蚀严重。

（4）导线与地线是否有振动（舞动）情况。分裂导线有无鞭击扭绞现象。

（5）导线或引线对支持物是否满足安全距离。

（6）导线连接是否良好、有无过热现象。

（7）引流线弯曲变形或距杆塔过近，在风偏时有无放电现象。

（8）山区或大高差地区导地线有无上扬现象。

（9）绝缘地线的引下线有无松脱和皮损现象。

**8.2.4.5**　挂线金具

（1）连接器（接头）有无过热现象，如变色。

（2）直角挂板、球头挂环、碗头挂板、线夹连接器有无锈蚀、缺少螺丝帽、脱扣、开口销子缺少或退出。

（3）悬式线夹承力轴磨损情况。

**8.2.4.6**　绝缘子

（1）瓷质裂纹或破碎，刚帽裂纹、钢脚松动、弯曲、钢化玻璃绝缘子是否自爆。

（2）有无闪络痕迹或表面有局部火花放电现象。

（3）绝缘子串有无弯曲、偏斜严重及污秽情况。

（4）各种金具零件有无锈蚀、损坏裂纹、开口销子、弹簧销子缺少或未掰开。

（5）合成绝缘子伞裙破裂，烧伤，金具变形扭曲、锈蚀等异常情况。

**8.2.4.7** 附件

（1）防振锤是否位移、偏斜、损坏。

（2）楔形线夹尾线端头有无松脱、预绞丝有无松股串动。

（3）防鸟设施损坏、变形或缺少。

（4）杆号牌、警告牌、相位牌损坏、丢失等。

**8.2.4.8** 防雷设备

（1）放电间隙有无烧损、变形或间隙距离不符合要求。

（2）避雷针和其他设备固定是否牢固，有无烧损、变形现象。

（3）避雷线之间的各部电气连接是否牢固。

**8.2.4.9** 拉线

（1）有无锈蚀、松弛、过紧、断股和受力不均等情况。

（2）拉线棒是否上拔、拉线基础是否缺土下沉。

（3）拉线抱箍、U 型环、楔形线夹、UT 线夹是否锈蚀、缺少螺母，销针是否掰开。

（4）拉线的方位是否正确，截面是否合适。

（5）拉线 UT 线夹防盗措施是否完备。

（6）拉线有无穿反、磨碰情况。

（7）拉线尾线是否固定，有无损坏情况。

**8.2.4.10** 接地装置

（1）接地引下线是否严重锈蚀、断股或断线。

（2）引下线与接地装置连接是否牢固。

（3）避雷线与引下线电气连接是否牢固（缺少螺丝或螺丝帽）。

（4）接地极有无外露或损坏、丢失。

## 8.2.5 标准化巡视方法

**8.2.5.1** 标准化巡视的基本方法（以铁塔为例）

（1）“四看”。选定正确合理的检查位置，能够对线路进行全面的检查，及时的发现设备隐患、缺陷。一般选择四个位置（如图 8-1 所示：位置 1、位置 2、位置 3、位置 4）即可完成铁塔的巡视检查任务：

位置 1：大约距铁塔 20～30m（现场可灵活掌握塔身与观察点距离，充分利于地形和光线，以能观察到挂点处销子端部为宜），查看铁塔 AB、AD 面（由上而下）的地线支架、挂点金具、地线线夹、地线防振锤。横担、导线挂点金具、塔头曲臂、绝缘子（包括锁紧销、均压环等）、导线线夹、导线防振锤等。AB、AD 面角钢及连接情况是否完好，有无缺件等。A 腿主材螺栓及塔材等情况。

位置 2：查看铁塔 BA、BC 面及 B 腿情况，检查内容与位置 1 相同。

位置 3：查看铁塔 CB、CD 面及 C 腿情况，检查内容与位置 1 相同。

位置 4：查看铁塔 DA、DC 面及 D 腿情况，检查内容与位置 1 相同。

各检查位置（点）要保证视线通畅，无障碍物。

（2）“两转”。“两转”是绕杆塔周围转一圈，查看铁塔基础及保护帽现场情况，接地极与铁塔连接情况，检查塔身螺丝紧固情况，塔身螺栓是否有丢失现象。绕拉线周围转一圈，查看拉线松、紧情况及拉线上、下把金具连接情况，拉线基础有无上拔或下沉等。

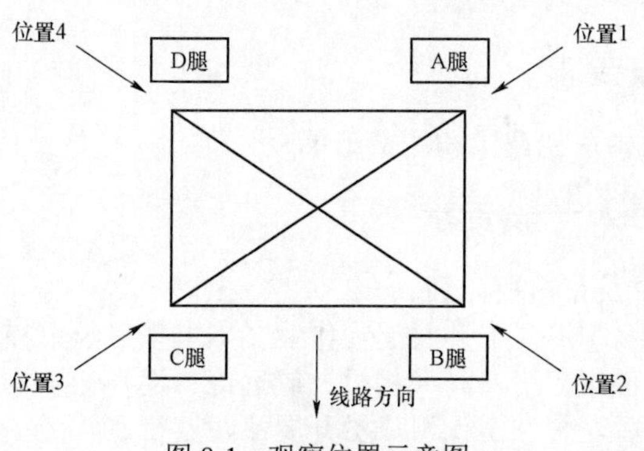

图 8-1 观察位置示意图

（3）“一沿线”。是指站在线路一端或其他合适位置，沿线路方向仔细检查档间的导、地线有无异常（短股、散股等），相分裂导线弧垂不一致或互相吸引扭绞，导线间隔棒的橡胶垫及销子情况。检查线路通道内树木、外破隐患等情况。

（4）“巡至中间站一站”。是指巡至档间导线中间时，在横线路方向选择 1-2 点（与导线距离为 100m 左右），细致观察导、地线相间弧垂情况，并观察防护区内交叉跨越、树木等与导线的距离是否满足规程要求。遇到交叉其他线路和公路、铁路时，应站在交叉补角的平分线上检查是否满足要求。同时检查导线风偏对山坡、建筑物、树木的净空距离和导线悬挂点是否存在上拔现象。

（5）其他说明：

1）在巡线时，应巧妙应用光线对物体的照射面，合理利用光线能有助于巡视人员清晰、快速地发现杆塔部件的运行情况。巡视人员顺太阳光、侧太阳光（与阳光照射方向呈一定角度，≤90° 巡视效果较好）时能有效观察到杆塔挂点金具的磨损情况，销针的闭合情况，绝缘子、金具的放电痕迹等。在进行导地线（放电点）故障点查找时，巡视人员与太阳位于导线同一侧时巡视效果最为理想，为重点巡视位置。

2）各种电压等级线路的杆塔高度、根开、导线对地高度、线间距离差别很大，各巡线点对杆塔以及各巡线点之间的距离可根据实际情况自行选定。

3）对于线下或线路周围有高秆农作物、树木等地面不便巡视的情况时，宜攀登至杆塔上（但不应超过 2m 高处），向前后档仔细进行观察，必要时需与线路本体运行单位沟通，使用工作票进行登杆塔观察。

4）巡视中对于线路风振、电晕等噪声较大的地方应特别注意是否存在导地线断股、接点过热、导线毛刺、金具严重磨损、金具松动、绝缘子爬电、绝缘子裂纹等情况。

## 8.2.6 班长工作一般要求

**8.2.6.1** 根据年度状态巡视计划维护 PMS 系统巡视周期。

**8.2.6.2** 根据年度状态巡视计划工作开展定期巡视和特殊巡视。

**8.2.6.3** 按线路实际地貌对巡视线路杆塔进行分段并确定责任人。

**8.2.6.4** 在 PMS 系统中审核巡视作业文本，发送到输电运检技术审核。

**8.2.6.5** 完成作业文本评估。

**8.2.6.6** 对巡视工作进行检查和考核。

**8.2.6.7** 接到上级线路故障跳闸通知，根据故障报文结合天气情况初步判断故障类型，根据线路测距、测算确定故障区段，开展故障巡视。

### 8.2.7 技术员一般要求

保存原始资料（原始巡视记录和测试记录）。

### 8.2.8 工作组负责人一般要求

**8.2.8.1** 在 PMS 系统中发布巡视计划。
**8.2.8.2** 根据巡视计划编制巡视卡并将巡视作业文本上报班长审核。
**8.2.8.3** 根据巡视卡准备相应工器具（相机、望远镜、巡视记录本等）。
**8.2.8.4** 确定故障区段后，带领工作组成员开展故障巡视。

### 8.2.9 工作组成员一般要求

**8.2.9.1** 根据分段安排，对负责区段的基础、导、地线、杆塔、金具、绝缘子、防雷和接地装置、附属设施、保护区及线路通道等缺陷、隐患进行记录并留存影像资料。
**8.2.9.2** 工作结束后在 PMS 系统中登记巡视记录检查合格后归档，并将巡视记录本交予技术员存档。
**8.2.9.3** 根据工作组负责人安排，开展故障点查找，及时录入 PMS 系统故障跳闸记录。

## 8.3 流程图

### 8.3.1 周期性巡视业务流程（见表 8-1）

**表 8-1** 周期性巡视业务流程图

| 周期性巡视业务流程 | | | | | |
|---|---|---|---|---|---|
| | 输电运检技术 | 班长 | 技术员 | 工作组负责人 | 工作组成员 |
| 1 | | 开始<br>维护巡视周期 | | | |
| 2 | | 按计划组织开展巡视 | | | |
| 3 | 输电运检技术审核 | 合格<br>班长审核 | 不合格 | 巡视计划发布<br>编制巡视卡 | |
| 4 | | | | 准备相应工器具 | |
| 5 | | | | | 现场巡视 |
| 6 | | | | | 录入归档 |
| 7 | | | | | 工作结束 |

### 8.3.2 故障巡视业务流程（见表 8-2）

**表 8-2** 故障巡视业务流程

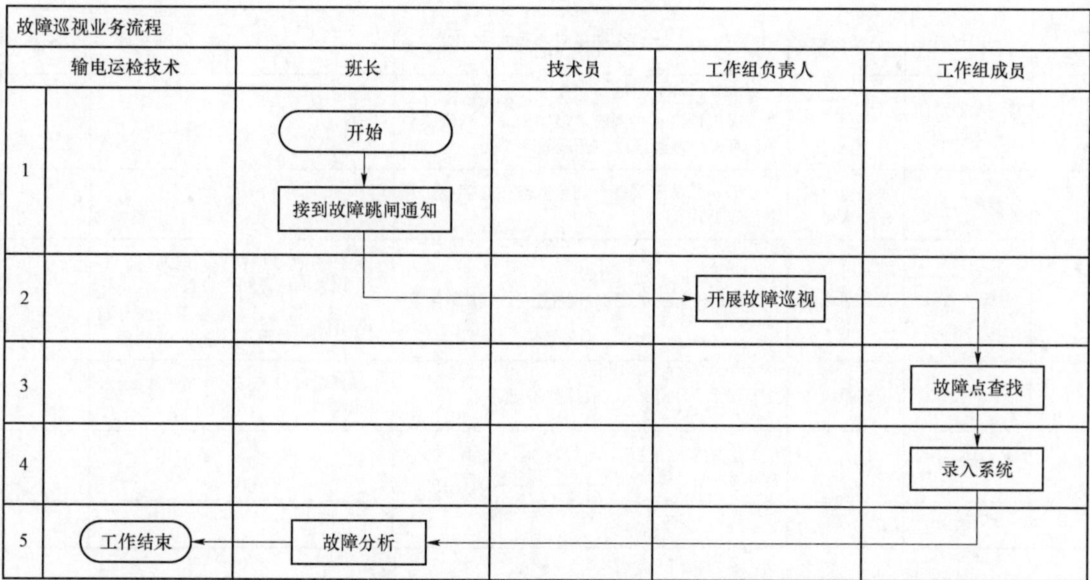


## 8.4 流程步骤

### 8.4.1 周期性巡视流程步骤（见表 8-3）

**表 8-3** 周期性巡视流程步骤

| 步骤编号 | 流程步骤 | 责任岗位 | 步骤说明 | 工作要求 | 备注 |
|---|---|---|---|---|---|
| 1 | 维护巡视周期 | 班长 | 根据状态巡视计划维护 PMS 系统巡视周期 | | |
| 2 | 责任分工 | 班长 | 根据状态巡视计划，按线路实际地貌对线路杆塔进行分段，确定工作组负责人及工作组成员，开展定期巡视和特殊巡视 | 通过交叉巡视手段达到检查和考核的目的 | |
| 3 | 巡视计划发布 | 工作组负责人 | 由 PMS 系统自动生成巡视计划，工作组负责人点击发布 | 1. 每周一登陆 PMS 系统巡视计划编制界面，查看计划推动情况，及时开展周期性巡视。<br>2. 按状态巡视计划及时开展特巡工作 | |
| 4 | 编制巡视卡 | 工作组负责人 | 根据巡视计划编制巡视作业文本并在 PMS 系统中推送至班长审核 | | |
| 5 | 班长审核 | 班长 | 在 PMS 系统中审核巡视作业文本，合格后发送到输电运检技术审核 | 作业文本不合格退回至工作组负责人 | |
| 6 | 输电运检技术审核 | 输电运检技术 | 输电运检技术审核合格后，发布巡视计划 | | |
| 7 | 准备工器具 | 工作组负责人 | 根据巡视卡准备相应工器具（相机、望远镜、巡视记录本等） | 做好巡视期间各类安全保障工作 | |
| 8 | 现场巡视 | 工作组成员 | 根据分段安排，对负责区段的基础、导、地线、杆塔、金具、绝缘子、防雷和接地装置、附属设施、保护区及线路通道等缺陷、隐患进行记录并留存影像资料 | 正确使用安全工器具及劳动防护用品 | |
| 9 | 录入归档 | 工作组成员 | 排查工作结束后，工作组成员配合工作组负责人将 PMS 系统中作业文本内容进行回填后执行，作业文本执行后生成巡视记录，登记巡视记录检查合格后进行归档并将巡视记录本交与技术员处留存 | | |
| 10 | 工作结束 | | | | |

## 8.4.2 故障巡视流程步骤（见表8-4）

表8-4　　故障巡视流程步骤

| 步骤编号 | 流程步骤 | 责任岗位 | 步骤说明 | 工作要求 | 备注 |
|---|---|---|---|---|---|
| 1 | 接到故障跳闸通知 | 班长 | 接到上级线路故障跳闸通知，根据故障报文结合天气情况初步判断故障类型，根据线路测距测算确定故障区段，开展故障巡视 | | |
| 2 | 开展故障巡视 | 工作组负责人 | 根据初判故障类型，确定重点排查部位，开展故障巡视 | | |
| 3 | 故障点查找 | 工作组成员 | 按照责任区段分工完成巡视任务，确认故障点 | 1. 责任区段应全部完成巡视，不应出现遗漏区段和空白点。<br>2. 故障巡视必须要完整的放电通道才能确定故障点 | |
| 4 | 录入系统 | 工作组成员 | 及时录入PMS系统故障跳闸记录 | 线路故障信息应24小时内录入PMS系统 | |
| 5 | 故障分析 | 班长 | 汇总故障跳闸资料，进行故障分析，确定线路故障时编写故障跳闸报告，上报输电运检技术 | | |
| 6 | 工作结束 | | | | |

# 附件1：分界点协议模板

××kV××线、××线

运检管理分界点协议

（架空输电线路与T接的用户线路运行维护分界点协议模板）

单位：

单位：

××年××月

××线运检管理分界点协议

单位：××

单位：××

为加强输电线路设备运检管理，避免电网设备管理出现空白点，现就××线的设备运检管理分界点进行友好协商，达成如下协议：

一、××kV××线路主干线路与××号塔T接××分支线路间，以T接塔分支线路侧导地线耐张线夹向分支线路侧延伸1m处为分界点。

二、××单位管理范围：分界点向××kV××主干线路侧的所有线路设备、通道等。

三、××单位管理范围：分界点向××kV××分支线路侧的所有线路设备、通道等。

四、今后在运维检修管理工作中，双方要互通信息、相互支持，共同维护好线路设备。

五、今后若因调度变更线路命名，则本协议继续有效，并作为更名后该设备的分界点协议。

六、本协议一式拾份，甲乙双方各执伍份，经双方代表签字盖章后生效。

附件：××线分界点示意图

| 单位： | 单位： |
|---|---|
| 代表： | 代表： |
| 电话： | 电话： |
| 年　月　日 | 年　月　日 |

××kV××线、××线

运检管理分界点协议

（跨区架空输电线路设备运行维护分界点模板）

单位：

单位：

××年××月

××线运检管理分界点协议

单位：××

单位：××

为加强输电线路设备运检管理，避免电网设备管理出现空白点，现就××线的设备运检管理分界点进行友好协商，达成如下协议：

一、××kV××线以××号杆塔××侧导线耐张线夹外 1m、地线（含 OPGW）耐张线夹外 1m 处作为双方的设备分界点（见附件）。

二、××单位管理范围：分界点向××站侧的所有线路设备、通道等。

三、××单位管理范围：分界点向××站侧的所有线路设备、通道等。

四、今后在运维检修管理工作中，双方要互通信息、相互支持，共同维护好线路设备。

五、今后若因调度变更线路命名，则本协议继续有效，并作为更名后该设备的分界点协议。

六、本协议一式拾份，甲乙双方各执伍份，经双方代表签字盖章后生效。

附件：××线分界点示意图

| | |
|---|---|
| 单位： | 单位： |
| 代表： | 代表： |
| 电话： | 电话： |
| 年　月　日 | 年　月　日 |

××kV××线、××线

运检管理分界点协议

（架空输电线路与变电站运行维护分界点协议模板）

单位：

单位：

××年××月

××线运检管理分界点协议

单位（专业）：××

单位（专业）：××

为加强输电线路设备运检管理，避免电网设备管理出现空白点，现就××线的设备运检管理分界点进行友好协商，达成如下协议：

一、××kV ××线路与××kV ××变电站（电厂）间，以××kV ××变电站（电厂）××kV ××线路出线构架线路侧的导、地线耐张线夹向线路侧延伸 1m 处为分界点。

二、××单位（专业）管理范围：分界点向××kV××站侧的所有设备。

三、××单位（专业）管理范围：分界点向××kV ××线路侧的所有线路设备、通道等。

四、今后在运维检修管理工作中，双方要互通信息、相互支持，共同维护好线路设备。

五、今后若因调度变更线路命名，则本协议继续有效，并作为更名后该设备的分界点协议。

六、本协议一式拾份，甲乙双方各执伍份，经双方代表签字盖章后生效。

附件：××线分界点示意图

| 单位： | 单位： |
|---|---|
| 代表： | 代表： |
| 电话： | 电话： |
| 年 月 日 | 年 月 日 |

## 附件 2：分界点示意图（见附图 8-1）

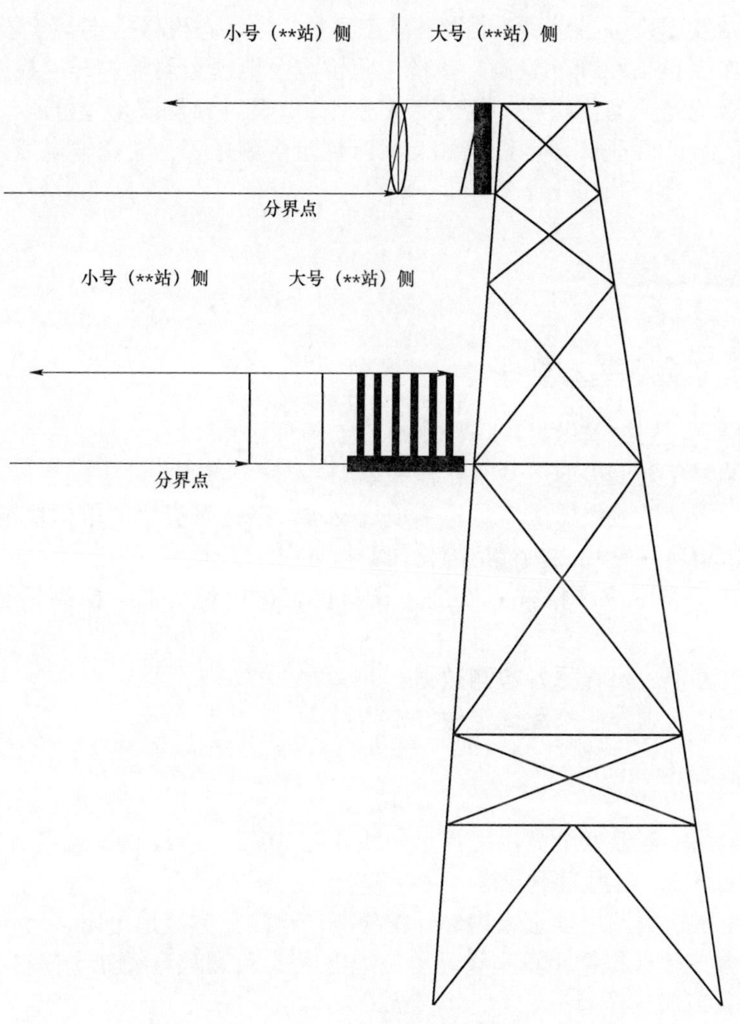


附图 8-1 ×××线分界点示意图

# 9 检测工作分册（MDYJ-SD-SDYJ-GZGF-009）

## 9.1 业务概述

线路检测是发现设备隐患、开展设备状态评估，为状态检修提供科学依据的重要手段。线路检测工作主要包括：红外检测、接地电阻检测及地埋金属物件开挖检查、绝缘子低值零值检测、复合绝缘子劣化检测、盐密及灰密测量、紫外检测、X光检测、电杆裂纹检测、杆塔倾斜测量、导线弧垂、对地距离和交叉跨越距离测量等，架空输电线路检测检查主要内容。

## 9.2 相关条文说明

### 9.2.1 标准化检测基本要求

**9.2.1.1** 根据检测计划提前做好现场检测准备工作。

**9.2.1.2** 根据检测计划，提前下发工作任务单。

**9.2.1.3** 检测所用的试验仪器应满足检测项目要求，经过有资质的单位检定。

**9.2.1.4** 单项试验项目检测应执行标准化作业指导书（卡）。

**9.2.1.5** 在现场工作中应严格按照安规、仪器仪表操作说明书、检测指导书（卡）开展工作。

**9.2.1.6** 检测过程中应保存原始检测数据。

**9.2.1.7** 检测工作必须按照规程规定做好安全措施。

### 9.2.2 检测标准

**9.2.2.1** 红外检测：若接续金具温度高于导线温度 10℃，跳线联板温度高于相邻导线温度 10℃（红外测温仪），则视为不合格。

**9.2.2.2** 接地电阻检测及地埋金属物件开挖检测：检测工频接地电阻（已按季节系数换算）不应大于设计规定值（根据土壤率设计单位给出）/卡尺测量直径低于原材料 80%（接地装置不应出现外露或腐蚀严重）。

**9.2.2.3** 绝缘子低值零值检测：用火花间隙检测，出现火花放电和有放电声响即为合格。

**9.2.2.4** 复合绝缘子劣化检测：定期送检测单位，由检测单位出报告给出测试结果。

**9.2.2.5** 盐密及灰密测量：测试绝缘子覆盐密度值高于地区污秽等级覆盐密度值即为不合格。

**9.2.2.6** 紫外检测：根据数据传输图谱分析测试结果。

**9.2.2.7** X 光检测：根据数据传输图片分析测试结果。

**9.2.2.8** 导线弧垂测量：用经纬仪测出实际值（换算到最高温度弧垂值），找出图纸中百米弧垂表标准值相对比，超出弧垂设计允许偏差值即为不合格。导、地线弧垂不应超过设计允许偏差；110kV 及以下线路为+6.0%、–2.5%；220kV 及以上线路为+3.0%、–2.5%。

**9.2.2.9** 对地距离和交叉跨越距离测量：用经纬仪/测高仪测出实际值不满足运行规程交跨标准值要求（详见运行规程）。

**9.2.2.10** 电杆裂纹检测：钢筋混凝土杆保护层腐蚀脱落、钢筋外露，普通钢筋混凝土杆有纵向裂纹、横向裂纹，缝隙宽度超过 0.2mm，即为不合格。

**9.2.2.11** 杆塔倾斜测量：钢筋混凝土电杆倾斜度超过 1.5%、钢管杆倾斜度超过 0.5%、角钢塔倾斜度 0.5%（适用于 50m 及以上高度铁塔），即为不合格。

### 9.2.3 特殊区段检测要求

**9.2.3.1** 每年雷雨季节前应对强雷区杆塔进行 1 次接地装置检查，对地下水位较高、强酸强碱等腐蚀严重区域应按 30%比例开挖检查。

**9.2.3.2** 对采空区和大跨越铁塔每年应开展 1 次倾斜检测，特殊情况应缩短测试周期。

**9.2.3.3** 当环境温度达到 35℃或输送功率超过额定功率 80%时，对线路重点区段和重要跨越地段应及时开展红外测温和弧垂测量，对测试不合格的数据进行分析，根据分析结果采取相应措施。

### 9.2.4 班长一般工作要求

**9.2.4.1** 根据运行规程维护 PMS 系统检测周期。

**9.2.4.2** 根据周期性工作计划组织开展检测计划并指定工作组负责人和检测人员。

**9.2.4.3** 在 PMS 系统中审核检测作业文本，发送到输电运检技术审核。

**9.2.4.4** 完成作业文本评估，对排查结果和测试数据进行总结分析，采取相应措施。

### 9.2.5 技术员一般工作要求

**9.2.5.1** 保存原始资料（相关测试记录表单）。

### 9.2.6 工作组负责人一般工作要求

**9.2.6.1** 根据检测项目，在 PMS 系统中新建检测任务并发布。

**9.2.6.2** 在检测管理中编制检测作业文本，推送至班长审核。

**9.2.6.3** 根据检测类型准备检测仪器仪表。

**9.2.6.4** 组织工作组成员学习检测指导卡内容。

### 9.2.7 工作组成员一般工作要求

**9.2.7.1** 在现场工作中应严格按照安规、仪器仪表操作说明书、检测作业文本开展工作。

**9.2.7.2** 对检测项目数据逐一进行记录及留存影像资料。

**9.2.7.3** 检测结果整理归档并将相关数据回填 PMS 系统。

## 9.3 流程图（见表 9-1）

**表 9-1** 流 程 图

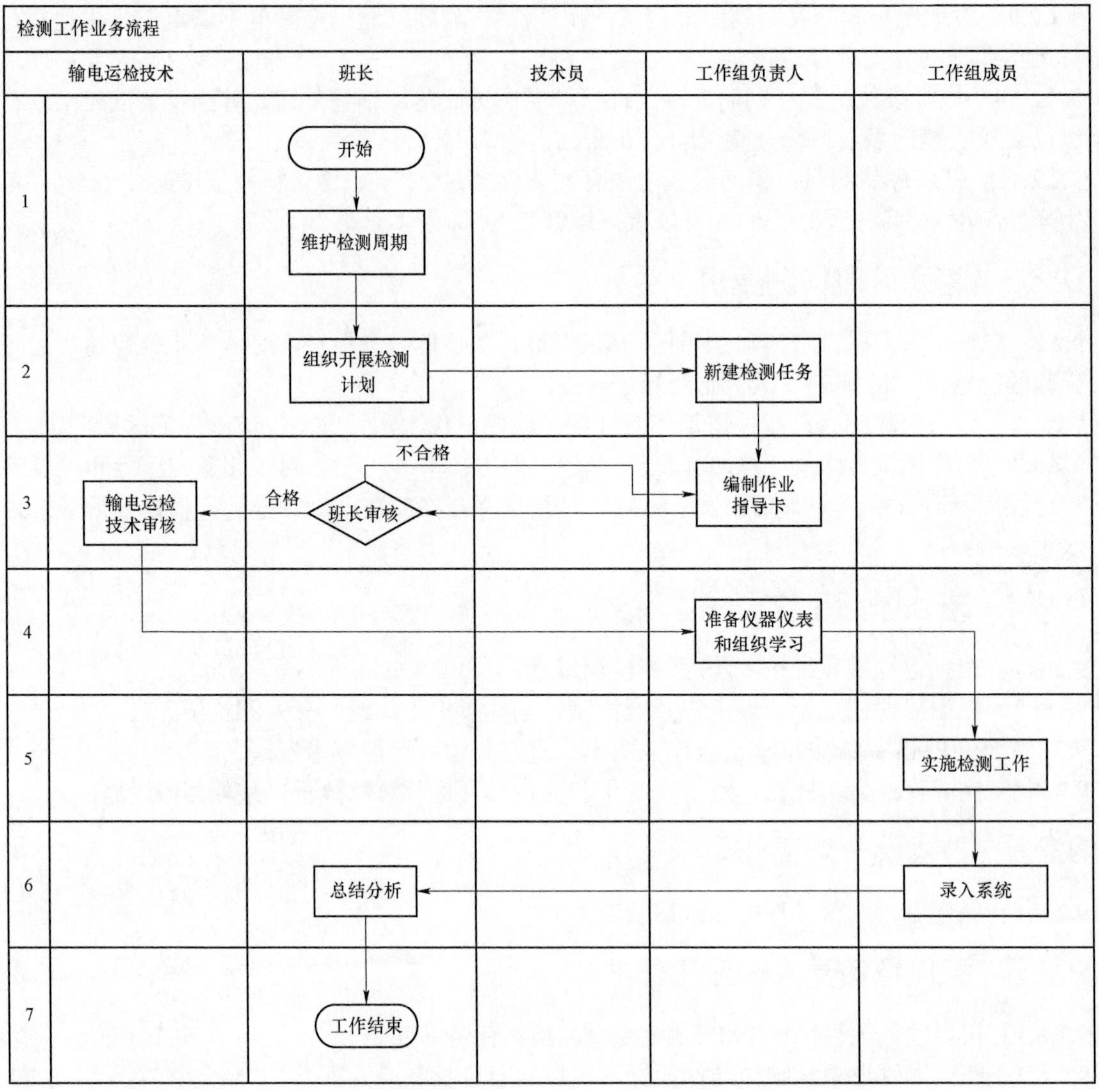

| 检测工作业务流程 | | | | | |
|---|---|---|---|---|---|
| | 输电运检技术 | 班长 | 技术员 | 工作组负责人 | 工作组成员 |
| 1 | | 开始<br>维护检测周期 | | | |
| 2 | | 组织开展检测计划 | | 新建检测任务 | |
| 3 | 输电运检技术审核 | 合格 班长审核 不合格 | | 编制作业指导卡 | |
| 4 | | | | 准备仪器仪表和组织学习 | |
| 5 | | | | | 实施检测工作 |
| 6 | | 总结分析 | | | 录入系统 |
| 7 | | 工作结束 | | | |

## 9.4 流程步骤（见表 9-2）

**表 9-2** 流 程 步 骤

| 步骤编号 | 流程步骤 | 责任岗位 | 步骤说明 | 工作要求 | 备注 |
|---|---|---|---|---|---|
| 1 | 维护检测周期 | 班长 | 根据运行规程维护 PMS 系统检测周期 | | |
| 2 | 组织开展检测计划 | 班长 | 根据周期性工作计划组织开展检测计划并指定工作组负责人和检测人员 | | |
| 3 | 新建检测任务 | 工作组负责人 | 根据检测项目，在 PMS 系统中新建检测任务并发布 | | |
| 4 | 编制作业文本 | 工作组负责人 | 在检测管理中编制检测作业文本，推送至班长审核 | | |

续表

| 步骤编号 | 流程步骤 | 责任岗位 | 步骤说明 | 工作要求 | 备注 |
|---|---|---|---|---|---|
| 5 | 班长审核 | 班长 | 在 PMS 系统中审核检测作业文本，发送到输电运检技术审核 | 作业文本不合格退回至工作组负责人 | |
| 6 | 准备仪器仪表 | 工作组负责人 | 根据检测类型准备仪器仪表 | 仪器出库时，应检查仪器外观是否完好，仪器在试验周期内，电量充足 | |
| 7 | 组织学习 | 工作组负责人 | 组织工作组成员学习检测作业文本内容 | | |
| 8 | 实施检测工作 | 工作组成员 | 在现场工作中应严格按照安规、仪器仪表操作说明书、检测作业文本开展工作 | | |
| 9 | 记录检测数据 | 工作组成员 | 对检测项目数据逐一进行记录及留存影像资料 | 正确使用仪器仪表及安全工器具 | |
| 10 | 录入系统 | 工作组成员 | 检测工作结束后，工作组成员配合工作组负责人将 PMS 系统中作业文本内容进行回填后执行，作业文本执行后生成检测记录，登记检测记录，并将检测记录表单等相关原始资料交与技术员处留存 | | |
| 11 | 总结分析 | 班长 | 评估作业文本，对排查结果和测试数据进行总结分析，采取相应措施 | | |
| 12 | 工作结束 | | | | |

# 附件：检测周期（见附表 9-1）

**附表 9-1**　　　　　　　　**检　测　周　期**

| 项目 | | 周期（年） | 备注 |
|---|---|---|---|
| 杆塔 | 钢筋混凝土杆裂缝与缺陷检查 | 必要时 | 根据巡视发现的问题 |
| | 钢筋混凝土杆受冻情况检查<br>1. 杆内积水<br>2. 冻土上拔<br>3. 水泥杆放水孔检查 | <br>1<br>1<br>1 | 根据巡视发现的问题。<br>在结冻前进行。<br>在结冻和解冻后进行。<br>在结冻前进行 |
| | 杆塔、铁件锈蚀情况检查 | 3 | 对新建线路投运 5 年后，进行一次全面检查，以后结合巡线情况而定；对杆塔进行防腐处理后应做现场检验 |
| | 杆塔倾斜、挠度 | 必要时 | 根据实际情况选点测量 |
| | 钢管塔 | 必要时 | 应满足钢管塔的要求 |
| | 钢管杆<br>表面锈蚀情况<br>挠度测量 | 必要时<br>1<br>必要时 | 对新建线路投运 1 年后，进行一次全面检查，应满足钢管杆的要求。<br>对新建线路投运 2 年内，每年测量 1 次，以后根据巡线情况 |
| 绝缘子 | 盘型绝缘子绝缘测试 | 3 | 投运第一年开始，根据绝缘子劣化速度可适当延长或缩短周期。但要求检测时应全线检测，以掌握其劣化率和绝缘子运行情况 |
| | 盘型瓷绝缘子污秽度测量 | 1 | |
| | 绝缘子金属附件检查 | 2 | 投运后第 5 年开始抽查 |
| | 瓷绝缘子裂纹、钢帽裂纹、浇装水泥及伞裙与钢帽位移 | 必要时 | 每次清扫时 |
| | 玻璃绝缘子钢帽裂纹、闪络灼伤 | 必要时 | 每次清扫时 |

续表

| 项目 | | 周期（年） | 备注 |
| --- | --- | --- | --- |
| 绝缘子 | 复合绝缘子伞裙、护套、粘接剂老化、破损、裂纹；金具及附件锈蚀 | 2～3 | 根据运行需要 |
| | 复合绝缘子电气机械抽样检测试验 | 5 | 投运5～8年后开始抽查，以后至少每5年抽查 |
| 导线<br>地线(OPGW)(铝包钢) | 导线、地线磨损、断股、破股、严重锈蚀、闪络烧伤、松动等 | 每次检修时 | 抽查导、地线线夹必须及时打开检查 |
| | 大跨越导线、地线振动测量 | 2～5 | 对一般线路应选择有代表性档距进行现场振动测量，测量点应包括悬垂线夹、防振锤及间隔棒线夹处，根据振动情况选点测量 |
| | 导线、地线舞动观测 | | 在舞动发生时应及时观测 |
| | 导线弧垂、对地距离、交叉跨越距离测量 | 必要时 | 线路投入运行1年后测量1次，以后根据巡视结果决定 |
| 金具 | 导流金具的测试：<br>1. 直线接续金具<br>2. 不同金属接续金具<br>3. 并沟线夹、跳线连接板、压接式耐张线夹 | <br>必要时<br>必要时<br>每次检修 | 接续管采用望远镜观察接续管口导线有否断股、灯笼泡或最大张力后导线拔出移位现象；每次线路检修测试连接金具螺栓扭矩值符合标准；红外测试应在线路负荷较大时抽测，根据测温结果确定是否进行测试；在运线路的重要交叉跨越区段耐张线夹，宜开展金属探伤检查 |
| | 金具锈蚀、磨损、裂纹、变形检查 | 每次检修时 | 外观难以看到的部位，要打开螺栓、垫圈检查或用仪器检查。如果开展线路远红外测温工作，则每年进行一次测温，根据测温结果确定是否进行测试 |
| | 间隔棒（器）检查 | 每次检修时 | 投运1年后紧固1次，以后进行抽查 |
| 防雷设施及接地装置 | 杆塔接地电阻测量 | 5 | 根据运行情况可调整时间，每次故障后的杆塔测试；并补测与此相邻的2基杆塔 |
| | 线路避雷器检测 | 5 | 根据运行情况或设备的要求可调整时间 |
| | 地线间隙检查<br>防雷间隙检查 | 必要时<br>1 | 根据巡视发现的问题进行 |
| 基础 | 铁塔、钢管杆（塔）基础（金属基础、预制基础、现场浇制基础、灌注桩基础） | 5 | 抽查，挖开地面1m以下，检查金属件锈蚀、混凝土裂纹、酥松、损伤等变化情况 |
| | 拉线（拉棒）装置、接地装置 | 5 | 拉棒直径测量；接地电阻测试必要时开挖 |
| | 基础沉降测量 | 必要时 | 根据实际情况选点测量 |
| 其他 | 气象测量 | 必要时 | 选点进行 |
| | 无线电干扰测量 | 必要时 | 根据实际情况选点测量 |
| | 感应场强测量 | 必要时 | 根据实际情况选点测量 |

注：1. 检测周期可根据本地区实际情况进行适当调整，但应经本单位总工程师批准。
2. 检测项目的数量及线段可由运行单位根据实际情况选定。
3. 大跨越或易舞区宜选择具有代表性地段杆塔装设在线监测装置。

# 10 雷电定位系统工作分册（MDYJ-SD-SDYJ-GZGF-010）

## 10.1 业务概述

雷电定位系统是综合应用大地空间测量、地理信息、信号识别及信息处理等相关技术，对雷电活动发生的时间、位置和雷电流幅值、极性等参数进行实时监测，融雷电、电网和地理信息为一体的自动实时监测系统，由雷电探测站、数据处理中心站和应用系统组成。

## 10.2 相关条文说明

**10.2.1** 每年雷雨季节前班组协助相关部门（单位）开展雷电定位系统全面检测和维护，并做好相应的记录。

**10.2.2** 定期进行雷电监测数据的整理、核对和维护，保证雷电定位系统对电网设备雷击故障判断的有效性和准确性。

**10.2.3** 规范设备台账管理，及时更新线路杆塔坐标等线下数据。

**10.2.4** 雷电定位监测数据属公司商业秘密，数据使用应严格执行公司保密规定。

**10.2.5** 班组应做好雷电监测数据的归集、分析、维护，准确记录各类雷击故障并存入雷电监测系统，开展月度（雷雨季节）、年度雷电监测数据分析和雷击故障运行分析，根据系统查询线路周边落雷情况及时更新本单位电网雷害特殊区域分布图。

**10.2.6** 班组应定期开展技术培训和交流，提高雷电监测人员技术水平，提升雷电监测和电网防雷技术水平。

**10.2.7** 班长一般工作要求

**10.2.7.1** 确定雷电定位系统运维负责人。

**10.2.7.2** 安排人员开展输电线路坐标采集和报送工作。

**10.2.8** 技术员一般工作要求

**10.2.8.1** 在雷雨季节，定期在雷电定位系统中查询本单位线路附近雷电流活动情况及落雷次数。

**10.2.8.2** 线路杆塔坐标核实无误后上报输电运检技术。

**10.2.8.3** 根据定期收集的雷电数据，及时更新本单位雷害特殊区域分布图。

**10.2.8.4** 雷雨季节结束后，及时将雷电监测数据上报输电运检技术。

**10.2.9** 工作组负责人一般工作要求

**10.2.9.1** 带领工作组成员进行线路杆塔坐标采集工作。

**10.2.10** 工作组成员一般工作要求

**10.2.10.1** 采集、整理线路杆塔坐标上报技术员。

## 10.3 流程图（见表 10-1）

表 10-1 流 程 图

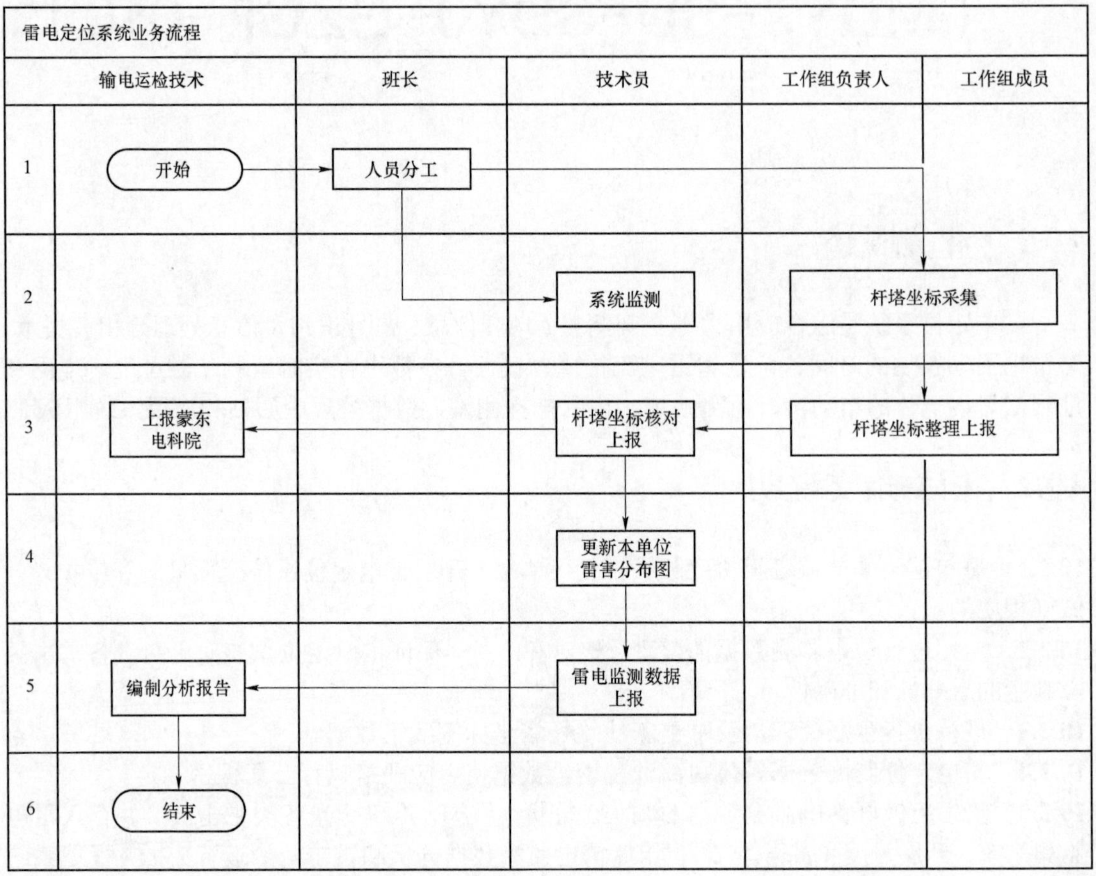

| 雷电定位系统业务流程 | | | | | |
|---|---|---|---|---|---|
| | 输电运检技术 | 班长 | 技术员 | 工作组负责人 | 工作组成员 |
| 1 | 开始 | 人员分工 | | | |
| 2 | | | 系统监测 | 杆塔坐标采集 | |
| 3 | 上报蒙东电科院 | | 杆塔坐标核对上报 | | 杆塔坐标整理上报 |
| 4 | | | 更新本单位雷害分布图 | | |
| 5 | 编制分析报告 | | 雷电监测数据上报 | | |
| 6 | 结束 | | | | |

## 10.4 流程步骤（见表 10-2）

表 10-2 流 程 步 骤

| 步骤编号 | 流程步骤 | 责任岗位 | 步骤说明 | 工作要求 | 备注 |
|---|---|---|---|---|---|
| 1 | 人员分工 | 班长 | 班长按照输电运检技术下达的工作任务，指派技术员为雷电定位系统运维负责人，指派工作组负责人及工作组成员负责本单位输电线路坐标采集、整理、报送工作 | | |
| 2 | 系统监测 | 技术员 | 技术员按照班长的工作安排，雷雨季节定期在雷电定位系统中查询本单位线路附近雷电流活动情况及落雷次数 | 根据天气情况，适当增加系统监测次数 | |
| 3 | 杆塔坐标采集 | 工作组负责人 | 工作组负责人按照班长的工作安排，带领工作组成员进行线路杆塔坐标采集工作 | 采集坐标时需站在杆塔正下方进行采集 | |
| 4 | 杆塔坐标报送 | 工作组成员 | 工作组成员将现场采集的坐标整理后上报技术员 | | |

续表

| 步骤编号 | 流程步骤 | 责任岗位 | 步骤说明 | 工作要求 | 备注 |
|---|---|---|---|---|---|
| 5 | 杆塔坐标核对 | 技术员 | 技术员将采集的坐标核对无误后上报至输电运检技术 | | |
| 6 | 杆塔坐标上报 | 输电运检技术 | 输电运检技术将采集的坐标及时上报蒙东电科院上传至雷电定位系统 | | |
| 7 | 更新本单位雷害分布图 | 技术员 | 技术员根据定期收集的雷电数据，及时更新本单位雷害特殊区域分布图 | | |
| 8 | 监测数据上报 | 技术员 | 雷雨季节结束后，技术员及时将全部雷电监测数据上报输电运检技术 | | |
| 9 | 编制分析报告 | 输电运检技术 | 输电运检技术根据雷电监测数据编制“雷电、雷害分析技术监督报告”上报蒙东电科院 | | |
| 10 | 结束 | 输电运检技术 | | | |

# 11　线路特殊区段（区域）工作分册（MDYJ-SD-SDYJ-GZGF-011）

## 11.1　业务概述

**11.1.1**　输电线路的特殊区段（区域）是指线路设计及运行中不同于其他常规区域、经超常规设计建设的线路区域。

**11.1.2**　运行中的输电线路应该根据沿线地形、地貌、环境、气象环境、气象条件等特点，结合运行经验，逐步摸清划定特殊区段（区域）（区段）并制定相应的运维策略。

## 11.2　相关条文说明

### 11.2.1　特殊区段（区域）的划分

**11.2.1.1**　输电线路的特殊区段（区域）是指线路设计及运行中不同于其他常规区域、经超常规设计建设的线路区域。

**11.2.1.2**　运行中的输电线路应该根据沿线地形、地貌、环境、气象环境、气象条件等特点，结合运行经验，逐步摸清并划定特殊区段（区域）（区段）。具体定义划分见附件 1。

### 11.2.2　特殊区段（区域）巡视周期与重点工作时段

**11.2.2.1**　对通道环境恶劣的区段，如易受施工作业区、山火危险区、树木速长区、偷盗多发区、采动影响区、易建房区、漂浮物集中区等，应在相应时段加强巡视，巡视周期不超过半个月，必要时应天天进行通道巡视或安排人员现场看守。

**11.2.2.2**　鸟害多发区、多雷区、重污区、重冰区、易舞区、大跨越等特殊区段（区域）在相应季节巡视周期一般为一个月。

**11.2.2.3**　大跨越

超常规设计建设的大跨越段线路，可结合设备的定期巡视进行巡查，巡视周期 1 个月。在大风、地震、覆冰和雷电活动频繁季节，应设专人对该区域线路进行认真巡视，以发现线路设备的运行情况和环境变化。

**11.2.2.4**　重污区

重污区的设备巡视，一般是在每年的污闪季节前开始进行巡视，具体时间多在每年的 9 月至来年的 4 月。

**11.2.2.5**　多雷区

多雷区设备巡视，一般是在每年的雷害季节进行巡视，具体时间多在每年的 5 月至 10

月。对于低纬度地区的巡视时间可适当延长，高纬度地区的巡视时间可适当缩短。

**11.2.2.6**　重冰区

重冰区的设备巡视，一般是在每年的冬季节进行巡视，具体时间多在每年的 11 月中旬至来年的 4 月。对于低纬度地区的巡视时间可适当缩短，对于高纬度地区巡视时间应适当延长时间。

**11.2.2.7**　洪水冲刷区

洪水冲刷区应在每年 5 月汛期来临前进行检查。汛期应结合暴风雨对部分区域经常检查，具体时间应结合各地区的汛期而定。

**11.2.2.8**　不良地质区

不良地质区应结合其地质变化情况，定点定期的进行检查测量，一般是结合不同地质变化情况，确定不同的时期进行巡查。

**11.2.2.9**　采动影响区

采动影响区结合影响区的塌陷程度，确定重点巡视的时间，塌陷严重时应缩短巡视周期。

**11.2.2.10**　盗窃多发区

对于设备被盗严重地区，应结合易盗的时间，缩短巡视周期。

**11.2.2.11**　微气象区

微气象区的巡视，应结合各地区形成微气象的时间和气象条件，确定每年的具体巡视时间。

**11.2.2.12**　导线易舞动区

导线易舞动区的巡视，应结合各地区造成导线舞动的气象条件，确定每年的具体巡视时段。

**11.2.2.13**　易受外力破坏区

易受外力破坏区的巡视，需结合易造成外力破坏的原因，确定具体的巡视时间。

**11.2.2.14**　鸟害多发区

鸟害多发区的巡视，应结合各地区造成鸟害故障时间，不同鸟类活动规律，确定每年的具体巡视时间。

**11.2.2.15**　跨越树林区

对于林区的巡视，一般可结合月度巡视进行，在其生长时，各地区可结合当地的情况，确定每年的具体巡视时间。

**11.2.2.16**　人口密集区

人口密集区应每月进行巡视。

## 11.2.3　特殊区段（区域）巡视与维护

**11.2.3.1**　大跨越

（1）大跨越段应根据环境、设备特点和运行经验制订专用现场规程、维护检修的周期应根据实际运行条件确定。

（2）宜设专门维护班组，在洪汛、覆冰、大风和雷电活动频繁的季节，宜设专人监视，做好记录，有条件的可装自动检测设备。

（3）应加强对杆塔、基础、导线、地线、接线、绝缘子、金具及防洪、防冰、防舞、防雷、测振等设施的检测和维修、并做好定期分析工作。

（4）大跨越段应定期对导、地线进行振动测量。

（5）大跨越段应适当缩短接地电阻测量周期。

（6）大跨越段应做好长期的气象、覆冰、雷电、水文的观测记录和分析工作。

（7）主塔的升降设备、航空指示灯、照明和通信等附属设施应加强维修保养，经常保持在良好状态。

**11.2.3.2** 多雷区

（1）多雷区的线路应做好综合防雷措施，降低杆塔接地电阻值，适当缩短检测周期。

（2）雷雨季前，应做好防雷设施的检测和维修，落实各项防雷措施，同时做好雷电定位观测设备的检测、维护、调试工作，确保雷电定位系统正常运行。

（3）雷雨季期间，应加强对防雷设施各部件连接状况、防雷设备和观测装置动作情况的检测，并做雷电活动观测记录。

（4）做好被雷击线路的检查，对损坏的设备应及时更换、修补，对发生闪络的绝缘子串的导线、地线线夹必须打开检查，必要时还须检查相邻档线夹及接地装置。

（5）结合雷电定位系统的数据，组织好对雷击事故的调查分析和雷电跳闸故障报告学习，总结现有防雷设施效果，研究更有效的防雷措施。

**11.2.3.3** 重污区

（1）重污区线路外绝缘应配置足够的爬电比距，并为运行留有裕度。特殊地区可以在上级主管部门批准后，在配置足够的爬电比距后，在瓷质绝缘子上喷涂长效防污闪涂料。

（2）重污区应选点定期测量盐密，要求检测点较一般地区多，必要时建立污秽实验站，以掌握污秽程度、污秽性质、绝缘子表面积污速率及气象变化规律。

（3）污闪季节前，应逐基确定污秽等级、检查防污闪措施的落实情况，污秽等级与爬电比距不相适应时应及时调整绝缘子串的爬电比距、调整绝缘子类型或采取其他有效的防污闪措施，线路上的零（低）值绝缘子应及时更换。

（4）防污清扫工作应根据污秽度、积污速度、气象变化规律等因素确定周期及时安排清扫、保证清扫质量。

（5）建立特殊巡视责任制，在恶劣天气时进行现场特巡，发现异常及时分析并采取措施。

（6）做好测试分析，掌握规律，总结经验，针对不同性质的污秽物选择相应有效的防污闪措施，临时采取的补救措施要及时改造为长期防御措施。

**11.2.3.4** 重冰区

（1）处于重冰区的线路要进行覆冰观测，有条件或危及重要线路运行的区域要建立覆冰观测站。研究覆冰性质、特点、制定反事故措施，特殊地区的设备要加装融冰装置。

（2）经实践证明不能满足重冰区要求的杆塔型式、绝缘子串型式、导线排列方式应上报输电运检技术，有计划地进行改造或更换，做好记录，并提交设计部门在同类地区不再使用。

（3）覆冰季节前应对线路做全面检查，消除设备缺陷，落实除冰、融冰和防止导线、地线跳跃、舞动的措施，检查各种观侧、记录设施，并对融冰装置进行检查、试验，确保必要时能投入使用。

（4）在覆冰季节中，专门观测维护班组，应加强巡视、观测，做好覆冰和气象观测记录及分析，研究覆冰和舞动的规律、随时了解冰情，适时采取相应措施。

**11.2.3.5** 微地形、气象区

（1）频发超设计标准的自然灾害地区应设立微气象观测站点，通过监测确定微气象区的分布及基本情况。

（2）已经投入运行，经实践证明不能满足微气象区要求的杆塔型式、绝缘子串型式、导线排列方式应有计划地进行改造或更换，做好记录，上报输电运检技术提交设计部门在同类地区不再使用。

（3）大风季节前应对微气象区运行线路做全面检查，消除设备缺陷，落实各项防风措施。

**11.2.3.6**　采动影响区

（1）单位应与线路所在地区地质部门、煤矿等矿产部门联系，班组应了解输电线路沿线地质和塔位处煤层的开采计划及动态情况，绘制特殊区段（区域）分布图，并采取针对性的运行措施。

（2）位于采动影响区的杆塔应在杆塔投运前安装杆塔倾斜监测仪。

（3）运行中发现基础周围有地表裂缝时，应积极与设计单位联系，进行现场勘察，确定处理方案。依据处理方案，及时对塔基周围的地表裂缝、塌陷进行处理，防止雨水、山洪加剧诱发地基塌陷。

（4）对位于采动线路应加强线路的运行巡视，结合季节变化进行采动影响区杆塔倾斜、基础根开变化、塔材或杆体变形、拉线变化，导地线弧垂变化、地表塌陷和裂缝变化检查。对发生倾斜的采动影响区杆塔应缩短周期、密切监测，及时采取应对措施，避免发生倒塔断线事故。

**11.2.3.7**　洪水冲刷区

（1）对线路洪水冲刷区的杆塔基础、护坡、排水沟的检查应设立观测点，定期进行测量，以观测其河水冲刷的变化情况。

（2）对杆塔基础周围的挖土、取沙等检查应结合基础的抗翻力，巡视中应与相关单位联系并划定杆塔基础的保护范围。

（3）汛期中，对线路洪水冲刷区的杆塔基础、护坡、排水沟，对杆塔基础周围的挖土、取沙，应加强巡视，定期检查。

（4）汛期前对线路杆塔基础、护坡、排水沟等处的检查，发现问题及时处理，在受到洪水冲刷后应及时检查杆塔基础，发现问题及时处理。

（5）对可能遭受洪水、冰凌、暴雨冲刷的杆塔应采取可靠的防冲刷措施，杆塔基础防护设施应牢固，基础周围排水沟应能够可靠排水。

**11.2.3.8**　不良地质区

（1）对该地区杆塔、基础、拉线及设备进行定期巡视检查，以发现其变化情况。

（2）对该地区杆塔、拉线及基础周围的地质情况进行定期、定点测量，以掌握其变化。

（3）对该地区杆塔、基础、拉线及设备所检查出的问题，应及时进行处理，以确保线路安全运行。

（4）因地质情况影响杆塔、拉线及基础时，应结合测量数值采取相应措施。

**11.2.3.9**　盗窃多发区

（1）对此类地区的易盗窃期间，应重点检查杆塔、拉线及接地装置的塔材、螺栓、爬梯等丢失损坏情况。

（2）对此类地区巡视中应进行调查、了解线路周围情况。

（3）铁塔主材连接螺栓、地面以上 6m 段（至少）所有螺栓以及盗窃多发区铁塔横担以下各部螺栓，拉线下部金具均应采取防盗措施。

（4）对风口地带或季风较强地区，除采用防盗螺栓外，其余螺栓应采取防松措施，并做好日常巡视及检查，必要时可增加防风拉线。

**11.2.3.10** 导线易舞动区

（1）在线路在覆冰或脱冰后，应进行设备特巡，对线路杆塔、各种金具及绝缘子进行详细检查。

（2）在线路发生舞动后，应进行设备特巡，对线路杆塔、各种金具及绝缘子进行详细检查。

（3）已加装防舞装置的线路，应加强对防舞装置的观测和维护，对超过设计覆冰和风速值发生的舞动应及时采取应对措施。

（4）对已发生过舞动的线路，应及时进行检查和维修，并积极开展防舞研究，采取防舞措施（如加装防舞装置），以降低舞动发生的几率，减小舞动造成的损失。

（5）未加装防舞装置的线路，舞动易发季节到来时，班组应加强观测，并制定应急预案。

（6）加装防舞装置的同时应考虑防微风振动的要求，并配合单位进行必要的防振试验或现场测试，确保线路的安全运行。

**11.2.3.11** 易受外力破坏区

（1）对线路保护区内不符合《电力设施保护条例实施细则》规定的，有影响线路安全的采矿、爆破、建筑物等检查并制止。

（2）在线路保护区或附近的公路、铁路、水利、市政等施工现场设置警示标志，并做好保线、护线宣传。

（3）发现线路附近烧荒、烧秸秆应立即制止。

（4）对线路保护区内不符合《电力设施保护条例实施细则》规定的，有影响线路安全的采矿、爆破、建筑物等进行制止或采取相应措施。

（5）对线路附近易造成故障的广告牌、标语牌、宣传条幅等设施应联系拆除。

**11.2.3.12** 鸟害多发区

（1）统计并分析线路村庄、鱼塘、河流、水库、湿地附近线路杆塔上的鸟类活动规律及其杆塔上的活动位置。

（2）根据鸟类活动习性、生理特征和杆塔结构采取加装防鸟板、防鸟刺、防鸟拉线及采用声、光等先进的防鸟措施。

（3）对于杆塔绝缘子串正上方的鸟巢，应及时进行拆除。

**11.2.3.13** 跨越树林区

（1）检查线路保护区内电力线路与树木间距离在其生长旺盛阶段，是否符合《电力设施保护条例实施细则》的有关规定。

（2）在森林防火期内应加强林区特巡，对于树木与电力线路距离不够放电易引起森林火灾时，应与相关单位或个人联系处理，避免火灾发生。

（3）对线路保护区内电力线路与树木间距离不符合《电力设施保护条例实施细则》的有关规定时，应敦促有关林业部门按规定及时砍伐。

对线路保护区内超高或严重威胁线路安全运行的树木，应与有关林业部门、单位及个人联系砍伐。（树木与导线安全距离见表 11-1）

**表 11-1　　导线与树木之间的安全距离**

| 线路电压（kV） | 66～110 | 220 | 330 | 500 |
|---|---|---|---|---|
| 最大弧垂时垂直距离（m） | 4.0 | 4.5 | 5.5 | 7.0 |
| 最大风偏时净空距离（m） | 3.5 | 4.0 | 5.0 | 7.0 |

**11.2.3.14** 人口密集区

（1）定期检查线路杆塔、金具、导地线、拉线是否生锈严重和损坏。

（2）检查导线距建筑物风偏是否满足《电力设施保护条例实施细则》《架空输电线路运行规程》等相关法律、法规、规定要求。

（3）检查杆塔是否偏斜、基础是否牢固。

（4）对线路基础、杆塔、金具、导地线、拉线生锈严重和损坏部位及时进行更换处理。

（5）对杆塔、导线距建筑物风偏小于《电力保护条例实施细则》规定要求的，与相关单位或个人进行联系，按要求进行处理。

（6）对于导线悬挂点，应改为双挂点绝缘子，防止由于某种原因发生导线断落故障。

### 11.2.4 班长一般工作要求

**11.2.4.1** 编制特殊区段（区域）运维工作计划并上报输电运检技术。

**11.2.4.2** 根据特殊区段（区域）运维工作计划，结合季节性运维计划、天气情况、线路运行情况等因素，合理安排人员对特殊区段（区域）开展专项巡视及隐患排查。

**11.2.4.3** 结合运行实际梳理所辖线路特殊区段（区域）变化情况，督促巡视人员更新 PMS 系统。

**11.2.4.4** 根据现场实际运行情况组织开展相关检测工作。

**11.2.4.5** 根据不同区段特点、运行经验制定相应的预控措施。

### 11.2.5 技术员一般工作要求

**11.2.5.1** 掌握特殊区段（区域）运维知识，开展特殊区段（区域）运维知识培训。

**11.2.5.2** 协助班长编制特殊区段（区域）运维工作计划，建立并及时更新所辖线路特殊区域台账。

### 11.2.6 工作组负责人一般工作要求

**11.2.6.1** 根据工作计划编制作业指导卡。

**11.2.6.2** 根据工作计划组织开展工作，严格按照标准化作业流程执行工作，落实相关规程、规定要求。

### 11.2.7 工作组成员一般工作要求

**11.2.7.1** 掌握特殊区段（区域）运维知识。

**11.2.7.2** 按照工作计划开展工作，明确责任分工，巡视和检测工作中严格执行标准化作业流程。

**11.2.7.3** 对工作中发现的缺陷、隐患信息应详实记录，收集清晰的影像资料，及时更新所辖线路特殊区段（区域）台账，录入 PMS 系统。

## 11.3 流程图（见表 11-2）

表 11-2 流 程 图

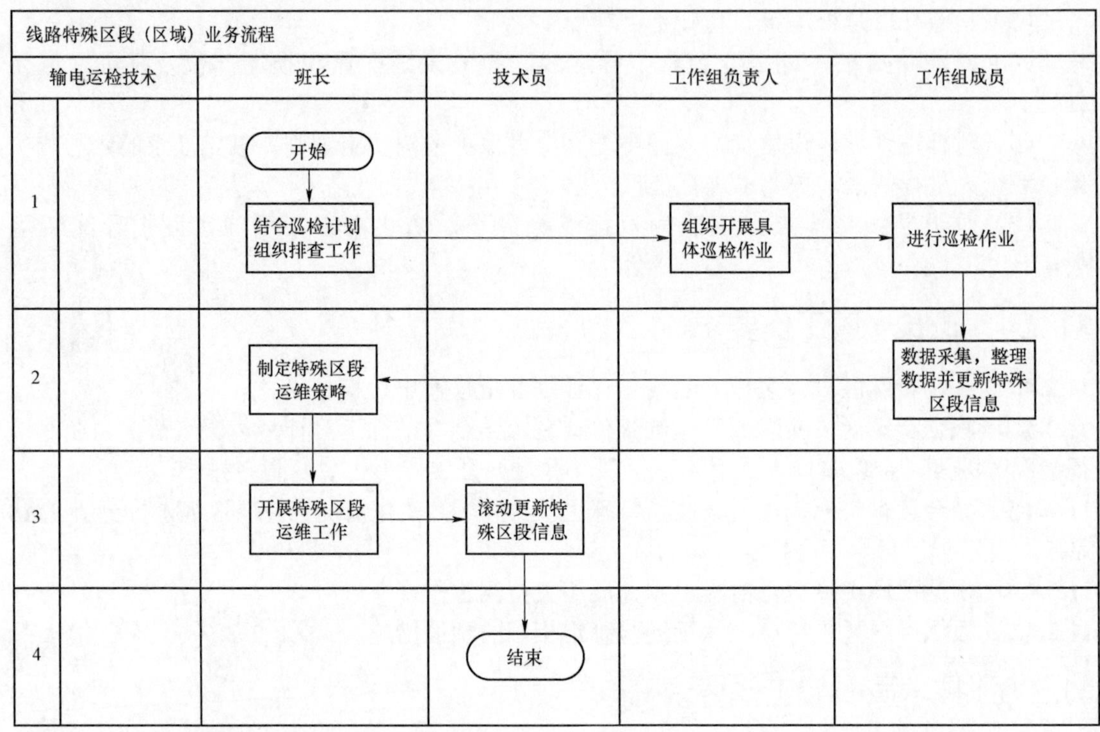


## 11.4 流程步骤（见表 11-3）

表 11-3 流 程 步 骤

| 步骤编号 | 流程步骤 | 责任岗位 | 步骤说明 | 工作要求 | 备注 |
|---|---|---|---|---|---|
| 1 | 结合巡检计划组织排查工作 | 班长 | 结合巡检计划和运维经验组织特殊区段（区域）排查工作 | | |
| 2 | 组织开展具体巡检作业 | 工作组负责人 | 组织开展具体巡检作业 | 1. 根据工作计划编制作业指导卡。<br>2. 开展巡视检测作业前，根据巡视区段地形特征、气象条件等因素合理分派工作任务，确保作业人员人身安全。<br>3. 按照作业卡正确组织工作 | |
| 3 | 进行巡检作业 | 工作组成员 | 进行巡检作业 | 按照巡视检测计划开展工作，明确职责分工，工作中严格执行标准化作业流程 | |
| 4 | 数据采集 | 工作组成员 | 记录数据、采集的照片 | 对测量数据应详实记录，收集清晰的影像资料 | |
| | 整理数据并更新特殊区段（区域）信息 | | 整理数据并在 PMS 系统更新特殊区段（区域）信息 | 对特殊区段（区域）检测数据进行整理并录入 | |
| 5 | 制定特殊区段（区域）运维策略 | 班长 | 制定特殊区段（区域）运维策略 | 制定特殊区段（区域）运维策略，编制特殊区段（区域）运维工作计划 | |

续表

| 步骤编号 | 流程步骤 | 责任岗位 | 步骤说明 | 工作要求 | 备注 |
|---|---|---|---|---|---|
| 6 | 开展特殊区段（区域）运维工作 | 班长 | 开展特殊区段（区域）运维工作 | 开展特殊区段（区域）运维工作，并在工作过程中记录特殊区段（区域）变化情况 | |
| 7 | 滚动更新特殊区段（区域）信息 | 技术员 | 滚动更新特殊区段（区域）信息 | 根据特殊区段（区域）变化数据滚动更新特殊区段（区域）信息 | |

# 附件：特殊区段（区域）定义

1. 大跨越：即超常规设计建设的区域线路为大跨越段线路。大跨越是指线路跨越通航大河流、湖泊海峡或者大峡谷等，因档距较大（在1000m以上）或杆塔较高（在130m以上），导线选型或杆塔设计需特殊考虑且发生故障时严重影响航运或修复特别困难的耐张段。

2. 重污区：线路污秽等级的划分，是通过测量绝缘子等值附盐密度来确定的。重污区一般为Ⅱ级污秽区上限值及以上的污秽区，即绝缘子等值附盐密值在0.1mg/cm$^2$及以上为重污区。

3. 多雷区：雷区是按某地每年有雷电日数的多少来区分的，也就是用每年雷暴日的多少来区分的。多雷区为每年雷暴日超过40日。

4. 重冰区：国家电网公司110（66）kV～500kV架空输电线路运行规范规定：覆冰厚度在20mm及以上或易于结冰的线路区域为重冰区。

5. 洪水冲刷区：在河流两岸或水库下游的杆塔，在暴雨季节里，由于山洪暴发、滑坡或泥石流的作用。容易发生倒杆塔事故，这些地段就是为洪水冲刷区。

6. 不良地质区：即由于滑坡、泥石流、岩溶等其他地质原因形成的地址不稳，对这样的区域称为不良地质区。

7. 采矿塌陷区：由于开采矿物造成矿区地面塌陷，形成的塌陷区域称为采矿塌陷区。

8. 盗窃多发区：杆塔设备经常性被盗窃区域称为盗窃多发区。

9. 微气象区：线路通过的部分区域由于地形、地貌、环境影响，易产生局部大雾等特殊气象情况的区域，称之为微气象区。

10. 导线易舞动区：导地线因覆冰或风力使导地线产生不同周期摆动，即各项导线不是同时向一个方向摆动，这种导地线的摆动区域成为导线易舞动区。

11. 易受外力破坏区：由于其他外力影响，造成某区域线路易遭受损坏的区域叫易受外力破坏区域。

12. 鸟害多发区：由于鸟类活动，在河流、湿地、湖泊、水库及村庄附近易造成线路故障的地段称鸟害多发区。

13. 跨越树林的线路防护区称为跨越树林区。

14. 人口密集区：架空线路通过厂矿、城镇等人口密集地段，称为人口密集区。

# 12 线路通道工作分册（MDYJ-SD-SDYJ-GZGF-012）

## 12.1 业务概述

线路通道管理主要工作任务：属地化管理、通道巡视、危险源管理、隐患管理、通道技防物防措施和群众护线工作。

## 12.2 相关条文说明

### 12.2.1 输电线路通道保护区

**12.2.1.1** 导线边线向外侧水平延伸并垂直于地面所形成的两平行面内的区域，运行中在该区域一般不得有建筑物、厂矿、树木（高跨设计除外）及其他生产活动。（一般地区各级电压导线的边线通道保护区见表 12-1）

**表 12-1** 不同电压等级架空输电线路通道保护区

| 电压等级（kV） | 边线外距离（m） |
|---|---|
| 66～110 | 10 |
| 220 | 15 |
| 500 | 20 |

在厂矿、城镇等人口密集地区，架空电力线路通道的区域可略小于上述规定。但各级电压导线边线延伸的距离，不应小于导线在最大计算弧垂及最大计算风偏后的水平距离和风偏后距建筑物的安全距离之和。

**12.2.1.2** 电力电缆线路保护区

地下电缆为电缆线路地面标桩两侧各 0.75m 所形成的两平行线内的区域；江河电缆一般不小于线路两侧各 100m（中、小河流一般不小于各 50m）所形成的两平行线内的水域。

### 12.2.2 线路通道属地化管理班组主要工作

**12.2.2.1** 输电线路通道管理实行“设备运行单位责任制”“通道运维单位责任制”与“属地单位配合制”相结合的管理机制。

（1）设备运行单位责任制”是指：设备运行单位运维人员承担输电线路通道巡视责任。

（2）“通道运维单位责任制”是指：各盟（市）供电公司通道运维人员承担输电线路通道管理的主体责任。

（3）“属地单位配合制”是指：旗（县）供电公司（供电所）配合进行辖区内输电线路通道属地化问题处理与沟通。

**12.2.2.2** 检修分公司班组主要工作任务

（1）负责 220kV 及以上输电线路本体（包括防雷、防鸟、防污等附属设施）、防洪、防风固沙设施的隐患报送。

（2）负责与通道运维单位盟（市）建立有效的联动机制，密切配合，协助办理工作票等相关手续，确保输电线路通道内隐患及时清除。

（3）负责向通道运维单位提供对应区段输电线路通道基础资料。建全本班组各类管理基础台账，主要包括但不限于：① 线路护线网络表；② 线路杆塔明细表及线路条图；③ 输电线路隐患档案；④ 与盟（市）供电公司联络单，统一标号。（线路护线网络见附件 1）

（4）负责组织新（改）建 220kV 及以上输电线路工程验收和生产准备工作，与盟（市）供电公司班组共同对线路通道进行验收，并对线路本体及防风、防洪设施进行验收。

（5）通道运维单位隐患处理后设备运行班组需进行验收。

**12.2.2.3** 盟（市）供电公司班组主要工作任务

（1）落实“通道运维单位责任制”，做好所辖输电线路通道的日常运行维护工作。

（2）负责协调和配合运维线路的外力破坏事故抢修，配合调查分析。

（3）负责 220kV 及以上输电线路除防洪、防风固沙设施以外的防外破设施、树障等通道类管理工作。

（4）接到 PMS 系统中“隐患管理模块”中隐患报告及时制定计划进行处理。

（5）参加新（改）建 220kV 及以上输电线路工程验收工作，对线路通道、电力设施保护设施进行验收。

**12.2.2.4** 旗（县）供电公司班组主要工作任务

（1）落实“属地单位配合制”管理模式，做好乡镇供电所的通道检查工作，协助处理输电线路通道内的隐患。

（2）负责开展通道清障，协调在线路通道清理过程中与地方的关系，参与外力破坏事件的调查分析。

**12.2.2.5** 共性工作任务

（1）班组按照通道情况合理的将运维人员分配到所辖的每条线路上，确保通道运维工作落实到人。

（2）组织开展输电线路通道防外破、通道保护宣传等电力设施保护工作。协助输电运检技术建立健全属地护线网络，做好属地护线员的培训工作。

（3）组织所属线路通道巡视工作，发现所辖线路有可能影响线路安全运行的危险源，应迅速采取现场措施，及时将线路通道隐患录入 PMS 系统中“隐患管理模块”。

（4）班组应定期开展线路通道附近建筑施工、异物挂线、树竹障碍等隐患排查治理专项活动，必要时报请政府相关部门依法督促隐患整改。

（5）施工单位在输电线路通道内或附近施工，设备运行单位应督促施工单位报请地方政府相关部门办理审批手续。对可能危及线路安全的施工作业，通道运维单位应与施工单位签订《隐患告知书》，指导施工单位制订详细的电力设施防护方案，并对施工单位项目经理、安全员、工程车辆驾驶员等进行现场交底。（隐患告知书见附件 2）

（6）组织本班组运维人员召开运行分析会，总结运行维护经验，制定防外力破坏措施。

（7）输电线路通道运维班组和属地配合班组应建立健全输电线路危险源台账，发现危险源应详细登录并跟踪，实现危险源的动态管理，危险源消除后应填写消除日期。（危险源台账见附件 3）

### 12.2.3 线路通道巡视重点

通道巡视应重点对线路通道、周边环境、沿线交跨、施工作业等情况进行检查，及时发现和掌握线路通道环境的动态变化情况。

**12.2.3.1** 在电力线路通道附近有大型机械作业及从事吊装作业。

**12.2.3.2** 种植、移植树木、高秆作物和竖立高秆物体等危险作业。

**12.2.3.3** 在电力线路保护区周围建房、建设道路，可能危及电力设施安全运行的。

**12.2.3.4** 在电力线路杆塔、拉线及地下电缆等电力设施周围挖掘、堆土、打桩、钻探、地下开采、违章搭建、倾倒垃圾废物等。

**12.2.3.5** 在电力线路通道附近堆放垃圾，可能发生漂浮物影响架空输电线路安全运行。

**12.2.3.6** 盗窃、私拆电力设施部件。

**12.2.3.7** 向电力设施抛掷柴草、金属丝、金属飘带、气球等漂浮物体。

**12.2.3.8** 在电力线路通道附近放风筝、放爆竹、礼花、射击等。

**12.2.3.9** 在电力线路附近堆放易燃、易爆物品或进行爆破作业。

**12.2.3.10** 在电力线路下方从事垂钓活动。

**12.2.3.11** 在电力线路保护区及附近燃烧秸秆等其他废物。

**12.2.3.12** 在电力设备上涂抹污损、悬挂广告，在电力线路上搭挂其他线路，利用线路杆塔拉线拴牲畜或用作桩柱牵引重物。

**12.2.3.13** 电力线路、杆塔、地线、基础有缺陷及损坏情况。

**12.2.3.14** 电力设施安全保护区周围设立的各类标示牌、警示牌有破坏、缺少现象。

**12.2.3.15** 其他可能危及电力设施安全的现象和行为。

### 12.2.4 线路通道巡视原则

**12.2.4.1** 线路通道巡视采用徒步巡视和车辆巡视相结合的方式。

**12.2.4.2** 线路通道巡视根据线路通道状态分区段进行巡视。

（1）城市（城镇）及近郊区域的线路、单电源、重要电源、重要负荷、跨区电网线路、网间联络线及重要交叉跨越区段，巡视周期不超过 1 个月。

（2）远郊、平原等一般区域的巡视周期一般为 2 个月。

（3）高山大岭、沿海滩涂、戈壁沙漠等车辆人员难以到达区域的巡视周期一般为 3 个月。在大雪封山等特殊情况下，采取空中巡视、在线监测等手段后可适当延长周期，但不应超过 6 个月。

（4）对通道环境恶劣的区段，如易受施工作业区、山火危险区、树木速长区、偷盗多发区、采动影响区、易建房区、漂浮物集中区等，应在相应时段加强巡视，巡视周期不超过半个月，必要时应天天进行通道巡视或安排人员现场看守。

（5）运行情况不佳的老旧线路（区段）、缺陷频发线路（区段）的巡视周期不应超过 1 个月。新建线路和切改区段在投运后 3 个月内，每月应进行 1 次全面巡视，之后执行正常巡视周期。

（6）重大保电期、电网特殊方式期等特殊时期，以及在大风、暴雨、雨雪冰冻等恶劣天气前后，应及时组织开展特巡。

### 12.2.5 通道危险源管理工作要求

**12.2.5.1** 危险源是指输电线路通道内（外）可能危及线路安全运行的建筑、挖掘、机械施工、放风筝、种植等情况。输电线路通道危险源按其对线路安全运行的影响程度和发展趋

势分为四类。

（1）危急危险源：是指不立即制止，有可能立即或短时间内发生事故的危险源。

（2）严重危险源：是指对电网安全运行近期内不会造成危害，但随着时间推移可能危及输电线路安全运行的危险源。

（3）一般危险源：是指在一段时期内不影响电网安全运行，但妨碍电网的正常运行维护工作的危险源。

（4）潜在危险源：是指现场无任何危险源特征，但已有规划或有可能发展成为一般危险源及以上的危险源。输电线路通道危险源分类详见（危险源分类见附件4）。

**12.2.5.2** 对于输电线路通道的各类危险源，应按照以下流程进行分级管理。

（1）危急危险源：设备运行单位人员发现信息后，应立即制止并报送输电线路通道运维单位联系人。输电线路通道运维责任人（班长）发现或得到信息后，应立即给予制止并在现场看守，同时发出隐患通知书，做好必要的声像（录音、录像、照片）和书面记录等，并立即向本部门领导汇报。本类危险源应对现场进行全天候看护。

（2）严重危险源：设备运行单位人员发现信息后，应立即制止并报送输电线路通道运维单位联系人。输电线路通道运维责任人（班长）发现或得到信息后，应立即给予制止并发出隐患通知书，做好必要的声像（录音、录像、照片）和书面记录等，同时向本部门汇报。有关人员接到报告后应赶赴现场进行处理，并下达整改意见。本类危险源应对现场进行每日巡视并跟踪现场危险源等级的变化。隐患通知书见附件4。

（3）一般危险源：设备运行单位人员发现信息后，应立即制止并报送输电线路通道运维单位联系人。输电线路通道运维责任人（班长）发现或得到信息后，应及时展开调查，并做好宣传、劝阻记录等工作，填写、上报输电运检技术。对危险源进行现场查勘并做好相关记录，拟定危险源消除和控制措施。本类危险源应定期进行检查，跟踪监视危险源的发展趋势。

（4）潜在危险源：属地配合单位人员或输电线路通道运维单位发现或得到信息后，应展开调查，了解工程进展情况并做好相关宣传工作。本类危险源在情况不明确时视为一般危险源。

（5）输电线路通道运维班组和属地配合单位应建立健全输电线路危险源台账，发现危险源应详细登录并跟踪，实现危险源的动态管理，危险源消除后应填写消除日期。

### 12.2.6 通道隐患工作管理要求

**12.2.6.1** 班组做好“线路护线网络”巡护责任划分，编制线路护线网络表；与属地巡护员加强“线路护线网络”人员的沟通、协调与信息共享。

**12.2.6.2** 通道运维单位根据委托内容对隐患进行处理。

（1）发现的隐患立即阻止，下发隐患通知书，联系政府相关部门到现场处置，在隐患未消除或未彻底解决之前，应派专人进行现场看守，法治隐患加重。

（2）设备运行单位发现影响线路安全运行行为时，通知通道运维单位进行处置。

**12.2.6.3** 通道运维单位在接到设备运行单位隐患联系单后，在规定时间（潜在隐患需加强监视，一般隐患2周内进行处理，严重隐患1周，危急隐患24小时）内对隐患进行处理。

**12.2.6.4** 通道运维班组是隐患排查治理的具体实施单位，通道运维班组班组所在单位负责制定通道隐患排查治理工作计划，组织生产人员开展隐患排查治理工作。

**12.2.6.5** 隐患排查治理工作要全面落实“发现、评估、报告、建档、治理、验收、销号”过程管控的工作要求。

### 12.2.7 线路通道技防物防措施

**12.2.7.1** 各单位班组应加强线路通道的管理，针对不同情况，采取有效、可靠措施，确保线路通道的安全。

**12.2.7.2** 电力设施防盗措施

（1）加强电力设施防盗措施，架空线路杆塔和电缆终端杆、电缆桥架应采用防卸螺栓、防攀爬、防撞等措施，必要时可在盗窃易发区、外力隐患易发地段安装视频监控系统。

（2）电缆通道上方应按要求设置警示标志，防止违章开挖；电缆隧道、沟道井盖应采取有效的防盗措施，防止人员非法进入。

**12.2.7.3** 防止施工车辆（机械）破坏措施

（1）施工单位在输电线路通道内或附近施工，设备运行单位应督促施工单位报请地方政府相关部门办理审批手续。对可能危及线路安全的施工作业，通道运维单位应与施工单位签订《电力设施保护安全协议》，指导施工单位制订详细的电力设施防护方案，并对施工单位项目经理、安全员、工程车辆驾驶员等进行现场交底。

（2）存在外力破坏隐患的线路区段和电缆通道，其保护区的区界、人员机械进入口和电缆路径上应设立明显的标志，将电力法、电力设施保护条例等相关条款以及保护区的宽度、安全距离规定等内容，以醒目的字体标注在警示牌上，并告知破坏电力线路可能造成的严重后果，落款注明单位名称及联系电话。

（3）杆塔基础外缘15m内有车辆、机械频繁临近通行的线路段，应做好防撞措施，并设立醒目的警告标示。

（4）针对固定施工场所，如桥梁道路施工、铁路、高速公路等在防护区内施工或有可能危及电力设施安全等的施工场所，应推广使用围栏、保护桩、限高架（网）、限位设施、视频监视、激光报警装置等，积极试用新型防护装置。

（5）针对移动（流动）施工场所，如道路植树、栽苗绿化、临时吊装、物流、仓储、取土、挖沙等场所，可采取在防护区内临时安插警示牌或警示旗、装设临时围栏、铺警示带、安装警示护栏等安全保护措施。

（6）线路对道路交跨距离较低时可加装限高装置，加装限高装置时应与交通管理部门协商，在道路与电力线路交跨位置前后装设限高装置，一般采取门型架结构，在限高栏醒目位置注明限制高度，以防止超高车辆通行造成碰线；或在固定施工作业点线路保护区位置临时装设限高装置，注明限高高度，防止吊车或水泥泵车车臂进入线路防护区。

（7）在大型施工场所，流动作业、植树等多发区段可加装视频在线监测装置，及时了解线路防护区出现的流动作业或其他影响线路安全运行的行为。同时，在发生外力破坏故障后，可通过查看监视录像查找肇事车辆或责任人员。

（8）针对邻近架空电力线路保护区的施工作业，应督促施工。

（9）单位采取相应安全措施进行防护，并悬挂醒目警示牌。

**12.2.7.4** 电缆及电缆通道防范措施

（1）直埋敷设电缆通道的起止点、转弯处及沿线在地面上应设置明显的电缆标识和警示标志，警示电缆路径的实际走向，防止违章开挖。直埋电缆上方应设置保护盖板。非开挖技术的电缆通道应收集路径三维测绘资料。区域施工现场的电缆路径上应加装临时警示标志和应急联系方式。

（2）电缆隧道通风口应有防止小动物进入隧道的金属网格及防火、防盗等措施。电缆沟盖板间缝隙应采取水泥浆勾缝封堵，防止易燃易爆物品落入。

**12.2.7.5** 防止异物短路措施

（1）对电力设施保护区附近的彩钢瓦等临时性建筑物，应要求管理者或所有者进行拆

除或加固，可采取加装防风拉线、采用角钢与地面基础连接等加固方式。

（2）对危及电力设施安全运行的垃圾场、废品回收场所，应要求隐患责任单位或个人进行整改，对可能形成漂浮物隐患的，如塑料布、锡箔纸、磁带条、生活垃圾等应采取有效的固定措施，必要时，提请政府部门协调处置。

（3）对架空电力线路保护区两侧附近的日光温室和塑料大棚，应要求所有人或管理人采取加固措施，在最大计算弧垂情况下，如与导线之间的垂直距离不满足运行规范的要求应进行拆除。

对跨越架等临时建筑物的施工，通道运维单位应派人对施工过程进行看护，施工结束后应督促施工单位及时拆除。

**12.2.7.6** 防止超高树木放电措施

（1）加大对电力线路保护区内树线矛盾隐患治理。重点治理线路保护区外由于栽植树木过高、生长过快，导致本身高度大于其与线路之间水平距离的树木安全隐患，天气变化前及时清理周边建筑物、道路两侧易被风卷起的树木断枝。

（2）提前将树枝修剪工作安排和修改事项等要求书面通知园林部门、相应管理部门和业主，并积极配合做好修剪工作。对未按要求自行修剪的，应及时向电力行政管理部门或政府部门汇报。

**12.2.7.7** 防止风筝挂线措施

（1）在传统风筝放飞季节和区域，应在电力设施附近的广场、公园、空地等定点宣传，宣传重点对象为风筝出售者和风筝放飞者，必要时在风筝出售点设置大型醒目的警示标志。同时应制定巡查方案，按期到重点区域巡查。

（2）发现风筝挂线后，应根据风筝挂线的缺陷性质及时进行消除，保障电力设施安全运行。

**12.2.7.8** 防止钓鱼碰线措施

（1）应在架空电力线路保护区附近的鱼塘岸边设立安全警示标志牌。对存在的大面积鱼塘或鱼塘众多、环境复杂的乡镇，应在村头、路口等必经之处补充设立警示标志，提高警示效果。

（2）应与鱼塘主签订安全隐患告知书，告知在输电线路下方钓鱼的危害性和相关法律责任，督促鱼塘主加强管理，共同防范钓鱼触电事故的发生。

**12.2.7.9** 防止输电线路山火故障措施

（1）向群众宣传《电力法》等法律法规，提高群众法律意识，严格控制火源，杜绝通道内焚烧秸秆、垃圾、燃放烟花等不安全行为。

（2）在农作物收割期间及清明节前后等特殊时期，应加强线路巡视，及时发现、处理烟火隐患。

（3）全面清理线路保护区内堆放的易燃易爆物品，向居民宣传在线路下方堆集草堆、谷物等对线路的危害及可能造成的严重后果，并要求搬迁。

**12.2.7.10** 防止爆破作业造成输电线路故障措施

（1）对辖区内可能影响输电线路的施工爆破作业点，班组建立台账，责任到人，定期开展对爆破作业施工现场的巡视、检查，可在重点爆破施工作业地段安装在线视频监测装置，或派员值守，落实实时监控。

（2）对在架空电力线路水平距离 500m 范围内进行的爆破作业，应督促作业单位按照国家有关规定，制定安全措施并上报审核。发现爆破作业安全隐患，应及时送达书面隐患整改通知书，并督促其整改，对不听劝阻、不采取安全措施进行爆破作业的，应将作业情况抄报政府有关部门，提请政府采取行政手段予以制止。

### 12.2.8 群众护线管理

**12.2.8.1** 负责所辖地区护线工作的具体实施，制定群众护线员管理制度、联系汇报制度，用于指导群众护线员巡视检查及汇报工作。

**12.2.8.2** 建立群众护线奖惩制度，用于激励群众护线工作。

**12.2.8.3** 每年至少组织二次群众护线员培训工作和群众护线工作经验交流，提高群众护线员工作能力，推广护线先进经验。

**12.2.8.4** 制定相应群众护线巡视检查内容和技术标准。建立群众护线网络表。

**12.2.8.5** 建立线路通道危险点档案。

**12.2.8.6** 定期开展电力设施保护宣传活动。

**12.2.8.7** 组织护线员岗位培训和经验交流活动。

**12.2.8.8** 督促护线员按时上报各种报表及总结。（群众护线记录见附件 5）

### 12.2.9 班长一般工作要求

**12.2.9.1** 检修分公司班组班长主要工作任务

（1）负责 220kV 及以上输电线路本体（包括防雷、防鸟、防污等附属设施）、防洪、防风固沙设施的隐患报送。

（2）负责与通道运维单位盟（市）建立有效的联动机制，密切配合，协助办理工作票等相关手续。

（3）负责向通道运维单位提供对应区段输电线路通道基础资料，建全本班组各类管理基础台账。

（4）负责组织新（改）建 220kV 及以上输电线路工程验收和生产准备工作。

（5）负责组织通道运维单位的隐患处理验收工作。

**12.2.9.2** 盟（市）供电公司班组班长主要工作任务

（1）组织所辖输电线路通道的日常运行维护工作。

（2）负责 220kV 及以上输电线路除防洪、防风固沙设施以外的防外破设施、树障等通道类管理工作。

（3）接到 PMS 系统中"隐患管理模块"中隐患报告时及时进行现场勘查并制定计划进行处理。

（4）参加新（改）建 220kV 及以上输电线路工程验收工作，对线路通道、电力设施保护设施进行验收。

**12.2.9.3** 旗（县）供电公司班组班长主要工作任务

（1）落实"属地单位配合制"管理模式，协助处理输电线路通道内的隐患。

（2）负责协调在线路通道清障过程中与地方的关系，参与外力破坏事件的调查分析。

**12.2.9.4** 根据通道巡视周期编制通道巡视计划，合理安排工作负责人及巡视人员。

**12.2.9.5** 组织做好通道的日常运行维护工作，对发现的或得到的隐患信息进行审核并适时进行处理，对于较危急的隐患立即采取临时防护措施，并上报输电运检技术。

**12.2.9.6** 协助输电运检技术建立健全属地护线网络，做好属地护线员的培训工作。

**12.2.9.7** 组织做好电力设施保护及沿线护线宣传工作。

**12.2.9.8** 组织本班组运维人员召开运行分析会，制定防外力破坏措施。

### 12.2.10 技术员一般工作要求

**12.2.10.1** 盟（市）、旗（县）公司班组应建立并维护危险源管理台账。

**12.2.10.2**　建立健全责任范围内架空输电线路通道的隐患档案和巡视记录。

### 12.2.11　工作组负责人一般工作要求

**12.2.11.1**　根据工作计划编制作业指导卡。

**12.2.11.2**　根据工作计划组织开展工作，严格执行按照标准化作业流程，严格落实相关规程、规定要求。

### 12.2.12　工作组成员一般工作要求

**12.2.12.1**　按照工作计划开展工作，明确职责分工，工作中严格执行标准化作业流程。

**12.2.12.2**　进行通道巡视，并做好巡视记录，对工作中发现的隐患信息应详实记录，收集清晰的影像资料，及时上报工作负责人并录入 PMS2.0 系统。

## 12.3　流程图

### 12.3.1　线路通道业务流程图（220kV 及以上）（见表 12-2）

**表 12-2**　　线路通道业务流程图（220kV 及以上）

| 线路通道业务流程（220kV及以上） | | | | | |
|---|---|---|---|---|---|
| | 输电运检技术 | 班长 | 技术员 | 工作组负责人 | 工作组成员 |
| 1 | | 开始<br>建立健全属地护线网络<br>组织人员按巡视计划开展工作 | | 安排具体巡视工作 | 进行巡视工作 |
| 2 | 终审<br>否<br>是 | 是<br>初审<br>否 | 收集整理资料 | | 填写巡视记录，上报巡视结果 |
| 3 | 按照属地化责任分工分配工作 | 隐患管理流程 | | | |
| 4 | 向运维单位递交输电线路通道隐患联系单<br>接收反馈结果 | 合格<br>组织验收<br>不合格<br>结束 | | | |

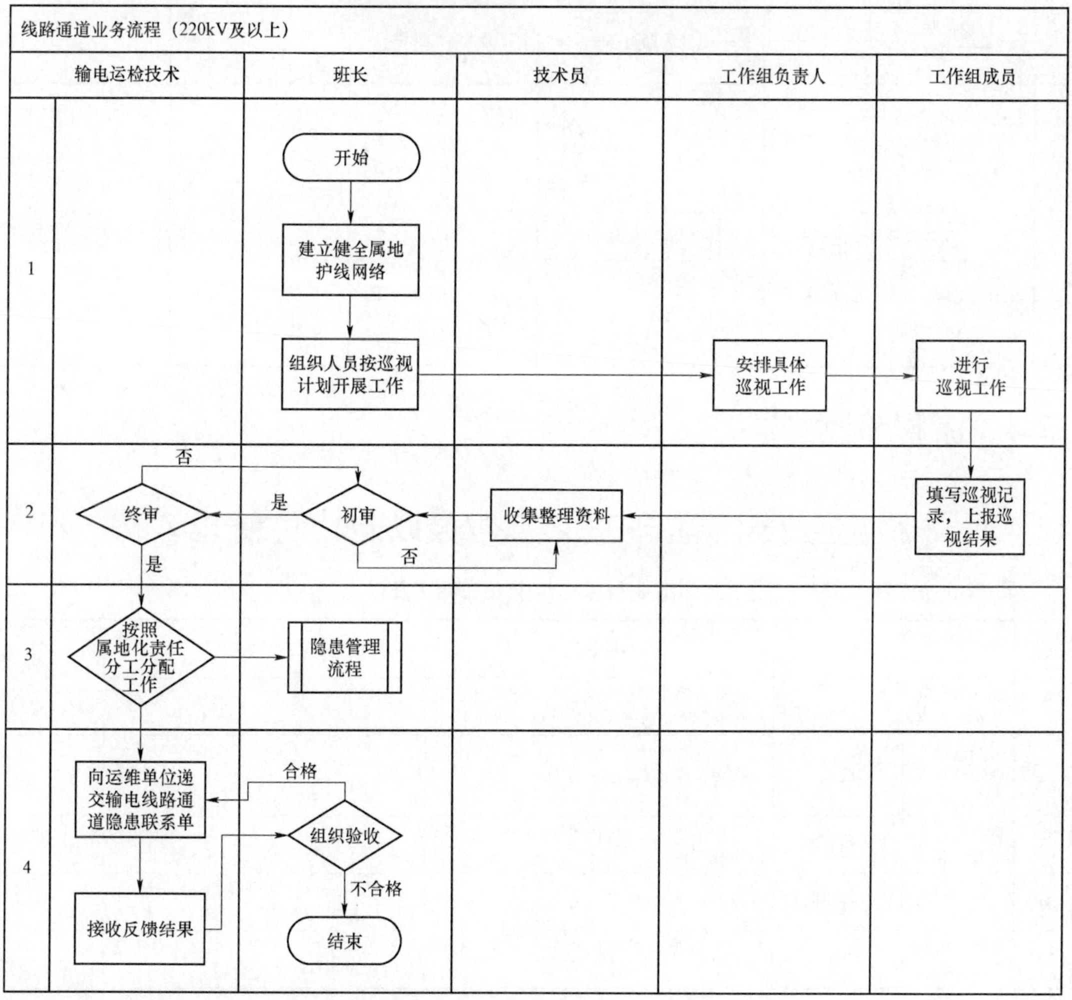

### 12.3.2 线路通道业务流程图（220kV 以下）（见表 12-3）

表 12-3 线路通道业务流程图（220kV 以下）

| 线路通道业务流程（220kV以下） | | | | | |
|---|---|---|---|---|---|
| | 输电运检技术 | 班长 | 技术员 | 工作组负责人 | 工作组成员 |
| 1 | 开始<br>否<br>终审 | 组织人员按巡视计划开展工作<br>是<br>初审<br>否 | 收集整理资料 | 安排具体巡视工作 | 进行巡视工作<br>填写巡视记录，上报巡视结果 |
| 2 | 是 | 隐患处理流程 | | | |
| 3 | 接收输电线路隐患联系单 | 现场勘查<br>是 | | | |
| 4 | 否<br>审核<br>是<br>反馈设备单位<br>结束 | 否<br>组织隐患处理 | | | |

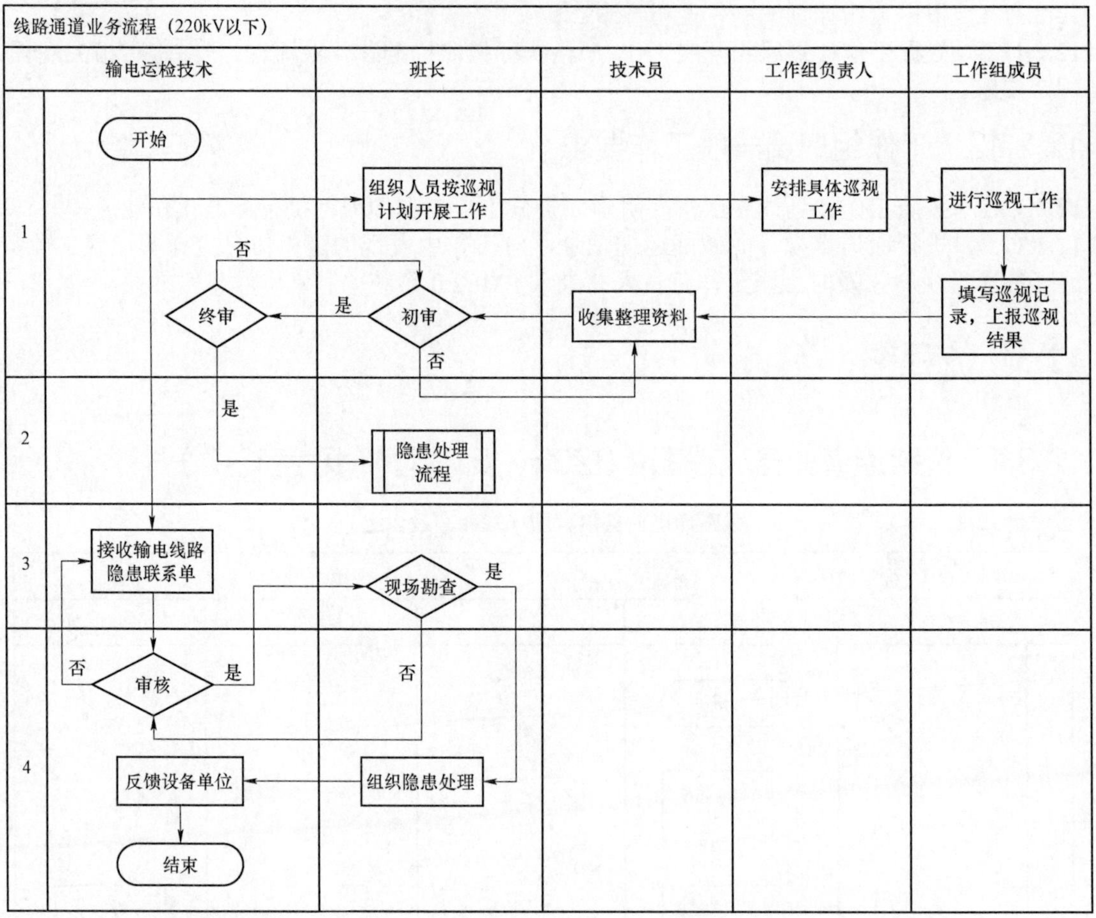

## 12.4 流程步骤

### 12.4.1 线路通道业务流程步骤（220kV 及以上）（见表 12-4）

表 12-4 线路通道业务流程步骤（220kV 及以上）

| 步骤编号 | 流程步骤 | 责任岗位 | 步骤说明 | 工作要求 | 备注 |
|---|---|---|---|---|---|
| 1 | 建立健全属地护线网络 | 班长 | 运维班组协助输电运检技术建立健全属地护线网络，做好属地护线员的培训工作 | | |
| 2 | 组织人员按巡视计划开展工作 | 班长 | 指定工作负责人开展工作 | | |
| 3 | 安排具体巡视工作 | 工作组负责人 | 根据工作计划编制作业指导卡，正确组织巡视工作 | | |
| 4 | 进行巡视工作 | 工作组成员 | 进行通道巡视工作 | 按照巡视检测计划开展工作，明确职责分工，工作中严格执行标准化作业流程 | |
| 5 | 填写巡视记录上报巡视结果 | 工作组成员 | 记录数据及发现的隐患并录入 PMS 系统 | 对工作中发现的隐患信息应详实记录，收集清晰的影像资料 | |

续表

| 步骤编号 | 流程步骤 | 责任岗位 | 步骤说明 | 工作要求 | 备注 |
|---|---|---|---|---|---|
| 6 | 收集整理资料 | 技术员 | 整理纸质资料上报班长 | | |
| 7 | 初审 | 班长 | 初步审核，判断为隐患的进行上报 | 不合格数据返回技术员重新整理 | |
| 8 | 终审 | 输电运检技术 | 终审，核定隐患性质 | 不合格数据返回班长重新整理 | |
| 9 | 工作分配 | 输电运检技术 | 根据属地化责任分工进行工作分配 | 1.220kV 及以上输电线路本体（包括防雷、防鸟、防污等附属设施）、防洪、防风固沙设施的运维检修管理划归本单位班组。<br>2. 线路通道隐患录入 PMS 系统中“隐患管理模块”，提交通道运维单位处理 | |
| 10 | 隐患管理流程 | 技术员 | 对于本单位运维的输电线路通道，进入隐患管理流程 | 详见隐患管理模块 | |
| 11 | 递交输电线路通道隐患联系单 | 输电运检技术 | 对于属地配合单位或通道运维单位的通道，向其递交输电线路通道隐患联系单 | | |
| 12 | 接收反馈结果 | 输电运检技术 | 接收通道运维单位处理后照片及资料，并安排验收 | | |
| 13 | 组织验收 | 班长 | 指定专人进行隐患处理后验收工作 | | |
| 14 | 隐患销号 | 技术员 | 隐患销号 | | |

## 12.4.2 线路通道业务流程步骤（220kV 以下）（见表 12-5）

**表 12-5　　线路通道业务流程步骤（220kV 以下）**

| 步骤编号 | 流程步骤 | 责任岗位 | 步骤说明 | 工作要求 | 备注 |
|---|---|---|---|---|---|
| 1 | 建立健全属地护线网络 | 班长 | 运维班组协助输电运检技术建立健全属地护线网络，做好属地护线员的培训工作 | | |
| 2 | 组织人员按巡视计划开展工作 | 班长 | 指定工作组负责人开展工作 | | |
| 3 | 安排具体巡视工作 | 工作组负责人 | 根据工作计划编制作业指导卡，正确组织巡视工作 | | |
| 4 | 进行巡视工作 | 工作组成员 | 进行通道巡视工作 | 按照巡视检测计划开展工作，明确职责分工，工作中严格执行标准化作业流程 | |
| 5 | 填写巡视记录，上报巡视结果 | 工作组成员 | 记录数据及发现的隐患并录入 PMS 系统 | 对工作中发现的隐患信息应详实记录，收集清晰的影像资料 | |
| 6 | 收集整理资料 | 技术员 | 整理纸质资料上报班长 | | |
| 7 | 初审 | 班长 | 初步审核，判断为隐患的进行上报 | 不合格数据返回技术员重新整理 | |
| 8 | 终审 | 输电运检技术 | 终审，核定隐患性质 | 不合格数据返回班长重新整理 | |
| 9 | 隐患管理流程 | 班长 | 对于本单位运维的输电线路通道，进入隐患管理流程 | 详见隐患管理模块 | |
| 10 | 接收输电线路通道隐患联系单 | 输电运检技术 | 接收输电线路通道隐患联系单 | | |
| 11 | 审核 | 输电运检技术 | 审核 PMS 系统中隐患信息，安排现场勘查 | | |

续表

| 步骤编号 | 流程步骤 | 责任岗位 | 步骤说明 | 工作要求 | 备注 |
|---|---|---|---|---|---|
| 12 | 现场勘查 | 班长 | 进行现场勘查 | 核对现场情况是否与隐患信息一致 | |
| 13 | 组织隐患处理 | 班长 | 指定专人进行隐患处理并验收，收集隐患处理后照片及资料 | | |
| 14 | 反馈设备单位 | 输电运检技术 | 将隐患处理结果反馈给设备单位 | | |

## 附件 1：输电线路护线网络表（见附表 12-1）

附表 12-1　　20××年输电线路护线网络表

| 线路基本信息 | | | | 运行单位信息 | | 属地护线信息 | | | | | 备注 |
|---|---|---|---|---|---|---|---|---|---|---|---|
| 运行单位 | 电压等级 | 线路名称 | 杆塔号 | 运维单位责任人 | 电话 | 所属县（市） | 所属旗（县）供电公司（供电所） | 村庄 | 护线员 | 电话 | |
| | | | | | | | | | | | |
| | | | | | | | | | | | |
| | | | | | | | | | | | |
| | | | | | | | | | | | |
| | | | | | | | | | | | |
| | | | | | | | | | | | |
| | | | | | | | | | | | |
| | | | | | | | | | | | |
| | | | | | | | | | | | |
| | | | | | | | | | | | |
| | | | | | | | | | | | |
| | | | | | | | | | | | |
| | | | | | | | | | | | |

## 附件 2：危险源台账（见附表 12-2）

填写要求：

1. 危险源编号：填写单位和危险源编号（通辽运检分部输电 001）。
2. 线路名称：填写发现缺陷线路的实际名称（电压等级+名称）。
3. 设备名称、编号：填写发现隐患线路的实际杆塔号或区段。
4. 设备类型：填写发现隐患问题的实际类型。
5. 违反规程标准或排查大纲条款：填写发现的隐患违反规程或反措具体条款内容。
6. 危险源级别：填写发现隐患的实际级别。
7. 发现日期：填写发现隐患的实际日期。
8. 整改方案或措施简述：填写隐患集体整改方案或整改计划。
9. 计划整改时间：填写隐患整改时间，具体至年月。
10. 责任人：填写线路所属单位专业负责。

附表 12-2　　　　　　　　　　　　　　　**危险源台账**

| 序号 | 危险源编号 | 线路名称 | 设备名称、编号 | 设备类型 | 责任人（设备主人） | 危险源内容描述 | 违反规程标准或排查大纲条款 | 危险源级别 | 发现日期 | 整改方案或措施简述 | 计划整改时间 | 整改完成情况 | 责任人 | 备注 |
|---|---|---|---|---|---|---|---|---|---|---|---|---|---|---|
| | | | | | | | | | | | | | | |
| | | | | | | | | | | | | | | |
| | | | | | | | | | | | | | | |
| | | | | | | | | | | | | | | |
| | | | | | | | | | | | | | | |
| | | | | | | | | | | | | | | |
| | | | | | | | | | | | | | | |

# 附件 3：安全隐患告知书（见附表 12-3）

附表 12-3　　　　　　　　　　　　　　　**安全隐患告知书**

| 安全隐患告知书<br>（档案联） | 安全隐患告知书<br>（回执） | 安全隐患告知书<br>（用户联） |
|---|---|---|
| 年第　号：<br>你单位（户）存在以下危害电力设施隐患：<br>此隐患已严重危及电力线路的安全运行，并将对你单位（户）人身、财产安全构成威胁。<br>根据《中华人民共和国电力法》、国务院《电力设施保护条例》等法律法规，请你单位（户）务必在日内消除隐患。<br>若不及时采取相应措施，我公司将根据《中华人民共和国电力法》、国务院《电力设施保护条例》等法律法规中断你单位（户）供电。如果造成安全生产事故或人员伤亡的，你单位（户）应承担全部赔偿责任和相应法律后果。同时，我公司将报电力管理、安全生产监督管理等政府部门，由其做出相应行政处罚；或向人民法院提起诉讼，追究你单位（户）民事赔偿责任或刑事责任。<br>签发人：<br>年　月　日<br>接受人：<br>抄送： | ：<br>我单位（户）已接到 20 年第号《安全隐患告知书》，并采取措施如下：<br><br>责任人：<br>年　月　日<br>（单位盖章） | 年第　号：<br>你单位（户）存在以下危害电力设施隐患：<br>此隐患已严重危及电力线路的安全运行，并将对你单位（户）人身、财产安全构成威胁。<br>根据《中华人民共和国电力法》、国务院《电力设施保护条例》等法律法规，请你单位（户）务必在日内消除隐患。<br>若不及时采取相应措施，我公司将根据《中华人民共和国电力法》、国务院《电力设施保护条例》等法律法规中断你单位（户）供电。如果造成安全生产事故或人员伤亡的，你单位（户）应承担全部赔偿责任和相应法律后果。同时，我公司将报电力管理、安全生产监督管理等政府部门，由其做出相应行政处罚；或向人民法院提起诉讼，追究你单位（户）民事赔偿责任或刑事责任。<br>签发人：<br>年　月　日<br>（单位盖章）<br>抄送： |

# 附件 4：输电线路通道危险源分类（见附表 12-4）

附表 12-4　　　　　　　　　　　　　　　**输电线路通道危险源分类**

| 序号 | 危险源类别 | 危险源内容 |
|---|---|---|
| 1 | 危急 | 1. 各类杆线、树木以及建设的公路、桥梁等对输电线路的交跨距离≤80%规定值。<br>2. 塔吊、打桩机、移动式起重机、挖掘机等大型机械在线路通道内施工作业。<br>3. 塔吊、打桩机、移动式起重机、挖掘机等大型机械在线路通道外施工作业，但其移动部件可能引起线路跳闸者。<br>4. 距杆塔、拉线基础边缘 10m 以内进行开挖，导致杆塔、拉线基础缺土严重，需立即采取补强措施者。<br>5. 在输电线拉通道附近埋设特殊（油、汽）管道。<br>6. 线路通道内违章建房。<br>7. 输电线路通道内兴建易燃易爆材料堆放场及可燃或易燃，易爆液（汽）体储罐者。<br>8. 在杆塔与拉线之间修筑道路。<br>9. 打桩机、顶管机、盾构机、挖掘机等大型机械临近电缆通道保护区 5m 范围内施工作业。<br>10. 在施工区域内电缆通道已敞开。<br>11. 水底电缆通道保护区两侧 50m 范围内存在施工、挖沙、抛锚等现象 |

续表

| 序号 | 危险源类别 | 危险源内容 |
|---|---|---|
| 2 | 严重 | 1. 输电线路对下方各类杆线、树木以及建设的公路、桥梁等交跨距离≤90%规定值。<br>2. 将杆塔、拉线围在水塘中。<br>3. 距杆塔、拉线基础边缘 10m 以外进行开挖，导致杆塔、拉线基础土容易流失，长期安全运行需增设挡土墙者。<br>4. 输电线路与易燃易爆材料堆放场及可燃或易燃，易爆液（汽）体储罐的防火间距小于杆塔高度的 1.0 倍。<br>5. 输电线路通道周围有 5m 以上的横幅、或氢气球所悬挂的条幅者。<br>6. 超高树木倒向线路侧时不能满足安全距离者。<br>7. 输电线路保护区内建塑料大棚，建好后能满足安全距离，但塑料薄膜绑扎不牢。<br>8. 输电线路保护区外建房、因超高有可能发生高空落物砸向导线。<br>9. 输电线路保护区附近立塔吊、打桩机等。<br>10. 推土机、挖掘机在输电线路保护区内施工或即将进入输电线路保护区内施工，目前能满足安全距离。<br>11. 距杆塔、拉线小于 5m 修筑机动车道路。<br>12. 距输电线路 300m 内放风筝。<br>13. 在输电线路内倒酸、碱、盐及其他有害化学物品。<br>14. 在输电线路保护区内堆土、接近安全距离，目前还有施工迹象。<br>15. 输电线路保护区内大面积种植高大乔木树。<br>16. 未按《条例》规定安装警示、警告牌、标示牌等。<br>17. 打桩机、顶管机、遁沟机、挖掘机等大型机械临近电缆通道保护区 10m 范围内施工作业。<br>18. 顶管、盾构行进方向与电缆路径存在交叉的施工作业。<br>19. 电缆线路通道上堆置酸碱性排泄物或砌石灰坑、种植树木等。<br>20. 水底电缆通道保护区两侧 100m 范围内存在施工、挖沙、抛锚等现象 |
| 3 | 一般 | 1. 输电线路对下方各类杆线、树木以及建设的公路、桥梁等交跨距离不满足规定值。<br>2. 距杆塔拉线边缘 10m 范围内附近开挖、取土，落差在 1m 以下。<br>3. 输电线路与易燃易爆材料堆放场及可燃或易燃，易爆液（汽）体储罐的防火间距小于杆塔高度的 1.5 倍。<br>4. 平整土地将杆塔掩埋 1m 以内。<br>5. 距输电线路 300m 外放风筝。<br>6. 输电线路保护区外有推土机、挖掘机作业。<br>输电线路保护区内零星种植树木，近年内对电网不构成威胁。<br>7. 输电线路保护区内堆土、施工，目前对电网安全运行不构成威胁。<br>8. 输电线路保护区内堆草垛、废旧物品等。<br>9. 电缆线路通道上堆置瓦砾、矿渣、建筑材料、笨重物件等。<br>10. 电缆终端下方、电力井盖板上方堆置易燃物品等 |
| 4 | 潜在危险源 | 1. 输电线路通道 50m 内有平整地面的行为。<br>2. 输电线路通道 50m 内地面上有画白线规划施工的现象。<br>3. 输电线路通道 30m 内有沏围墙的行为。<br>4. 修建完成的公路未进行绿化植树、未进行路灯施工的情况。<br>5. 输电线路通道 50m 内有测量行为、打桩的现象。<br>6. 应营销部门邀请已经联合勘查过现场但工地还未施工的情况 |

# 附件 5：群众巡线记录表（见附表 12-5）

附表 12-5　　　　群 众 巡 线 记 录 表

年　月　日

| 线路名称 | | | |
|---|---|---|---|
| 巡视时间 | | 巡视人员 | |
| 巡视范围 | | | |
| 巡视方式 | | | |
| 巡视情况 | | | |
| 发现问题 | | | |
| 处理结果 | | | |
| 巡视人 | 签字 | | |
| 备注 | | | |

# 13　标准化线路建设工作分册（MDYJ-SD-SDYJ-GZGF-013）

## 13.1　业务概述

标准输电线路为技术性能可靠、运行状况良好，技术档案（信息资料）齐全，安全指标符合架空输电线路管理规范，能保证长期安全稳定、经济运行的输电线路，包括：排查、治理、申报、验收。

## 13.2　相关条文说明

**13.2.1**　各单位将本年度标准化输电线路验收申请表上报国网蒙东电力运维检修部，经验收合格后，评定为标准化线路。

**13.2.2**　线路运行单位对标准输电线路实行动态管理。标准输电线路达标二年后进行一次复查，经复查发现不合格将取消标准输电线路称号。新投运的线路必须达到标准化输电线路条件，投运一年后直接申请标准化输电线路。

**13.2.3**　对没有达标的线路，线路运行单位要分析原因、提出解决办法，每年列计划逐条进行达标。

**13.2.4**　标准输电线路应在 PMS 系统中实现图片管理，每条线路所有杆塔图片资料应齐全，每基杆塔照片不应少于 6 张，包括杆塔全景 1 张、杆塔号牌及警示牌 1 张、杆塔基础 1 张、绝缘子及金具 1 张、线路大小号通道 2 张。照片中拍摄主题突出、景物清晰。照片应能反应标准化线路考核内容，具体要求如下：

**13.2.4.1**　照片属性应带 GPS 坐标和时标信息，照片从“PMS 图纸资料”上传，每 5 年更新一次，线路异动后应及时更新。

**13.2.4.2**　照片规格要求：长边不小于 1600 像素、短边不小于 1200 像素，格式采用 JPG、BMP、TIF、PSD，容量宜在 1M～5M 之间，但总容量应符合 PMS 系统要求，一般不大于 20M。杆塔基础和绝缘子及金具照片放大后应能清楚的观察到基础、绝缘子串型等实际情况。

**13.2.4.3**　所有拍摄照片应正确命名，若同内容需多张照片的，则在名称后加序号“××-1”“××-2”等。

**13.2.4.4**　杆塔全景：照片应能将杆塔全景摄入其中，采取在线路正面偏左（右）15°～45°内拍摄，能全面反应所拍摄杆塔的塔型特征，宜竖向拍摄。（照片命名：××kV××线××号全塔）

**13.2.4.5**　杆塔号牌及警示牌：照片应能清晰显示所拍摄杆塔的杆号（线路双重名称）及警示牌所示内容。（照片命名：××kV××线××号标识牌）

**13.2.4.6** 杆塔基础：所拍照片能正确清晰反应现场四个基础的实际情况（所处环境信息），原则上 4 个基础应在同一张照片中显示。若由高低腿等原因无法在一张照片中将四个基础全部显示的，应拍摄好基础全景照片后，对未摄入其中的塔腿分别拍摄。（照片命名：××kV××线××号基础）

**13.2.4.7** 绝缘子及金具：照片应能正确清晰显示所摄杆塔全塔所有绝缘子及金具组合情况，不能出现绝缘子及金具相互遮挡现象，宜在线路侧方拍摄，遇有跳线的耐张塔，跳线情况也应能够清晰准确显示。（照片命名：××kV××线××号塔头）

**13.2.4.8** 线路大小号通道：照片应能正确清晰反映该档导线与通道地面的关系。拍摄时宜在主题杆塔侧后方进行，照片中需显示主题杆塔、前方杆塔、档距内导线及地表等信息。如遇树竹、山崖遮挡等特殊情况无法拍摄通道情况时，可在横线路方向拍摄出该通道内至少两个塔头及该档距内导线与线下植被情况。（照片命名：××kV××线××号大号侧通道、××kV××线××号小号侧通道）

**13.2.5** 申报必备条件。

**13.2.5.1** 5 年内允许平均跳闸率≤0.8 次/（100km·年）（重合成功），并无因措施不利造成的外力破坏，重合不良跳闸记录（自然灾害除外）。

**13.2.5.2** 标准输电线路的年可用率不低于企业负责人业绩考核指标要求。

**13.2.5.3** 线路及光缆设备的产权（维护分界点）划分明确，不得有空白点。应具有本单位运维分界点划分协议或与其他单位、电厂的运维分界点协议。

**13.2.6** 符合下列条件之一者，取消标准输电线路称号。

**13.2.6.1** 发生责任事件。

**13.2.6.2** 发生故障停运。

**13.2.6.3** 发生人身安全事件。

**13.2.6.4** 同一线路同年内发生两次及以上同类跳闸事件。

**13.2.6.5** 两年后复查不合格。

**13.2.7** 班长一般工作要求。

**13.2.7.1** 按照方案工作要求落实责任分工，合理安排人员开展线路必备条件自查及现场排查工作。

**13.2.7.2** 根据线路排查情况，安排工作组对本年度预申报线路进行治理。

**13.2.7.3** 问题治理后，安排工作组按照标准化线路建设要求开展照片拍摄工作。

**13.2.7.4** 配合标准化线路验收组进行现场验收。

**13.2.8** 技术员一般工作要求。

**13.2.8.1** 按照申报标准化线路必备条件开展自查工作，并根据自查情况，编制标准化线路建设三年规划表。

**13.2.8.2** 根据工作组排查的线路运行情况，编制标准化线路建设实施计划。

**13.2.8.3** 编制标准化线路申报表上报输电运检技术。

**13.2.9** 工作组负责人一般工作要求。

**13.2.9.1** 带领工作组成员进行线路排查治理。

**13.2.9.2** 排查工作结束后将排查结果上报技术员。

**13.2.9.3** 带领工作组成员开展标准化线路照片拍摄工作。

**13.2.10** 工作组成员一般工作要求。

**13.2.10.1** 开展现场排查治理。

**13.2.10.2** 将拍摄完成的标准化线路照片按照要求命名、调整大小并上传 PMS 系统。

## 13.3 流程图（见表 13-1）

表 13-1 流 程 图

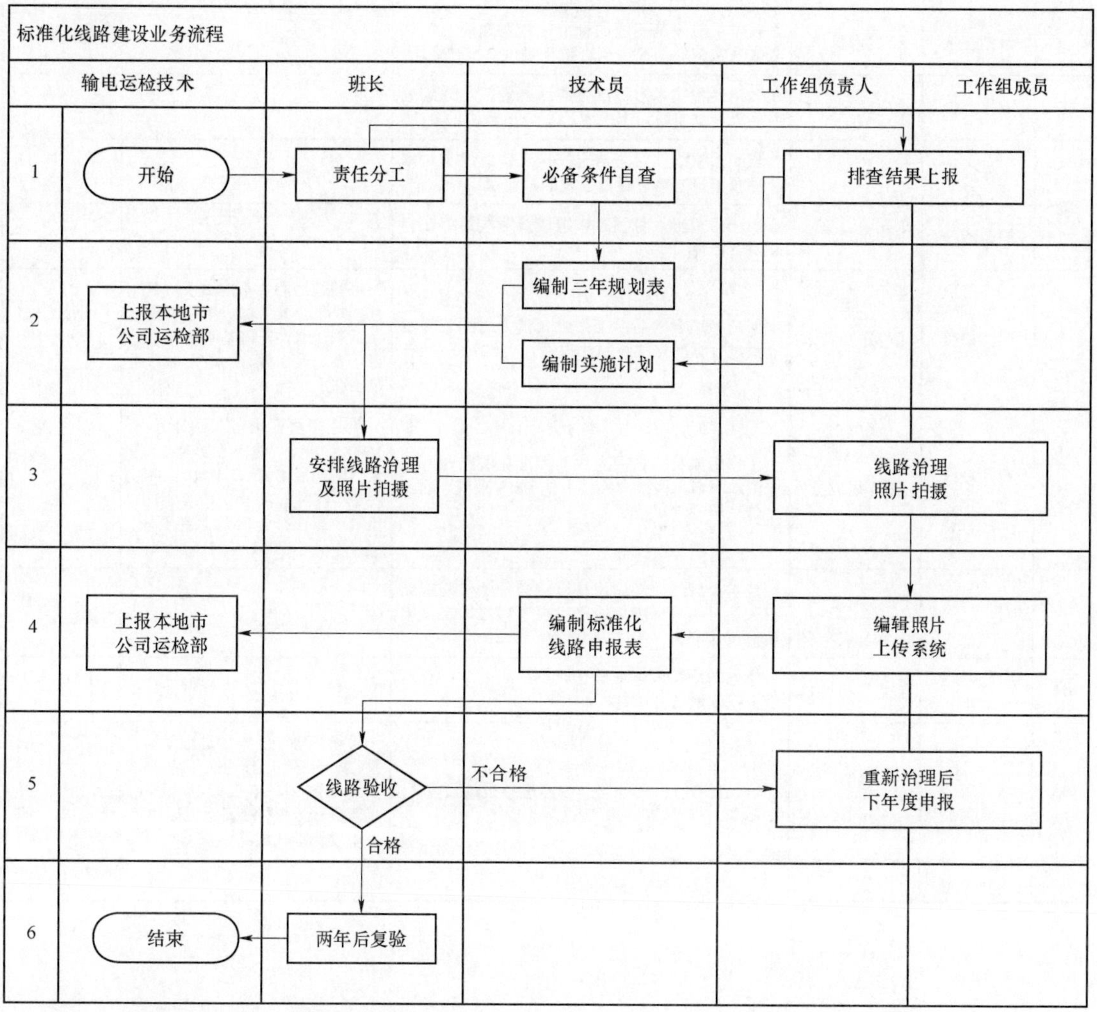

| 标准化线路建设业务流程 | | | | | |
|---|---|---|---|---|---|
| | 输电运检技术 | 班长 | 技术员 | 工作组负责人 | 工作组成员 |
| 1 | 开始 | 责任分工 | 必备条件自查 | 排查结果上报 | |
| 2 | 上报本地市公司运检部 | | 编制三年规划表<br>编制实施计划 | | |
| 3 | | 安排线路治理及照片拍摄 | | 线路治理照片拍摄 | |
| 4 | 上报本地市公司运检部 | | 编制标准化线路申报表 | 编辑照片上传系统 | |
| 5 | | 线路验收（不合格 → 重新治理后下年度申报；合格 → 两年后复验） | | 重新治理后下年度申报 | |
| 6 | 结束 | 两年后复验 | | | |

## 13.4 流程步骤（见表 13-2）

表 13-2 流 程 步 骤

| 步骤编号 | 流程步骤 | 责任岗位 | 步骤说明 | 工作要求 | 备注 |
|---|---|---|---|---|---|
| 1 | 工作分工 | 班长 | 班长接到输电运检技术下发的工作方案后落实责任分工，安排技术员对申报标准化线路必备条件进行自查，指派工作组负责人及工作组成员开展线路排查工作 | | |
| 2 | 排查上报 | 工作组负责人 | 工作组负责人带领工作组成员对线路进行全面排查，并将排查结果上报技术员 | | |
| 3 | 编制三年规划表 | 技术员 | 技术员按照申报标准化线路必备条件开展自查工作，并根据自查情况，编制标准化线路建设三年规划表 | | |

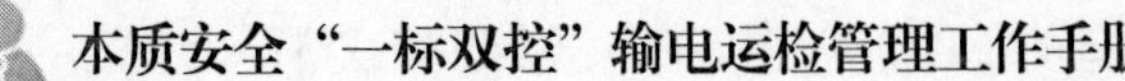


续表

| 步骤编号 | 流程步骤 | 责任岗位 | 步骤说明 | 工作要求 | 备注 |
|---|---|---|---|---|---|
| 4 | 编制实施计划 | 技术员 | 技术员根据工作组成员排查的线路运行情况，编制标准化线路建设实施计划 | | |
| 5 | 计划上报 | 技术员 | 技术员将编制完成的标准化线路建设三年规划表及实施计划报送至班长和输电运检技术 | | |
| 6 | 审核上报 | 输电运检技术 | 输电运检技术对标准化线路建设三年规划表及实施计划审核后上报本地市公司运检部 | | |
| 7 | 工作安排 | 班长 | 班长根据线路排查情况安排工作组成员对本年度预申报线路进行治理及照片拍摄工作 | | |
| 8 | 线路治理 | 工作组负责人 | 工作组负责人带领工作组成员对线路存在问题进行治理 | | |
| 9 | 照片拍摄 | 工作组负责人 | 问题治理合格后，工作组负责人组织工作组成员进行标准化线路照片拍摄 | 每基杆塔照片不应少于6张，包括杆塔全景1张、杆塔号牌及警示牌1张、杆塔基础1张、绝缘子及金具1张、线路大小号通道2张 | |
| 10 | 照片系统上传 | 工作组成员 | 工作组成员将拍摄完成的标准化线路照片按照要求命名、调整大小并上传PMS系统，照片上传完毕后告知技术员 | 照片规格要求：长边不小于1600像素、短边不小于1200像素，格式采用JPG、BMP、TIF、PSD，容量宜在1M～5M之间，但总容量应符合PMS系统要求，一般不大于20M | |
| 11 | 申报表编制 | 技术员 | 技术员接到通知后，将符合必备条件的线路相关信息填入标准化线路申报表内报送至输电运检技术审核 | | |
| 12 | 申报表审核上报 | 输电运检技术 | 输电运检技术对标准化线路申报表审核合格后上报本地市公司运检部 | | |
| 13 | 线路验收 | 班长 | 班长配合标准化线路验收组进行现场验收 | 验收合格，两年后进行复验；验收不合格，工作组负责人带领工作组成员对申报标准化线路重新进行治理，治理完成后申报下年度标准化线路 | |
| 14 | 工作结束 | | | | |

# 14　检修作业工作分册（MDYJ-SD-SDYJ-GZGF-014）

## 14.1　业务概述

检修作业是按照电力企业安全生产的客观规律与要求，以现场安全生产、技术和质量活动的全过程管控为主要内容，制定和贯彻标准作业程序与标准工艺的一种全员参与的有组织活动。它是一种科学的现场作业管理方式，是规范现场作业人员行为、保证作业质量、确保安全生产的有效手段。

## 14.2　相关条文说明

**14.2.1**　检修实施前根据检修内容进行现场勘察，现场勘察应查看检修作业现场的设备状况、需要停电的范围、保留的带电部位、作业环境、危险点、危险源及交叉跨越情况等，并做好现场勘察记录。

**14.2.2**　检修作业实施前编制符合现场实际、可操作的标准化作业文本。对危险、复杂和难度较大的检修作业项目，应编制检修方案，经运检部审核后实施。

**14.2.3**　应配备符合相应电压等级、机械荷载、试验合格、数量足够的设备材料、安全工器具和检修机具。

**14.2.4**　在检修作业前应做好技术交底，工作负责人应确认作业人员身体状况和精神状态良好，保证作业人员知晓危险点和安全技术措施，确保检修项目顺利开展。

**14.2.5**　检修作业项目的工艺、质量和周期标准应按照线路相关检修技术标准执行。

**14.2.6**　在组织现场检修作业时，工作负责人应合理分配任务，履行工作票手续，落实安全措施。作业人员应严格执行现场标准化作业，确保现场安全和检修工艺质量。

**14.2.7**　结合检修作业难易程度，到岗到位人员，按《生产现场领导及管理人员到岗到位标准》，进入作业现场，加强检修作业现场安全和质量监督。

**14.2.8**　在停电线路上检修前，作业人员必须挂好个人保安线（即携带式单相接地线）后，才能进入导线工作。

**14.2.9**　检修作业完成后应进行验收，合格后方可恢复运行。

**14.2.10**　输电运检班应做好相关检修记录，及时录入生产管理信息系统（PMS）。

**14.2.11**　检修工作结束后，输电运检班应认真做好检修总结，分析检修中存在的问题，并持续改进。

**14.2.12**　班长一般工作任务。

**14.2.12.1**　由班长指定停电检修工作负责人（小组负责人）和工作班成员。

**14.2.12.2** 提醒工作负责人进行现场勘察，并填写现场勘察记录。

**14.2.12.3** 审核 PMS2.0 系统缺陷管理中录入的缺陷，并推送至任务池。

**14.2.12.4** 提醒工作负责人（小组负责人）再次确认工器具、材料准备是否充足。

**14.2.12.5** 提醒工作负责人（小组负责人）在检修作业前一天召开班前会，学习标准化作业卡。

**14.2.12.6** 监督、提醒工作负责人（小组负责人）按时将纸质工作票（电力线路工作任务单）整理齐全，并加盖已执行章。

**14.2.13** 技术员一般工作任务。

将纸质版工作票存档。

**14.2.14** 工作负责人一般工作任务。

**14.2.14.1** 根据需停电线路缺陷，组织人员进行现场勘察，并填写现场勘察记录。

**14.2.14.2** 组织工作班成员召开班前会，学习标准化作业卡，交待工作任务、危险点及安全注意事项，确认每名工作班成员知晓并签名。

**14.2.14.3** 进入现场后，召开开工会，宣读工作票，交待工作任务、安全注意事项和危险点，并提问，确认工作班成员在工作票上签名。

**14.2.14.4** 接到停（送）电联系人许可开工命令后，履行复诵制度，在纸制版工作票上填写许可信息，并与到岗到位人员在工作票上填写到岗到位信息。

**14.2.14.5** 下达验电、接地命令，待工作接地线全部装设完成后，宣布开始作业命令。

**14.2.14.6** 电话通知小组负责人工作许可命令，工作负责人在电力线路工作任务单上填写许可信息。

**14.2.14.7** 现场工作任务完成一项，应在纸质标准化作业文本对应的工作完成情况项确认打“√”。

**14.2.14.8** 确认作业杆塔上无本班组作业人员，工作接地线已全部拆除，检修线路无遗留物后，向停送电联系人汇报终结手续，履行复诵制度，并在工作票上填写终结信息。

**14.2.14.9** 召开班后会，工作负责人对本次工作任务完成情况进行点评。

**14.2.14.10** 将加盖已执行章纸制版工作票、电力线路工作任务单和标准化作业文本整理后，转交技术员存档。

**14.2.15** 小组负责人一般工作任务。

**14.2.15.1** 组织工作班成员召开班前会，学习标准化作业卡，交待工作任务、危险点及安全注意事项，确认每名工作班成员知晓并签名。

**14.2.15.2** 进入工作现场小组负责人向工作班成员交待工作任务、安全注意事项和危险点，在电力线路工作任务单上确认工作班成员签名。

**14.2.15.3** 小组负责人接到工作负责人许可工作命令后，履行复诵制度，在电力线路工作任务单上填写许可信息。

**14.2.15.4** 确认作业杆塔上无本小组作业人员，清理工作现场，清点工具、材料后，向工作负责人汇报工作结束时间，并填写工作终结信息。

**14.2.16** 工作班成员一般工作任务。

**14.2.16.1** 配合工作负责人准备工器具、材料及核对数量。

**14.2.16.2** 在班前会学习标准化作业卡并确认签名。

**14.2.16.3** 在开工会上明确工作负责人（小组负责人）宣读工作票，交待工作任务、安全注意事项和危险点，在工作票（电力线路工作任务单）上确认签名。

**14.2.16.4** 工作班成员协助工作负责（小组负责人）清理工作现场，清点工器具及材料。

## 14.3 流程图（见表 14-1）

**表 14-1** 流 程 图

| 检修作业工作流程图 | | | | | | |
|---|---|---|---|---|---|---|
| | 到岗到位管理人员 | 班长 | 技术员 | 工作负责人 | 小组负责人 | 工作班成员（小组） |
| 1 | | 提醒工作负责人进行现场勘察 | | 现场勘察 | | |
| 2 | | 监督工器具、材料准备工作 | | 准备工器具、材料等 | 准备工器具、材料等 | 协助准备 |
| 3 | | 提醒工作负责人（小组负责人）召开班前会 | | 组织召开班前会，学习标准化作业指导卡 | 学习标准化作业指导卡 | 标准化作业卡签名 |
| 4 | | | | 进入工作现场召开开工会 | 开工会结束后，在工作票上签名 | |
| 5 | 停、送电联系人<br>到岗到位管理人员 | | | 填写许可工作信息，与到岗到位人员填写到岗到位信息 | 根据工作任务进入工作现场 | 在电力线路工作任务单上签名 |
| 6 | | | | 宣布开始作业命令 | 在电力线路工作任务单上填写许可工作信息 | |
| 7 | | | | 在准化作业文本完成情况项打“✓” | 在准化作业文本完成情况项打“✓” | |
| 8 | 停、送电联系人 | | | 办理终结手续 | 汇报工作结束时间 | 协助工作负责人（小组负责人）清理现场，清点工器具及材料 |
| 9 | | | | 召开班后会 | | |
| 10 | | 监督、提醒工作负责人整理纸质工作票 | | 整理纸质版工作票，并盖已执行章 | | |
| 11 | | | 存档 | | | |

## 14.4 检修作业工作流程步骤（见表 14-2）

表 14-2　　检修作业工作流程步骤

| 步骤编号 | 流程步骤 | 责任岗位 | 步骤说明 | 工作要求 | 备注 |
|---|---|---|---|---|---|
| 1 | 准备工器具、材料 | 工作负责人 | | 根据工作任务，组织工作班成员准备工器具、材料，并认真核对，不得漏项 | |
| 2 | 学习标准化作业卡 | 工作负责人 | | 工作负责组织工作班成员对标准化作业文本学习，确认工作班成员都已知晓后，在标准化作业卡上签名 | |
| 3 | 进入工作现场召开开工会 | 工作负责人 | | 1. 进入工作现场应再次核对待检修线路的双重名称及色标。<br>2. 在工作现场召开开工会，宣读工作票，交待工作任务、安全注意事项和危险点，并提问，在工作票上确认工作班成员签名。<br>3. 开工会留有影像资料和录音 | |
| 4 | 填写许可工作信息 | 工作负责人 | 1. 在工作票上填写许可工作信息。<br>2. 到岗到位人员在工作票上填写到岗到位信息。<br>3. 将小组派往工作地点待命 | 1. 未接到停送电联系人许可工作命令，不得进行作业。<br>2. 认真履行唱票复诵制度。<br>3. 未得到到岗到位管理人员签字，不得进行工作。<br>4. 开工会结束后，将小组派往工作地点 | |
| 5 | 小组进入工作现场 | 小组负责人 | | 小组负责人向工作班成员交待工作任务、安全注意事项和危险点，确认工作班成员在电力线路工作任务单上签名 | |
| 6 | 许可小组工作命令 | 工作负责人 | 在工作接地线全部装设完成后，向小组下达工作许可命令。 | 1. 小组负责人接到工作许可命令后，工作负责人和小组负责人分别在电力线路工作任务单上填写许可信息。<br>2. 作业人员登杆塔前应再次核对线路的双重名称，确认无误后方可登塔 | |
| 7 | 在作业文本上确认工作完成 | 小组负责人 | | 小组负责人在每一项工作完成后，确认缺陷已处理完成在标准化作业文本中工作完成项中"√" | |
| 8 | 在作业文本上确认工作完成 | 工作负责人 | | 工作负责人在每一项工作完成后，确认缺陷已处理完成在标准化作业文本中工作完成项中"√" | |
| 9 | 汇报工作结束时间 | 小组负责人 | | 小组工作全部结束后，向工作负责人汇报工作结束时间，分别在电力线路工作任务单上填写终结信息 | |
| 10 | 办理终结手续 | 工作负责人 | | 1. 全部工作结束，确认检修杆塔上已无本班组作业人员和遗留物，与停送电联系人办理终结手续，并填写终结信息。<br>2. 认真履行唱票复诵制度 | |
| 11 | 清理工作现场 | 工作班成员 | | 协助小组负责人清理现场，清点工器具及材料 | |
| 12 | 召开班后会 | 工作负责人 | | 工作负责人对本次工作任务完成情况进行点评 | |
| 13 | 整理纸质版工作票 | 工作负责人 | | 1. 整理工作票，应包括：现场勘察、班前会、工作票、标准化作业文本、班后会。<br>2. 在工作票、电力线路工作任务单盖已执行章 | |
| 14 | 存档 | 技术员 | | 次月 3 日前应对本月工作票作业卡进行月统计，并提交安全、检修专工审核签字 | |

# 15　三跨管理工作分册（MDYJ-SD-SDYJ-GZGF-015）

## 15.1　业务概述

“三跨”是指跨越高速铁路、高速公路和重要输电通道的架空输电线路区段。为防止“三跨”发生倒塔、断线、掉串等事故，防止发生因“三跨”导致较大的公共安全和电网安全事件，班组应按照三跨管理相关要求开展巡视和隐患排查，收集数据信息，及时掌握“三跨”地段运行变化情况，有针对的采取防范措施，确保线路安全稳定运行。

## 15.2　相关条文说明

### 15.2.1　防止倒塔事故

**15.2.1.1**　线路路径选择时，宜减少“三跨”数量，且不宜连续跨越；跨越重要输电通道时，不宜在一档中跨越 3 条及以上输电线路，且不宜在杆塔顶部跨越。

**15.2.1.2**　“三跨”应采用独立耐张段，杆塔均采用全塔防松、防盗。独立耐张段一般采用“耐-直-直-耐”“耐-直-耐”“耐-直-直-直-耐”或“耐-耐”方式。

**15.2.1.3**　“三跨”设计时应充分考虑沿线已有线路的运行经验，杆塔结构重要性系数应不低于 1.1，当跨越重要输电通道时，跨越线路设计标准应不低于被跨越线路。

**15.2.1.4**　“三跨”应尽量避免出现大档距和大高差的情况，跨越塔两侧档距之比不宜超过 2:1。

**15.2.1.5**　新建“三跨”与铁路交叉角不应小于 45°，且不宜在铁路车站出站信号机以内跨越；与高速公路交叉角一般不应小于 45°；与重要输电通道交叉角不宜小于 30°。线路改造，路径受限时，可按原路径设计。

**15.2.1.6**　对覆冰区“三跨”，导线最大设计验算覆冰厚度应比同区域常规线路增加 10 毫米，地线设计验算覆冰厚度增加 15 毫米；对历史上曾出现过超设计覆冰的地区，还应按稀有覆冰条件进行验算。

**15.2.1.7**　“三跨”交叉档距大于 200m 时，导线弧垂应按照导线允许温度进行计算（一般取+70℃、+80℃）。

### 15.2.2　防止断线事故

**15.2.2.1**　“三跨”导线、地线应选择技术成熟、运行经验丰富的产品，不应采用 ADSS（绝缘）光缆。

**15.2.2.2**　“三跨”地线宜采用铝包钢绞线，光缆宜选用全铝包钢结构的 OPGW 光缆，“三跨"耐张段 OPGW 光缆单独设计，耐张段两端设置接线盒。耐张段内导、地线不允许有接头。

**15.2.2.3** "三跨"每年至少开展一次导、地线外观检查和弧垂测量，在高温高负荷前及风振发生后应开展耐张线夹红外测温工作。

## 15.2.3 防止绝缘子和金具断裂事故

**15.2.3.1** 500kV 及以下线路的悬垂绝缘子串应采用独立双串设计，耐张绝缘子应采用双联及以上结构形式，单串强度应满足受力要求。

**15.2.3.2** 风振严重区域的导地线线夹、防振锤和间隔棒应选用加强型金具、耐磨型金具或预绞式金具。

**15.2.3.3** 新建及改建的"三跨"金具压接质量应按照施工验收规定逐一检查，对可疑压接点进行 X 光透视检查，检查结果（探伤报告、X 光片等）作为竣工资料移交运检单位；对在运线路"三跨"的可疑压接点也应开展金属探伤检查，检查结果应存档备查。

**15.2.3.4** 冰害严重地区，悬垂串应避免使用上扛式线夹。冰害易造成多处悬垂联板上扛式线夹损坏问题，悬垂联板上扛式线夹在冰风过载荷作用下易发生破坏，根据"三跨"区段线路对安全性的更高要求，悬垂联板尽量避免使用上扛式线夹。

**15.2.3.5** D 级及以上污区不宜采用深棱形悬式绝缘子以及钟罩型绝缘子。

## 15.2.4 防覆冰舞动事故

**15.2.4.1** "三跨"跨越点宜避开重冰区、2 级及 3 级舞动区，无法避开时以冰区分布图和舞动区域分布图为依据，结合附近覆冰、舞动发展情况，提高一个设防等级考虑。

**15.2.4.2** 应避免在"三跨"跨越档安装相间间隔棒、动力减振器等防舞装置。相间间隔棒和动力减振器长期运行，容易连接金具损坏脱落或对导线造成损伤，对线路运行带来安全隐患，鉴于"三跨"区段线路的重要性要求，跨越档尽量避免安装相间间隔棒、动力减振器等可能脱离或对导地线造成损伤的装置。

## 15.2.5 防止外力破坏事故

**15.2.5.1** "三跨"施工应编制专项施工方案，并经过评审方可实施；跨越在运线路施工时应加强现场安全管控，蹲点监护。

**15.2.5.2** 跨越段存在外破隐患时，应采取人防、物防、技防等多种防护措施。

## 15.2.6 "三跨"排查及治理

**15.2.6.1** "三跨"状态巡视基本周期

（1）"三跨"巡视采用状态巡视方式，状态巡视周期不超过一个月。退运线路"三跨"应视为在运线路开展工作。

（2）输电运检班对"三跨"区段应按期开展带电登杆（塔）检查，检查周期应不超过 3 个月。

（3）重冰区、易舞区在覆冰期间巡视周期一般为 2～3 天。

（4）地质灾害区在雨季、洪涝多发期，巡视周期一般为 7 天。

（5）风害区、微风振动区在相应季节巡视周期一般为 15 天。

（6）对"三跨"通道内固定施工作业点，应安排人员现场值守或进行远程视频监视。

（7）重大保电、电网特殊方式等特殊时段，应制定专项运维保电方案，依据方案开展

线路巡视。

**15.2.6.2** 排查要求

（1）“三跨”导线耐张线夹宜加装备份线夹；“三跨”地线应采用双挂点。

（2）220kV“三跨”区段双分裂导线应加装子导线间隔棒。

（3）“三跨”区段绝缘子“单串改双串”应采用双挂点。

（4）“三跨”两侧杆塔按全塔防盗设计。

（5）对未采取全塔防盗设计的杆塔开展螺栓紧固扭矩检查。

## 15.2.7 检测要求

**15.2.7.1** 运维单位应制定“三跨”区段检测计划，红外测温周期应不超过 3 个月。当环境温度达到 35℃或输送功率超过额定功率 80%时，对测试不合格的数据进行分析，根据分析结果采取相应措施。

**15.2.7.2** 新建及改建的“三跨”区段金具安装质量应按照 GB 50233《110kV～750kV 架空输电线路施工验收规范》逐一检查，对耐张线夹进行 X 光透视等无损探伤检查；在运线路的“三跨”区段耐张线夹，应结合停电检修开展金属探伤检查，检查结果存档备查。

**15.2.7.3** 跨越高铁档应安装图像或视频在线监测装置，跨越高速公路档视被跨越物重要程度安装。

## 15.2.8 缺陷治理

**15.2.8.1** “三跨”一般缺陷消除时间原则上不超过 1 周，最多不超过 1 个月。

**15.2.8.2** “三跨”严重、危急缺陷消除时间不应超过 24 小时，期间应派人现场蹲守，直至缺陷消除。

**15.2.8.3** 按照以下原则开展“三跨”治理：

（1）耐张线夹 X 光检测发现安全隐患的应优先治理。

（2）“三跨”非独立耐张段应优先治理。

（3）依据被跨越物重要程度，应按照跨高铁、跨高速、跨重要输电通道顺序安排治理。

（4）跨高铁、高速公路的线路，依据不同电压等级输电线路可靠性程度，应按照 110（66）kV、220kV、500kV 及以上线路顺序安排治理，直流接地极线路治理原则参照 110kV 线路执行。

（5）特高压线路跨越特高压线路应优先安排治理。

（6）同等条件下，状态评价结果较差的线路应优先安排治理。

## 15.2.9 班长一般工作要求

**15.2.9.1** 按照输电运检技术下发的“三跨”文件要求制定本班组防冰害排查计划，确定排查时间和工作组负责人及工作组成员。

**15.2.9.2** 完成 PMS 系统审核流程和作业文本评估。

**15.2.9.3** 对隐患排查结果和测试数据进行总结分析，采取相应措施。

## 15.2.10 技术员一般工作要求

**15.2.10.1** 更新“三跨”区段台账。

**15.2.10.2** 保存原始资料（相关测试记录表单）。

## 15.2.11 工作组负责人一般工作要求

**15.2.11.1** 工作组负责人在 PMS 系统中新建巡视计划及检测计划，编制巡视作业文本及检测作业文本，在 PMS 系统中推送至班长审核。

**15.2.11.2** 组织开展隐患排查及测量工作。

## 15.2.12 工作组成员一般工作要求

**15.2.12.1** 开展隐患排查和交叉跨越测量、导、地线外观检查及红外测温等工作，做好记录和影像资料留存。

**15.2.12.2** 工作结束后整理相关数据并录入 PMS 系统，将原始资料交与技术员处留存。

# 15.3 流程图（见表 15-1）

**表 15-1** 流 程 图

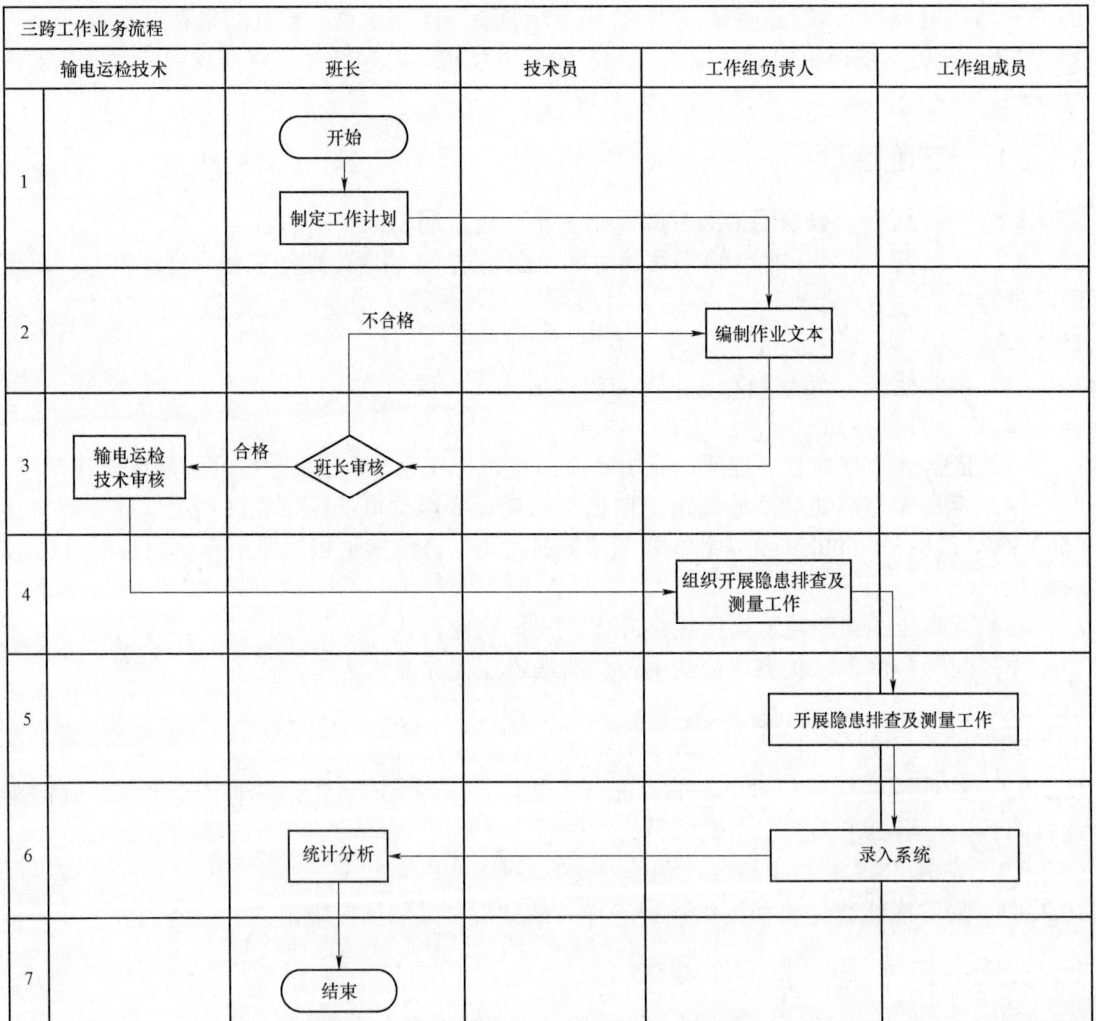

| 三跨工作业务流程 | | | | | |
|---|---|---|---|---|---|
| | 输电运检技术 | 班长 | 技术员 | 工作组负责人 | 工作组成员 |
| 1 | | 开始<br>制定工作计划 | | | |
| 2 | | 不合格 | | 编制作业文本 | |
| 3 | 输电运检技术审核 | 合格<br>班长审核 | | | |
| 4 | | | | 组织开展隐患排查及测量工作 | |
| 5 | | | | | 开展隐患排查及测量工作 |
| 6 | | 统计分析 | | | 录入系统 |
| 7 | | 结束 | | | |

## 15.4 流程步骤（见表 15-2）

表 15-2 流 程 步 骤

| 步骤编号 | 流程步骤 | 责任岗位 | 步骤说明 | 工作要求 | 备注 |
|---|---|---|---|---|---|
| 1 | 制定工作计划 | 班长 | 按照输电运检技术下发的“三跨”文件要求制定本班组“三跨”隐患排查和检测计划，确定排查时间和工作组负责人及工作组成员 | | |
| 2 | 编制作业文本 | 工作组负责人 | 工作组负责人在 PMS 系统中新建巡视计划及检测计划，编制巡视作业文本及检测作业文本，在 PMS 系统中推送至班长审核 | | |
| 3 | 班长审核 | 班长 | 在 PMS 系统中审核工作组负责人编制的巡视作业文本，审核合格后推送至输电运检技术审核合格后执行 | 作业文本不合格退回至工作组负责人 | |
| 4 | 组织开展隐患排查及测量工作 | 工作组负责人 | 根据工作计划组织开展“三跨”隐患排查工作及交叉跨越测量、导、地线外观检查及红外测温等工作 | 组织学习作业指导卡内容，了解仪器仪表使用方法 | |
| 5 | 开展隐患排查及测量工作 | 工作组成员 | 开展隐患排查工作及交叉跨越测量、导、地线外观检查及红外测温等工作，做好记录和影像资料 | 正确使用仪器仪表及劳动防护用品 | |
| 6 | 录入系统 | 工作组成员 | 排查工作结束后，工作组成员配合工作组负责人将 PMS 系统中作业文本内容进行回填后执行，作业文本执行后生成巡视记录和检测记录，登记巡视记录和检测记录，检查巡视记录合格后进行归档，并将原始资料交与技术员处留存 | | |
| 7 | 总结分析 | 班长 | 评估作业文本，对隐患排查结果和测试数据进行总结分析，采取相应措施 | | |
| 8 | 工作结束 | | | | |

## 附件：国网蒙东电力架空输电线路“三跨”台账（见附表 15-1）

附表 15-1 国网蒙东电力架空输电线路“三跨”台账

| 序号 | 线路名称 | 电压等级（kV） | 跨越档小号侧杆塔 | | | 跨越档大号侧杆塔 | | | 被跨越物 | 通道图片 | 运维单位（被跨越物） |
|---|---|---|---|---|---|---|---|---|---|---|---|
| | | | 杆塔号 | 经度 | 纬度 | 杆塔号 | 经度 | 纬度 | | | |
| | | | | | | | | | | | |
| | | | | | | | | | | | |
| | | | | | | | | | | | |
| | | | | | | | | | | | |
| | | | | | | | | | | | |
| | | | | | | | | | | | |
| | | | | | | | | | | | |
| | | | | | | | | | | | |
| | | | | | | | | | | | |

# 16 防汛工作分册（MDYJ-SD-SDYJ-GZGF-016）

## 16.1 业务概述

防汛工作是国家电网公司安全生产的重要环节，防汛工作的基本任务是负责所辖发供电设施和在建工程的安全度汛。确保在发生设计标准内暴雨、洪水时，35kV 及以上的电力设施防汛安全，不发生因洪灾造成的重大电网和大面积停电事故，不发生因人员责任引起的防汛重点设施（单位）停电事故。同时保障抗洪抢险的电力供应。防汛重点是滑坡地质灾害区、暴雨山洪区、低洼内渍区、沿河跨河区的 35kV 及以上及线路杆塔。

## 16.2 相关条文说明

### 16.2.1 防汛例行工作

**16.2.1.1** 每年汛期前开展防汛自查，确认防汛区段责任人、开展防汛隐患排查工作。

**16.2.1.2** 根据防汛自查结果，更新防汛区段、设备设施档案。

**16.2.1.3** 在汛期到来之前，督促完成防汛工程，并组织验收。

**16.2.1.4** 每年主汛期前清点、检查防汛物资储备情况，并提出需求计划。

**16.2.1.5** 根据上级单位要求上报汛期防汛报告。

### 16.2.2 输电线路防汛要点

**16.2.2.1** 各班组要根据设计标准及去冬、今春以来经历的特殊气象情况，全面检查所辖线路的杆塔基础、拉线，重点地段的防洪堤坝、护坡的牢固完好情况，重点检查运行年限较久且位于防洪区内线路杆塔的基础防护情况，注意临近沟壑的发展趋势，发现危险隐患提早采取应对措施，坚决杜绝倒杆倒塔现象发生。

**16.2.2.2** 加强网内线路基位位于河床、沼泽地带线路杆塔基础防护检查，确保重点地段和薄弱环节输电线路汛期内安全稳定运行。

**16.2.2.3** 针对季节性事故特点，输电专业要围绕防汛工作开展反事故演习、演练，加强安全培训，开展事故预想并编制相应的现场处置方案。

**16.2.2.4** 在主汛期到来之前，督促完成输电线路的防洪工程施工，并组织验收。

**16.2.2.5** 防汛期间相关人员 24h 待命。

### 16.2.3 班长一般工作要求

**16.2.3.1** 组织执行上级下发各项防汛工作部署和要求。

**16.2.3.2** 督促完成输电线路的防洪工程施工，并组织验收。
**16.2.3.3** 制定防汛隐患排查计划，组织班组人员排查防汛隐患。
**16.2.3.4** 编制汛期防汛值班表，落实值班和应急汇报制度。
**16.2.3.5** 组织参加防汛应急演练及抢修。

### 16.2.4 技术员一般工作要求

**16.2.4.1** 及时做好雨情、汛情、险情和灾情等信息统计工作，及时报送相关信息并编写防汛自查报告。
**16.2.4.2** 制定防汛现场处置方案。
**16.2.4.3** 提报防汛物资需求。

### 16.2.5 工作组负责人一般工作要求

组织工作组内汛期内日常巡视、特巡。

### 16.2.6 工作组成员一般工作要求

**16.2.6.1** 实施防汛设施日常运维工作。
**16.2.6.2** 更新防汛区段及设备、设施档案。
**16.2.6.3** 排查记录防汛隐患，并上传 PMS 系统。
**16.2.6.4** 实施汛情处置和抗洪抢险工作。
**16.2.6.5** 实施汛期内值班工作。

## 16.3 流程图（见表 16-1）

**表 16-1** 流 程 图

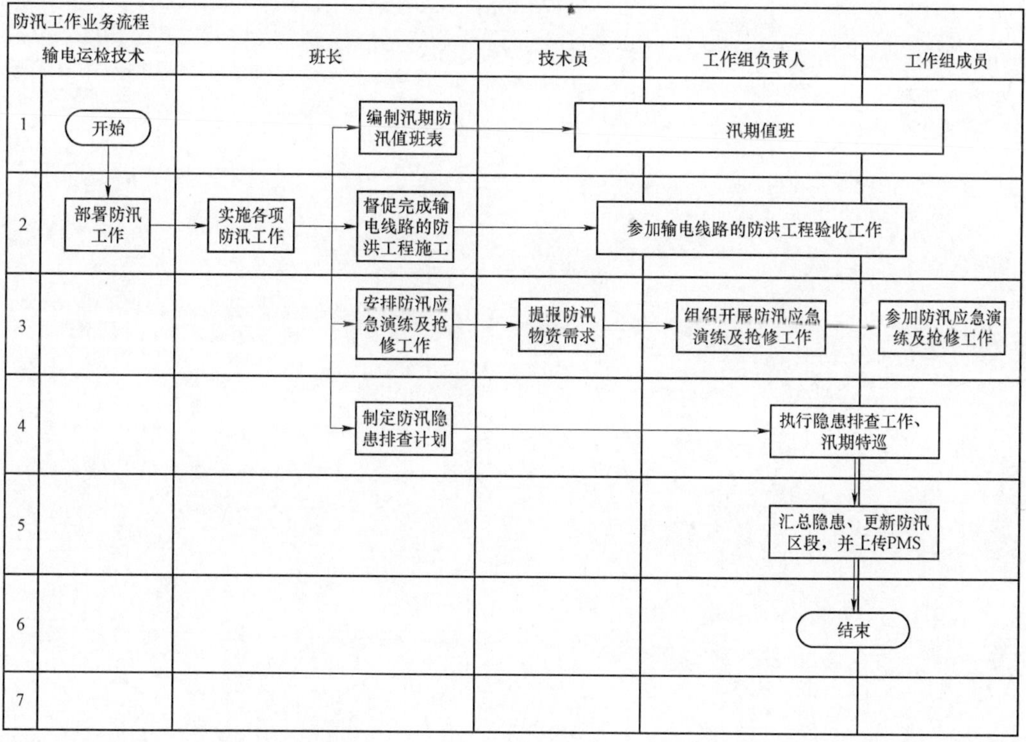

## 16.4 流程步骤（见表 16-2）

表 16-2 流 程 步 骤

| 步骤编号 | 流程步骤 | 责任岗位 | 步骤说明 | 工作要求 | 备注 |
|---|---|---|---|---|---|
| 1 | 部署防汛工作 | 输电运检技术 | | | |
| 2 | 实施各项防汛工作 | 班长 | 1. 编制汛期防汛值班表。<br>2. 督促完成输电线路的防洪工程施工。<br>3. 安排防汛应急演练及抢修工作 | | |
| 3 | 防汛排查、特巡 | 工作组负责人 | 执行隐患排查工作、汛期特巡 | | |
| 4 | 防汛设施、隐患上传 PMS | 工作组负责人、工作组成员 | 工作组成员对排查出的隐患情况梳理、汇总，更新防汛区段，并上传 PMS 系统 | | |

# 17 迎峰度夏（冬）工作分册（MDYJ-SD-SDYJ-GZGF-017）

## 17.1 业务概述

**17.1.1** 迎峰度夏（冬）是指夏（冬）季电力负荷达到高峰前，电力系统为确保电网安全稳定运行，确保电力可靠有序供应，而采取一系列措施迎接电力负荷高峰的工作。

**17.1.2** 迎峰度夏（冬）主要工作任务：

（1）迎峰度夏（冬）准备阶段：方案、自查、整改完善。

（2）迎峰度夏（冬）期间：巡视检测、缺陷及隐患处理。

（3）迎峰度夏（冬）结束：总结上报。

## 17.2 相关条文说明

**17.2.1** 迎峰度夏（冬）工作开展时段：夏季6月至9月，冬季11月至3月，具体时间节点以方案为准。特殊气候地区可根据季节性变化调整工作时间。

**17.2.2** 工作流程主要包括前期自查准备、整改完善，中后期巡视检测、缺陷及隐患处理、总结上报五个阶段。

**17.2.2.1** 自查准备：根据本单位迎峰度夏（冬）工作方案，编制本班组迎峰度夏（冬）工作计划，班组人员按计划执行工作。对本班组所辖设备、工作场所、工器具及和交通工具等进行全面排查。

**17.2.2.2** 整改完善：配合本单位开展应急演练和事故预想，做好应急抢险工作准备。对自查准备阶段发现的问题（缺陷）按照轻重缓急进行整改消除，明确具体应对措施。

**17.2.2.3** 巡视检查：在迎峰度夏（冬）期间，制定特殊巡视、检测（红外测温、交叉跨越测量、接地电阻测量等）和隐患排查工作计划，班组人员按计划执行。

在特殊时期应缩短巡视周期：

（1）树木速长区在夏季巡视周期一般为半个月。

（2）地质灾害区在雨季、洪涝多发期，巡视周期一般为半个月。

（3）山火高发区在山火高发时段巡视周期一般为半个月。

（4）鸟害多发区、多雷区、重污区、重冰区、易舞区等特殊区段在相应季节巡视周期一般为1个月。

（5）对线路通道内固定施工作业点，每月应至少巡视 2 次并视具体情况缩短巡视周期，必要时应安排人员现场值守。

（6）遇特殊情况可根据实际再次缩短巡视周期。

**17.2.2.4** 缺陷及隐患处理：根据班组人员上报的缺陷、隐患信息，制定合理的预控措施，及时消除危及线路安全运行的缺陷、隐患，建档并留有影像资料。

**17.2.2.5** 总结上报：在迎峰度夏（冬）工作结束后，编写迎峰度夏（冬）工作总结，并上报。

**17.2.3** 夏季工作重点。

**17.2.3.1** 工作原则：保障重点线路、重要用户可靠用电，确保迎峰度夏期间重要线网的安全稳定运行。

（1）重点线路：电铁线路、跨区域线路、单电源线路、重载线路等。

（2）重要用户线路：辖区内机场、车站等交通枢纽，商场、医院、大型活动场所等人员密集地方，铁路牵引站、煤矿、化工企业等重要用户。

**17.2.3.2** 当环境温度达到 35℃或输送功率超过额定功率 80%时，对线路重点区段和重要跨越地段应及时开展红外测温、弧垂测量和交叉跨越测量，检测数据异常则立即采取相应措施（量化标准见检测工作规范）。

**17.2.3.3** 做好山火、雷电及地质灾害监测和预警，做好杆塔基础浸水、滑坡等地灾隐患管控，及时掌握相关信息，落实防范措施。

**17.2.3.4** 加强重点线路和重要用户巡视工作，开展隐患排查工作。

**17.2.3.5** 增加大风区、雷暴多发区、鸟害多发区、地质不良区、易受外力破坏区及易发生问题的地段巡视力量，增加线路重点区段和重要跨越区段的特巡和测温次数。

**17.2.3.6** 依据上级防汛管理有关制度，认真组织开展防汛检查，重点检查本班组跨域河流地段、低洼地区、水库下游地区等防汛重点部位的输电线路，落实具体防汛措施。

**17.2.3.7** 根据上级保供电方案，开展保供电期间的线路特巡和隐患排查，并加强保供电期间在岗值班管理，严格执行劳动值班纪律，不得擅自离岗，若有特殊原因需要离岗，需履行请假手续后，安排能胜任该项工作的人员代替，否则将按脱岗处置。

**17.2.4** 冬季工作重点。

**17.2.4.1** 工作原则：保障重点线路、重要用户可靠用电及居民正常采暖，确保迎峰度冬期间重要线网的安全稳定运行。

（1）重点线路：热电厂线路、电铁线路、跨区域线路、单电源线路、重载线路等线路。

（2）重要用户线路：辖区内热电厂、机场、车站等交通枢纽，商场、医院、大型活动场所等人员密集地方，铁路牵引站、煤矿、化工企业等重要用户。

**17.2.4.2** 对维护区段内可能发生覆冰、舞动的输电线路应进行全面排查，重点检查杆塔螺栓松动、金具磨损、基础冻胀等情况，对线路覆冰、舞动重点区段的导地线线夹出口处、绝缘子锁紧销及相关金具进行排查和消缺。

**17.2.4.3** 对新建、改造输电线路弛度及交叉跨越距离进行抽查观测。检查变电站出线构架

至终端塔的导线弛度有无受力或变形，检查沼泽地和河网内杆塔基础受冻情况，发现问题及时处理。

**17.2.4.4**　加强电缆通道运维管理。全面开展环境排查，对于积水、积淤严重，照明、通风、防火、排水设施损坏，支架锈蚀严重，电缆布置混乱等情况，及时进行整治，落实各项人防、技防措施。

**17.2.5**　班长一般工作要求。

**17.2.5.1**　根据迎峰度夏（冬）工作方案拟定所辖输电线路迎峰度夏（冬）工作计划。

**17.2.5.2**　组织班组人员学习迎峰度夏（冬）计划并明确责任分工。

**17.2.5.3**　根据批准后的工作计划组织工作，合理安排工作负责人及作业人员。

**17.2.5.4**　组织对跨区、输送潮流较大等重要输电线路和重要用户线路进行缺陷、隐患排查和治理工作。

**17.2.5.5**　提报防汛物资需求。

**17.2.5.6**　根据部门保供电方案合理安排特巡、检测和值班并及时报送信息，在特殊时期、特殊地段必要时派专人24h看守。

**17.2.5.7**　组织开展线路护线宣传并发动护线员开展护线工作。

**17.2.5.8**　在迎峰度夏（冬）工作结束后，组织编写本班组工作总结，并上报输电运检技术。

**17.2.6**　技术员一般工作要求。

**17.2.6.1**　协助班长编制迎峰度夏（冬）工作计划。

**17.2.6.2**　协助班长编写本班组迎峰度夏（冬）工作总结。

**17.2.7**　工作组负责人一般工作要求。

**17.2.7.1**　根据批复后迎峰度夏（冬）工作计划编制工作方案。

**17.2.7.2**　根据工作计划正确开展工作，并严格执行标准化作业流程，落实相关规程、规定要求。

**17.2.8**　工作组成员一般工作要求。

**17.2.8.1**　了解迎峰度夏（冬）工作计划。

**17.2.8.2**　按照班组迎峰度夏（冬）计划开展工作，明确职责分工，工作中严格执行标准化作业流程。

**17.2.8.3**　使用各类工器具、仪器仪表时严格按照说明书进行操作。

**17.2.8.4**　对工作中发现的缺陷、隐患信息应详实记录，收集清晰的影像资料，及时录入PMS系统。

## 17.3 流程图（见表 17-1）

表 17-1 流 程 图

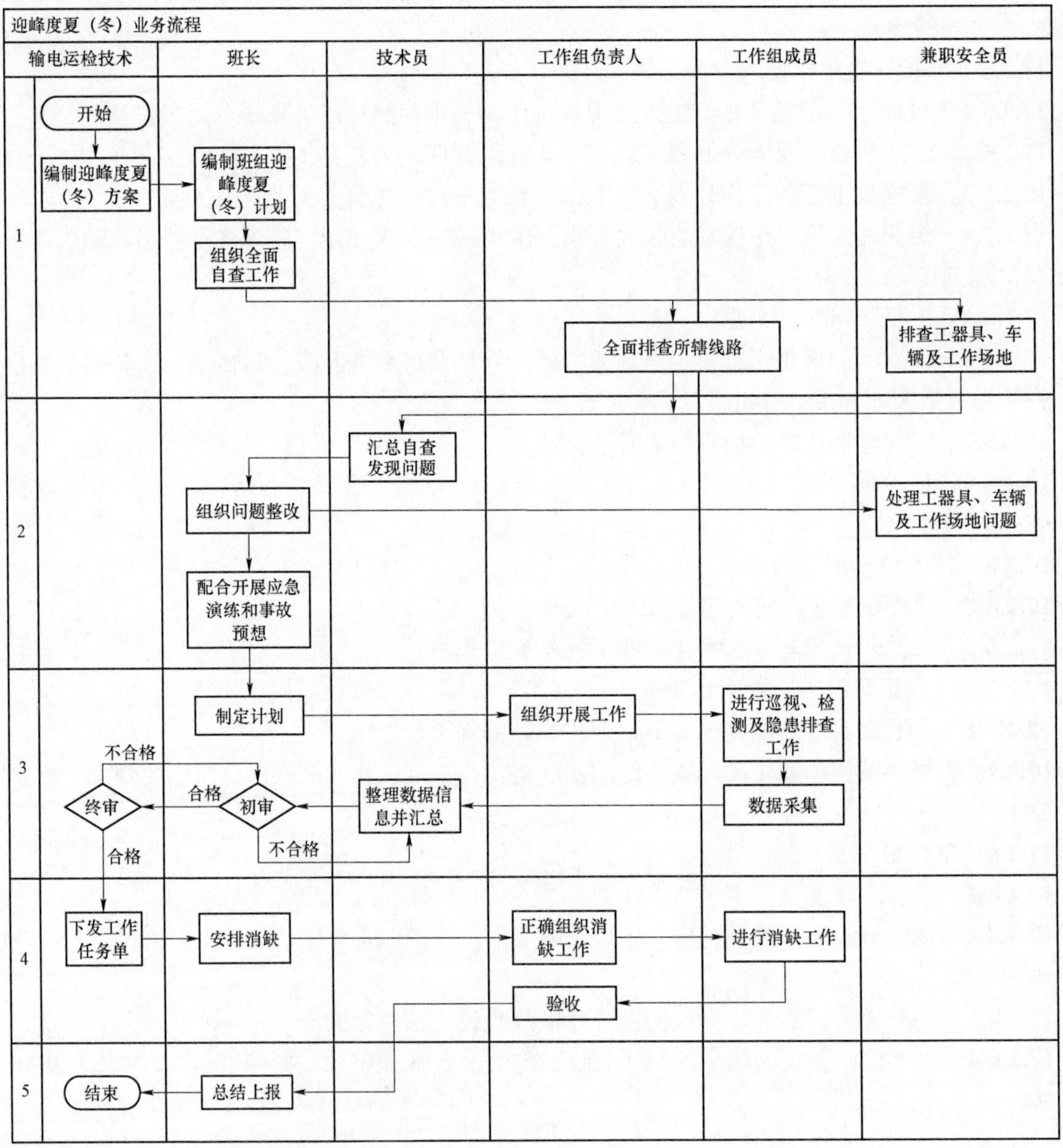

| 迎峰度夏（冬）业务流程 | | | | | | |
|---|---|---|---|---|---|---|
| | 输电运检技术 | 班长 | 技术员 | 工作组负责人 | 工作组成员 | 兼职安全员 |
| 1 | 开始<br>编制迎峰度夏（冬）方案 | 编制班组迎峰度夏（冬）计划<br>组织全面自查工作 | | 全面排查所辖线路 | | 排查工器具、车辆及工作场地 |
| 2 | | 组织问题整改<br>配合开展应急演练和事故预想 | 汇总自查发现问题 | | | 处理工器具、车辆及工作场地问题 |
| 3 | 终审<br>不合格<br>合格 | 制定计划<br>合格<br>初审<br>不合格 | 整理数据信息并汇总 | 组织开展工作 | 进行巡视、检测及隐患排查工作<br>数据采集 | |
| 4 | 下发工作任务单 | 安排消缺 | | 正确组织消缺工作<br>验收 | 进行消缺工作 | |
| 5 | 结束 | 总结上报 | | | | |

## 17.4 流程步骤（见表 17-2）

表 17-2 流 程 步 骤

| 步骤编号 | 流程步骤 | 责任岗位 | 步骤说明 | 工作要求 | 备注 |
|---|---|---|---|---|---|
| 1 | 编制迎峰度夏（冬）方案 | 输电运检技术 | 根据上级文件编制迎峰度夏（冬）方案 | 经审核后，下发至班组执行 | 自查准备阶段 |

续表

| 步骤编号 | 流程步骤 | 责任岗位 | 步骤说明 | 工作要求 | 备注 |
|---|---|---|---|---|---|
| 2 | 编制迎峰度夏（冬）计划 | 班长 | 根据部门迎峰度夏（冬）方案编制班组计划 | 编制完成后，报公司运检部审核后执行 | |
| 3 | 组织全面自查工作 | 班长 | | 落实班组迎峰度夏（冬）计划，责任到人 | |
| 4 | 全员自查 | 工作组成员 | 对本班组所辖设备、工器具及和交通工具等进行全面排查 | 1. 工作组负责人开展本班组设备排查。<br>2. 兼职安全员组织对工器具、车辆安全排查及工作场所消防设施隐患排查工作 | 自查准备阶段 |
| 5 | 汇总自查发现问题 | 技术员 | | 汇总整理自查发现的问题，对问题提出整改建议。/上报班长 | |
| 6 | 组织问题整改 | 班长 | | | 整改完善阶段 |
| 7 | 整改完善 | 技术员 | 完善现场处置方案并组织学习 | 对自查准备阶段发现的问题（缺陷）按照轻重缓急进行整改消除，明确具体应对措施 | |
| | | 兼职安全员 | 处理工器具、车辆、办公地点整改发现的安全问题 | | |
| | | 工作组负责人 | 对设备发现问题进行消缺和治理 | | |
| | | 工作组成员 | | | |
| 8 | 组织工作 | 班长 | 组织安排巡视、检测工作 | | 巡视检测阶段 |
| 9 | 正确开展工作 | 工作组负责人 | 按照计划正确开展巡视、检测工作 | 1. 根据批复后迎峰度夏（冬）工作计划编制作业指导书、卡。<br>2. 开展巡视检测作业前，根据巡视区段地形特征、气象条件等因素合理分派工作任务，确保作业人员人身安全 | |
| 10 | 进行巡视、检测及隐患排查 | 工作组成员 | | 按照班组迎峰度夏（冬）计划开展工作，明确职责分工，工作中严格执行标准化作业流程 | |
| 11 | 数据采集 | 工作组成员 | 记录数据及发现的隐患缺陷并录入PMS系统 | 对工作中发现的缺陷、隐患信息应详实记录，收集清晰的影像资料，对隐患缺陷提出整改建议 | |
| 12 | 整理数据信息并汇总 | 技术员 | 汇总整理自查发现的隐患、缺陷及整改建议，并根据工作组成员提出的整改建议提出整改意见。并整理纸质资料上报班长 | | |
| 13 | 初审 | 班长 | 初步审核，并提出整改计划 | 不合格数据返回技术员重新整理 | |
| 14 | 终审 | 输电运检技术 | 审核班组计划，制定公司整改计划，并经审批 | 不合格数据返回班长重新整理，下发公司整改计划 | |
| 15 | 下发工作任务单 | 输电运检技术 | 根据公司整改计划，下发工作任务单 | 监督班组执行工作任务单 | 缺陷及隐患处理阶段 |
| 16 | 安排消缺 | 班长 | 细化、落实公司下发的工作任务单 | 指定工作组负责人和工作班成员 | |
| 17 | 正确组织消缺工作 | 工作组负责人 | | 1. 根据消缺计划编制作业指导书、卡。<br>2. 合理分派工作任务，确保作业人员人身安全 | |
| 18 | 进行消缺工作 | 工作组成员 | | 严格遵守标准化作业流程，使用各类工器具、仪器仪表时严格按照说明书进行操作 | |
| 19 | 验收 | 工作组负责人 | | | |
| 20 | 总结上报 | 班长 | 在迎峰度夏（冬）工作结束后，编写迎峰度夏（冬）工作总结，并上报 | | 总结阶段 |

# 18 保供电管理工作分册（MDYJ-SD-SDYJ-GZGF-018）

## 18.1 业务概述

**18.1.1** 保供电是指针对重大活动、重要线路、季节性工作、上级部门要求的临时保供电、重要节假日而指定的保障供电任务。目的是为了电网设备安全稳定运行，确保对重要地区、场所持续可靠供电。

**18.1.2** 保供电主要工作任务为自查准备、整改完善、现场保电、缺陷及隐患处理、总结上报五个阶段。

## 18.2 相关条文说明

### 18.2.1 保供电工作阶段安排

主要包括自查准备、整改完善、现场保电、缺陷及隐患处理、总结上报五个阶段。

**18.2.1.1** 自查准备。

根据保供电工作级别，结合实际，开展本班组保供电工作，按照“边检查、边整改”的原则，对本班组所辖线路、工器具及车辆等进行全面排查。

**18.2.1.2** 整改完善。

完善现场处置方案，配合本单位开展应急演练和事故预想，做好应急抢险工作准备。对自查准备阶段发现的问题（缺陷）按照轻重缓急进行整改消除，明确具体应对措施。

**18.2.1.3** 现场保电。

开展本班组保供电值班和信息报送工作。加强设备运行维护，缩短巡视维护周期，增加输电线路特巡。必要时派专人 24h 值班。

**18.2.1.4** 缺陷及隐患处理。

根据班组人员上报的缺陷、隐患信息，制定合理的预控措施，及时消除危及线路安全运行的缺陷、隐患，建档并留有影像资料。

**18.2.1.5** 总结上报：在保供电结束后，编写保供电工作总结并上报。

### 18.2.2 工作内容

**18.2.2.1** 公司所辖电网设备属地举办的世界级、国家级、省（自治区）级、市（县）级重要政治、经济、文化活动等。

**18.2.2.2** 保供电重要节假日包括：元旦、春节、元宵节、清明节、劳动节、端午节、中秋

节、国庆节。

**18.2.2.3** 上级部门要求的临时保供电的任务包括：中考、高考、存在六级以上电网风险的检修作业等。

**18.2.2.4** 重要线路保供电包括：电铁线路、医院线路、跨区域线路、重要用户线路、单电源线路、不符合 N–1 运行方式等。

**18.2.2.5** 季节性工作保供电包括：防汛、迎峰度夏、迎峰度冬等。

### 18.2.3 工作要求

**18.2.3.1** 保供电工作可按照工作级别、现场工作实际、设备情况等对准备自查、问题整改、保供电实施阶段性工作。

**18.2.3.2** 加强保供电期间在岗值班管理，值班人员必须严格执行劳动值班纪律，不得擅自离岗，若有特殊原因需要离岗，需履行请假手续后，安排能胜任该项工作的人员顶岗，否则将按脱岗处置。每天保证有一名干部查岗，并将检查情况做好记录。

**18.2.3.3** 保供电期间严格执行保密工作规定，对于涉及重要活动的时间、场所、重要站点、线路、供电方式及客户等资料做好保密工作，对涉及保密的资料应设专人保管，并按要求做好存档和销毁工作。

### 18.2.4 时间安排

**18.2.4.1** 重大、特重大级别保供电工作原则上应提前 1 个月开始部署，自查准备、整改完善阶段时间安排分别不少于半个月；较大级别保供电工作原则上应提前半个月开始部署，自查准备、整改完善阶段时间安排分别不少于 1 周；一般级别保供电工作根据实际需要提前进行部署。

**18.2.4.2** 根据春季气候多变的特点和设备实际情况，结合春季设备大检查，及时发现和处理设备缺陷，确保在夏季大负荷到来之前全面消除设备缺陷。

### 18.2.5 班长一般工作要求

**18.2.5.1** 根据保供电方案编制班组保供电计划，确定保供电时间、范围及人员。

**18.2.5.2** 配合做好本单位所辖输电线路故障和突发事件的处置工作。对 PMS 系统中编制的作业文本进行审核后，推送至输电运检技术。

**18.2.5.3** 对 PMS 系统录入的相关检测数据进行检查，检查录入信息无误后导出上报输电运检技术留存。

**18.2.5.4** 开展线路护线宣传并发动护线员配合开展保供电线路护线工作。

**18.2.5.5** 编制保供电工作总结上报输电运检技术。

### 18.2.6 技术员一般工作要求

协助班长编制本班组保供电计划。

### 18.2.7 工作组负责人一般工作要求

**18.2.7.1** 保供电前在 PMS 系统中制定巡视及检测计划，编制相关作业文本在系统中推送班长审核。

**18.2.7.2** 带领工作组成员对保供电线路进行全面排查。

**18.2.7.3** 对发现的缺陷、隐患及各类检测数据进行记录、上报，留存影像资料并及时录入PMS系统。

### 18.2.8 工作组成员一般工作要求

**18.2.8.1** 进行线路特巡及检测工作，及时反馈输电线路运行情况。

**18.2.8.2** 对发现的缺陷、隐患及各类检测数据进行记录、上报，留存影像资料并及时录入PMS系统。

## 18.3 流程图（见表18-1）

**表18-1** 流 程 图

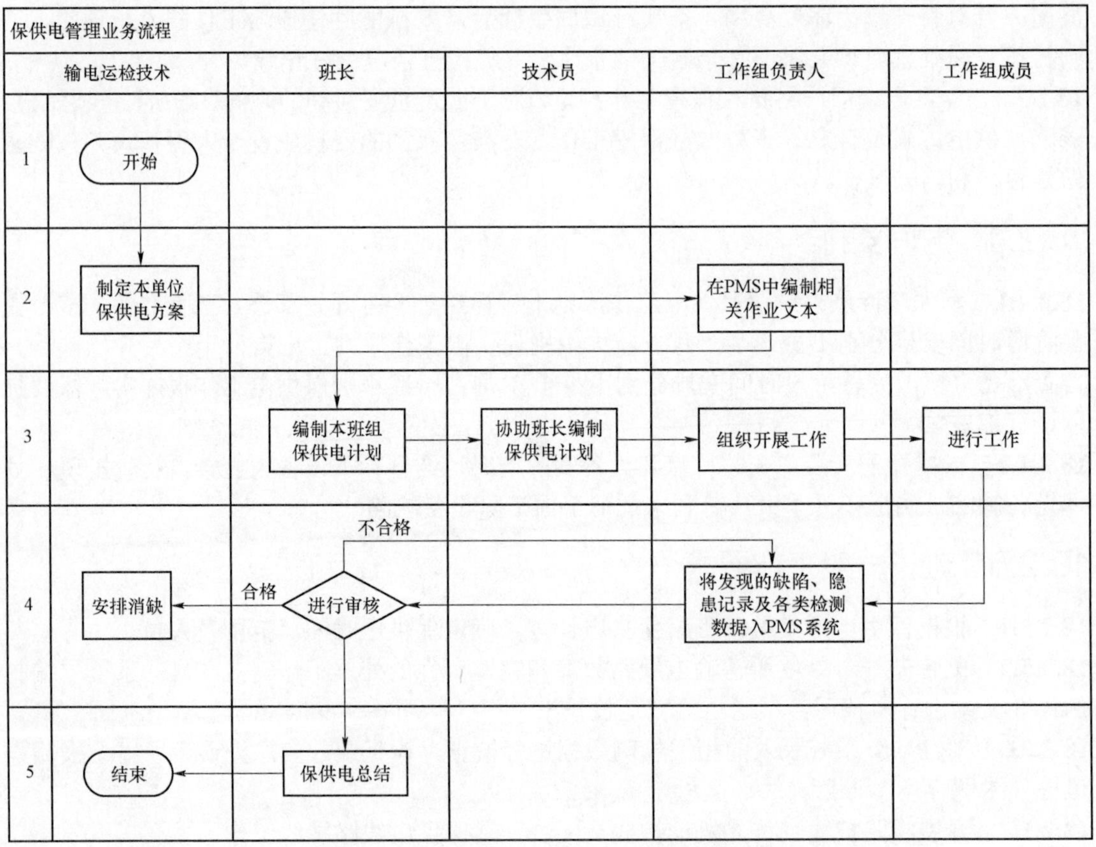

| 保供电管理业务流程 | | | | | |
|---|---|---|---|---|---|
| | 输电运检技术 | 班长 | 技术员 | 工作组负责人 | 工作组成员 |
| 1 | 开始 | | | | |
| 2 | 制定本单位保供电方案 | | | 在PMS中编制相关作业文本 | |
| 3 | | 编制本班组保供电计划 | 协助班长编制保供电计划 | 组织开展工作 | 进行工作 |
| 4 | 安排消缺 | 合格<br>进行审核<br>不合格 | | 将发现的缺陷、隐患记录及各类检测数据入PMS系统 | |
| 5 | 结束 | 保供电总结 | | | |

## 18.4 流程步骤（见表18-2）

**表18-2** 流 程 步 骤

| 步骤编号 | 流程步骤 | 责任岗位 | 步骤说明 | 工作要求 | 备注 |
|---|---|---|---|---|---|
| 1 | 编制本单位保供电方案 | 输电运检技术 | | | |
| 2 | 编制本班组保供电计划 | 班长 | 根据保供电方案编制班组保供电计划，确定保供电时间、范围及人员 | 配合做好本单位所辖输电线路故障和突发事件的处置工作 | |

续表

| 步骤编号 | 流程步骤 | 责任岗位 | 步骤说明 | 工作要求 | 备注 |
| --- | --- | --- | --- | --- | --- |
| 3 | 在PMS中编制相关作业文本 | 工作组负责人 | 保供电前在PMS系统中制定巡视及检测计划，编制相关作业文本在系统中推送班长审核 | | |
| 4 | 协助班长编制本班组保供电计划 | 技术员 | | | |
| 5 | 组织开展工作 | 工作组负责人 | 带领工作组成员对保供电线路进行全面排查 | | |
| 6 | 进行工作 | 工作组成员 | 进行线路特巡及检测工作，及时反馈输电线路运行情况，并做好相关记录 | 包括红外测温、交叉跨越测量、特殊巡视 | |
| 7 | 录入PMS系统 | 工作组成员 | 对发现的缺陷、隐患及各类检测数据进行记录、上报，留存影像资料并及时录入PMS系统 | | |
| 8 | 监督、指挥 | 工作组负责人 | 监督工作组成员对各类数据进行正确、详细记录 | 合理分配工作，并做好现场安全措施 | |
| 9 | 进行检查 | 班长 | 对PMS系统录入的相关检测数据进行检查，检查录入信息无误后导出上报输电运检技术留存 | 将工作组负责人录入的相关检测进行检查，不合格的退回 | |
| 10 | 上报 | 班长 | 编制保供电工作总结上报输电运检技术 | | |

# 19 防雷害工作分册（MDYJ-SD-SDYJ-GZGF-019）

## 19.1 业务概述

防雷害工作应根据蒙东地区雷区分布图、地形差异、地闪密度、杆塔差异等因素，利用先进的雷电监测手段，通过防雷保护角校验、杆塔接地电阻测量、避雷针、避雷器等防雷装置、检查、瓷质绝缘子（悬垂片）零值测试等工作开展，及时了解线路运行状态，采取针对性的防雷措施，提高线路耐雷水平。

## 19.2 相关条文说明

**19.2.1** 雷害的种类。

**19.2.1.1** 直击雷：直击雷是带电云层（雷云）与建筑物、其他物体、大地或防雷装置之间发生的迅猛放电现象，并由此伴随而产生的电效应、热效应或机械力等一系列的破坏作用。

**19.2.1.2** 绕击雷：雷电绕击是指地闪下行先导绕过地线和杆塔的拦截直接击中相导线的放电现象。

**19.2.1.3** 反击雷：雷击地线或杆塔后，雷电流由地线和杆塔分流，经接地装置注入大地。塔顶和塔身电位升高，在绝缘子两端形成反击过电压，引起绝缘子闪络。

**19.2.2** 巡视工作应检查绝缘子、绝缘横担、金具及防雷装置有无缺陷和运行情况的变化。为了维持设定的耐雷水平，应在每年的线路巡检中检查绝缘子的损坏情况，特别是检测零值瓷绝缘子，并对损坏绝缘子及时进行更换。

**19.2.3** 检测工作是发现设备隐患、缺陷，开展运维检测的重要手段。检测结果要做好记录统计、分析及存档。检测项目包括瓷质零值绝缘子测试、地埋金属部件检查、接地电阻测试、避雷装置检查、防雷保护角校验等。

**19.2.4** 雷季前，应做好防雷设施的检测和检修，落实各项防雷措施，同时做好雷电定位观测设备的检测、维护、调试工作，确保雷电定位系统正常运行。雷雨季期间，应加强对防雷设施各部件连接状况、防雷设备等检测，并做好雷电活动观测记录。

**19.2.5** 杆塔接地电阻直接影响线路的反击跳闸率。当杆塔接地装置不能符合规定电阻值时，针对周围的环境条件、土壤和地质条件，因地制宜，结合局部换土、扩网、引外、增加接地网埋深、垂直接地极等降阻方法的机理和特点，进行经济技术比较，选用合适的降阻措施，甚至组合降阻措施，以降低接地电阻。

**19.2.6** 接地电阻测量应避免在雨后或雪后立即进行，一般宜在连续天晴 3 天后或在干燥季节进行。在冻土区，测试电极须打入冰冻线以下；尽量减小地下金属管道的影响。接地

电阻较高的列入下一年度大修技改储备工程进行治理。

**19.2.7** 避雷器定期巡视可结合线路正常沿线巡检进行。

**19.2.7.1** 避雷器的主要部件（本体、间隙的电极、支撑杆）、引流线、接地引下线及附件（如：放电计数器、脱离器、在线监测装置）都在安装位置。

**19.2.7.2** 无间隙线路避雷器和带间隙线路避雷器的本体外观应完整、无可见形体变形，绝缘外套（含支撑杆）应无破损、无可见明显烧蚀痕迹和异物附着）。在杆塔上固定安装时，应无非正常偏斜和摆动。

**19.2.8** 结合线路图纸，校验防雷保护角是否满足防雷条件。

**19.2.9** 雷击故障的初步判断应查看故障录波信息中的故障测距，大致确定故障杆塔的范围。通过雷电监测系统查看故障杆塔范围及其周围5km内落雷情况，若有落雷记录，则可以认定为疑似雷击故障。

**19.2.10** 对故障巡视记录进行总结概括，包括：现场天气情况、现场地形、放电痕迹、周边居民调查情况等信息。现场巡视的各类信息尽量附图说明，特别是放电痕迹需具体说明闪络痕迹位置并附现场照片，包括：故障杆塔整体照片［需标注A、B、C相别（极性)]、故障设备在杆塔上位置说明照片、放电痕迹的局部清晰照片等。说明现场数据收集情况，现场实测故障杆塔的A、B、C、D四个塔腿的接地电阻值，以便校核接地电阻是否符合设计要求和防雷要求。需要注意，现场实测故障杆塔接地电阻时，应当选择晴好天气、土壤干燥时测试。

**19.2.11** 输电线路差异化防雷评估是以雷电监测为基础，以雷害风险评估为手段，根据线路走廊的雷电活动强度、地形地貌及杆塔结构的不同，有针对性的对架空输电线路进行综合防雷评估。以“差异化防雷”的思想指导线路防雷，找出线路中防雷性能薄弱的杆塔，对这些杆塔进行有针对性的防雷设计、改造。

**19.2.12** 班长一般工作要求。

**19.2.12.1** 按照输电运检技术下发的防雷害文件要求制定本班组防雷害隐患排查和检测计划，确定排查时间和工作组负责人及工作组成员。

**19.2.12.2** 完成PMS系统审核流程和作业文本评估。

**19.2.12.3** 对隐患排查结果和测试数据进行分析，对存在问题采取相应措施。

**19.2.13** 技术员一般工作要求。

**19.2.13.1** 及时更新线路雷害区段台账信息。

**19.2.13.2** 保存原始资料（相关测试记录表单）。

**19.2.14** 工作组负责人一般工作要求。

**19.2.14.1** 在PMS系统中新建巡视计划及检测计划，编制巡视作业文本及检测作业文本，在PMS系统中推送至班长审核。

**19.2.14.2** 组织开展隐患排查及测量工作。

**19.2.15** 工作组成员一般工作要求。

**19.2.15.1** 开展隐患排查及测量工作，做好相关记录和影像资料留存。

**19.2.15.2** 工作结束后，将排查记录及检测数据及时录入PMS系统，并将原始资料交与技术员处留存。

## 19.3 流程图（见表 19-1）

表 19-1　　流　程　图

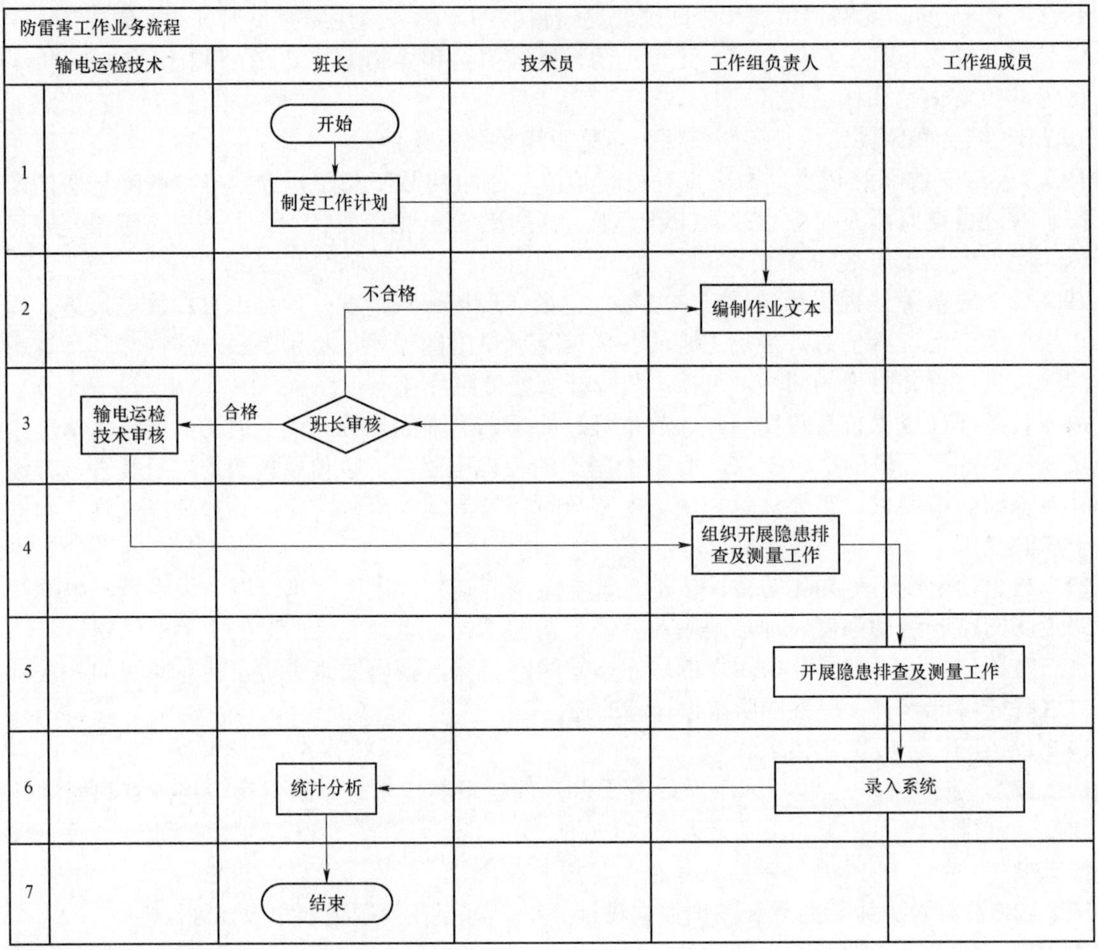

| 防雷害工作业务流程 | | | | | |
|---|---|---|---|---|---|
| | 输电运检技术 | 班长 | 技术员 | 工作组负责人 | 工作组成员 |
| 1 | | 开始<br>制定工作计划 | | | |
| 2 | | 不合格 | | 编制作业文本 | |
| 3 | 输电运检技术审核 | 合格<br>班长审核 | | | |
| 4 | | | | 组织开展隐患排查及测量工作 | |
| 5 | | | | | 开展隐患排查及测量工作 |
| 6 | | 统计分析 | | | 录入系统 |
| 7 | | 结束 | | | |

## 19.4 流程步骤（见表 19-2）

表 19-2　　流　程　步　骤

| 步骤编号 | 流程步骤 | 责任岗位 | 步骤说明 | 工作要求 | 备注 |
|---|---|---|---|---|---|
| 1 | 制定工作计划 | 班长 | 按照输电运检技术下发的防雷害文件要求制定本班组防雷害隐患排查和检测计划，确定排查时间和工作组负责人及工作组成员 | 雷雨季节期间加强对防雷设施的巡视 | |
| 2 | 编制作业文本 | 工作组负责人 | 工作组负责人在 PMS 系统中新建巡视计划及检测计划，编制巡视作业文本及检测作业文本，在 PMS 系统中推送至班长审核 | | |
| 3 | 班长审核 | 班长 | 在 PMS 系统中审核工作组负责人编制的巡视作业文本及检测作业文本，审核合格后推送至输电运检技术审核合格后执行 | 作业文本不合格退回至工作组负责人 | |

续表

| 步骤编号 | 流程步骤 | 责任岗位 | 步骤说明 | 工作要求 | 备注 |
|---|---|---|---|---|---|
| 4 | 组织开展隐患排查及测量工作 | 工作组负责人 | 工作组负责人将PMS系统审核合格的作业文本进行打印执行，带领工作组成员开展防雷害专项隐患排查及接地电阻测试、零值检测及接地极开挖检查等工作 | 按照作业文本内容落实责任分工 | |
| 5 | 开展隐患排查及测量工作 | 工作组成员 | 开展雷害专项隐患排查及接地电阻测试、零值检测及接地极开挖等工作，做好相关记录和影像资料留存 | 正确使用仪器仪表及劳动防护用品 | |
| 6 | 录入系统 | 工作组成员 | 排查工作结束后，工作组成员配合工作组负责人将PMS系统中作业文本内容进行回填后执行，作业文本执行后生成巡视记录和检测记录，登记巡视记录和检测记录，检查巡视记录合格后进行归档，并将原始资料交与技术员处留存 | | |
| 7 | 统计分析 | 班长 | 评估作业文本，对隐患排查结果和测试数据进行分析，对存在问题采取相应措施 | | |
| 8 | 工作结束 | | | | |

# 20 防污闪工作分册（MDYJ-SD-SDYJ-GZGF-020）

## 20.1 业务概述

根据污区分布图合理建立污秽监测点，通过盐密、灰密测试，及时掌握污秽区数据变化情况，采取绝缘子清扫、更换及调爬等技术措施，合理控制线路绝缘配置，保障电网安全运行。根据防污闪工作要求，定期开展巡视和隐患排查工作。

## 20.2 相关条文说明

**20.2.1** 污秽监测点布置

**20.2.1.1** 交流线路布点方案。

（1）采用网格化方法，一般按照10km×10km网格范围设置1个测试点，各地可根据在运及规划输电线路、人口密度、污源特征、气象、地形环境、污秽测试结果等适当调整单位网格大小，如5km×5km（市区、工业发达区、人口密集区等）、15km×15km（相似环境的一般农田区等）、20km×20km（相似环境的山区、丘陵区等）、40km×40km（相似环境的戈壁、荒漠、沙漠、无人区等）。调整布点时，应保留原有测点，用于积累更长年限饱和积污数据。

（2）局部重污染区、重要输电通道、微气象区、极端气象区等特殊区域应增加布点。

（3）污秽监测点一般设置在交流110（66）～1000kV线路上，在不满足条件的地区可设置在低电压等级线路上，或悬挂于其他设施上。

（4）模拟绝缘子应与实际运行绝缘子等高度悬挂，一般悬挂在横担上，悬挂点位置应满足取样时的安全距离要求。

**20.2.1.2** 直流线路布点方案。

（1）应在直流线路上设置布点，一般30～50km设置1个测试点。

（2）局部重污染区、重要输电通道、微气象区、极端气象区等特殊区域应增加布点。

（3）直流测试串应考虑直流电场的影响，一般将测试串置于高电位中（高电位串），测试串悬挂在直流线路绝缘子与导线联板上（导线下方）。同时直流线路上应布置地电位串，测试串直接悬挂在杆塔横担上（外边侧），安装及取样与高电位串同时进行。

**20.2.1.3** 测试绝缘子。

（1）绝缘子取样原则。

1）110kV交流线路：上、中、下部各取1片绝缘子或1组伞裙，靠近高压端和低压端第1片绝缘子或第1组伞裙不取。取3片（组）的平均等值盐密和灰密作为该串的等值盐密和灰密。

2）220kV及以上电压等级交直流线路：上、中、下部各取2片绝缘子或2组伞裙，靠

近高压端和低压端第 1 片绝缘子或第 1 组伞裙不取。取 6 片（组）的平均等值盐密和灰密作为该串的等值盐密和灰密。

3）不带电绝缘子：瓷/玻璃绝缘子串可取第 2、3、4 片，复合绝缘子取上、中、下部各 1 组伞裙共 3 组伞裙，取 3 片（组）的平均等值盐密和灰密作为该串的等值盐密和灰密。

（2）取样时间。

1）绝缘子取样原则上在连续三年积污期后进行，积污期更长的情况下可在连续五年甚至更长积污期结束后进行。

2）取样宜选择在雨季来临前进行，通常取样时间为 2～4 月。

（3）取样要求。

1）绝缘子表面污秽样品上下表面分开取样，所用水量按上下表面面积所占比例计算。

2）测试绝缘子应尽量避免污秽损失，拆卸绝缘子时应避免接触绝缘子的绝缘表面；污秽取样之前，容器、量筒等应清洗干净，确保无任何污秽；取样时，应戴清洁的医用手套；污秽擦拭应彻底，污秽溶解时应确保无水量损失。

**20.2.2** 污秽度测试（见国家电网防污闪工作手册）。

常见的检测方法有：火花间隙法、小球放电法、红外热像仪法、绝缘电阻法、激光多谱勒振动法，智能机器人检测。

**20.2.3** 污区分布图。

污区划分应以现场 3～5 年积污的盐密、灰密测量数据为依据，结合运行经验和气候、环境条件，全面客观地进行现场污秽度评估和污区等级划分，并据此绘制、修订污区分布图。各省（自治区、直辖市）污区分布图应每 3 年修订一次。当局部环境污秽发生变化时，可对污区分布图做相应调整。

**20.2.4** 现场污秽度等级的划分。

**20.2.4.1** 交流线路的污秽等级划分。

根据《电力系统污区分级与外绝缘选择标准》（Q/GDW 152），从非常轻到非常重定义了下列 5 个污秽等级来表征现场污秽的严重程度：a、b、c、d、e。

**20.2.4.2** 直流线路的污秽等级划分。

根据《电力系统污区分级与外绝缘选择标准》（Q/GDW 152），直流现场污秽度从非常轻到重分为 4 个等级：A、B、C、D。

**20.2.5** 绝缘子清扫。

输电线路的清扫原则：满足当前污区绝缘配置的线路，结合盐灰密测试的结果对未喷涂的瓷质、玻璃绝缘子进行清扫；不满足当前污区绝缘配置的线路，每逢停电，必须对未喷涂的瓷质、玻璃绝缘子进行清扫，并根据线路的实际积污状况确定增加清扫次数。

**20.2.6** 架空输电线路的日常巡检的工作周期，通常依据线路周边环境情况和设备情况确定。对于重污区，巡检周期应控制在 3 个月以内为宜，在特殊季节应缩短至 1 个月。校核架空输电线路外绝缘配置情况，及时进行绝缘子清扫、调爬工作。

**20.2.7** 班长一般工作要求。

**20.2.7.1** 按照输电运检技术下发的防污闪文件要求制定本班组防污闪排查和检测计划，确定排查时间和工作组负责人及工作组成员。

**20.2.7.2** 对新建线路结合线路实际运行情况确定线路污闪区段，建立污秽监测点。

**20.2.7.3** 完成 PMS 系统审核流程和作业文本评估。

**20.2.7.4** 对隐患排查结果和测试数据进行分析，对存在问题采取相应措施。

**20.2.8** 技术员一般工作要求。

**20.2.8.1** 汇总所辖线路路径环境及气候资料，建立线路污秽区段统计记录，及时更新污秽监测点台账信息。

**20.2.8.2** 保存原始资料（相关测试记录表单）。

**20.2.9** 工作组负责人一般工作要求。

**20.2.9.1** 在 PMS 系统中新建巡视计划及检测计划，编制巡视作业文本及检测作业文本，在 PMS 系统中推送至班长审核。

**20.2.9.2** 组织开展隐患排查及测量工作。

**20.2.10** 工作组成员一般工作要求。

**20.2.10.1** 收集所辖线路路径环境及气候资料，统计线路污秽区段。

**20.2.10.2** 开展隐患排查及测量工作，做好相关记录和影像资料留存。

**20.2.10.3** 工作结束后，将排查记录及检测数据及时录入 PMS 系统，并将原始资料交与技术员处留存。

## 20.3 流程图（见表 20-1）

**表 20-1** 流 程 图

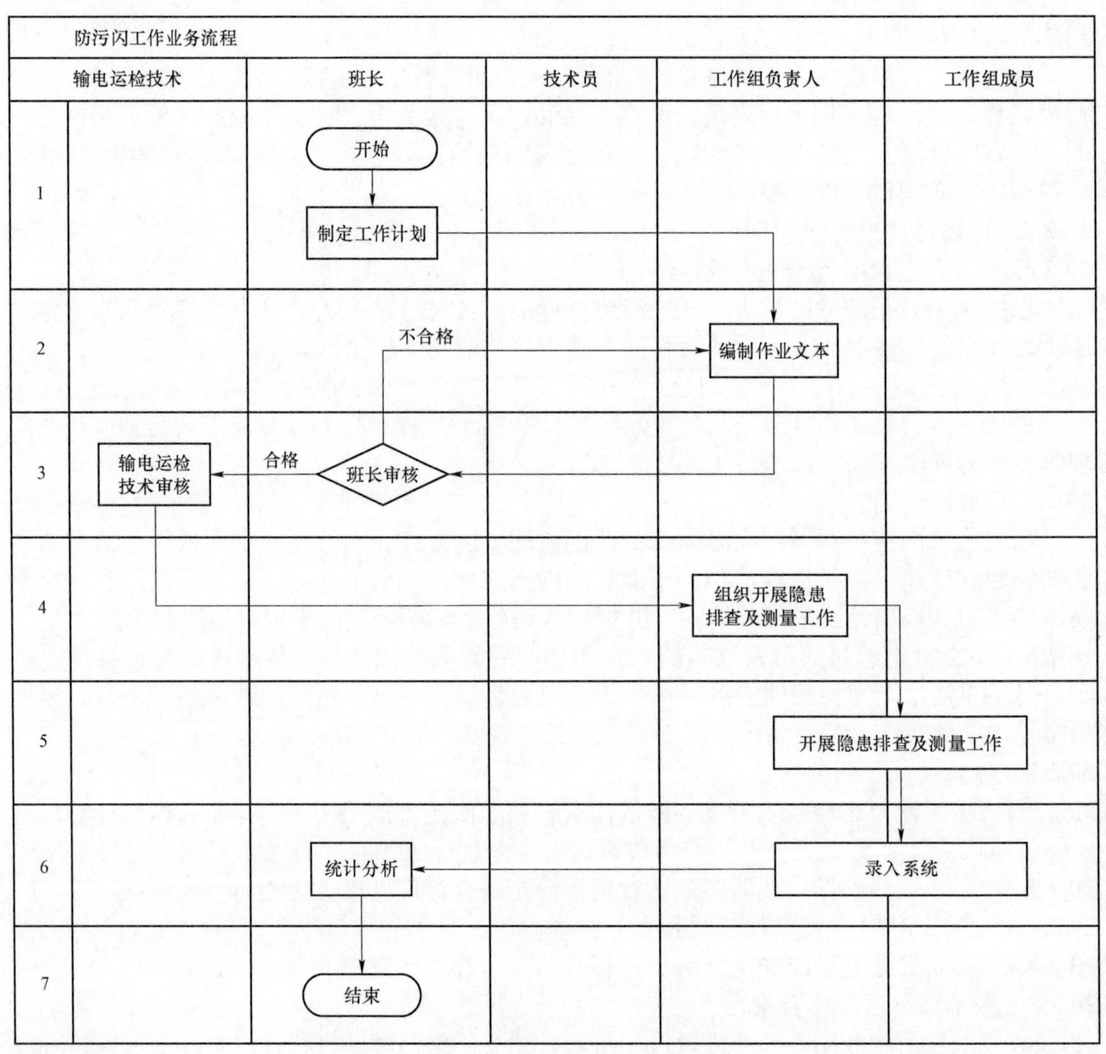

## 20.4　流程步骤（见表 20-2）

表 20-2　　流　程　步　骤

| 步骤编号 | 流程步骤 | 责任岗位 | 步骤说明 | 工作要求 | 备注 |
|---|---|---|---|---|---|
| 1 | 制定工作计划 | 班长 | 按照输电运检技术下发的防污闪文件要求制定本班组防污闪排查和检测计划，确定排查时间和工作组负责人及工作组成员 | | |
| 2 | 编制作业文本 | 工作组负责人 | 工作组负责人在 PMS 系统中新建巡视计划及检测计划，编制巡视作业文本及检测作业文本，在 PMS 系统中推送至班长审核 | | |
| 3 | 班长审核 | 班长 | 在 PMS 系统中审核工作组负责人编制的巡视作业文本及检测作业文本，审核合格后推送至输电运检技术审核合格后执行 | 作业文本不合格退回至工作组负责人 | |
| 4 | 组织开展隐患排查及测试工作 | 工作组负责人 | 工作组负责人将 PMS 系统审核合格的作业文本进行打印执行，带领工作组成员开展防污闪专项隐患排查及绝缘子零值检测和盐密、灰密测试等工作 | 按照作业文本内容落实责任分工 | |
| 5 | 开展隐患排查及检测工作 | 工作组成员 | 开展防污闪专项隐患排查及接地电阻测试、零值检测及接地极开挖等工作，做好相关记录和影像资料留存 | 正确使用仪器仪表及劳动防护用品 | |
| 6 | 录入系统 | 工作组成员 | 排查工作结束后，工作组成员配合工作组负责人将 PMS 系统中作业文本内容进行回填后执行，作业文本执行后生成巡视记录和检测记录，登记巡视记录和检测记录，检查巡视记录合格后进行归档，并将原始资料交与技术员处留存 | | |
| 7 | 统计分析 | 班长 | 评估作业文本，对隐患排查结果和测试数据进行分析，对存在问题采取相应措施 | | |
| 8 | 工作结束 | | | | |

# 附件：基本概念

**1.1**　污闪：电气设备的绝缘表面附着了固体、液体或气体的导电物质，在遇到雾、露、毛毛雨或融冰（雪）等气象条件时，绝缘表面污层受潮，导致电导增大，泄漏电流增加，在运行电压下产生局部电弧而发展为沿面闪络的一种放电现象。

**1.2**　爬电距离：在两个导电部分之间，沿绝缘体表面的最短距离。沿绝缘子绝缘表面两端金具之间的最短距离或最短距离之和。水泥和任何其他非绝缘材料的表面不认为是爬电距离的构成部分。如果绝缘子的绝缘件的某些部分覆盖有高电阻层，则该部分应认为是有效绝缘表面并且沿其上面的距离应包括在爬电距离内。

**1.3**　泄漏比距：电力设备外绝缘的爬电距离与设备额定电压之比，单位为 cm/kV。

**1.4**　爬电比距：电力设备外绝缘的爬电距离与设备最高电压之比，单位为 cm/kV。

**1.5**　统一爬电比距：爬电距离与绝缘子两端最高运行电压之比，通常表示为 mm/kV。

**1.6**　等值附盐密度（简称等值盐密，ESDD）：绝缘子单位绝缘表面上的等值附盐量，电导率等同于溶解后现场绝缘子绝缘表面自然污秽水溶物的氯化钠总量与绝缘表面面积之比，

$mg/cm^2$。

**1.7** 不溶物密度（简称灰密，NSDD）：绝缘子绝缘表面上清洗的非可水溶（或不溶于水的）残留物总量除以表面积，$mg/cm^2$。

**1.8** 饱和等值盐密、灰密：经连续3～5年或更长时间积污的参照绝缘子，在适当的时间段内测量到的等值盐密/灰密（ESDD/NSDD）的最大值，污秽取样须在积污季节后期进行，测量值具有饱和趋势的盐密/灰密。

**1.9** 饱和系数：在相同电场形式下的同型式绝缘子饱和等值盐密/灰密值与平均年度等值盐密/灰密值之比。我国内陆地区绝缘子积污的饱和时间，北方约为3～5年，南方约为3年。双伞型和普通型盘形绝缘子的饱和等值盐密可暂按平均年度等值盐密的1.6～1.9倍（南方按1.5～1.7倍）计算。

**1.10** 带电系数K1：同型式绝缘子带电所测等值盐密/灰密（ESDD/NSDD）值与非带电所测等值盐密/灰密（ESDD/NSDD）值之比，K1一般为1.1～1.5。通常情况下，ESDD和NSDD的带电系数有差异时，以等值盐密的带电系数为主。

**1.11** 参照绝缘子：U70B/146、U160BP/170H普通盘形悬式绝缘子，或U70BP/146D、U160BP/170D双伞型盘形悬式绝缘子。通常4～5片组成一悬垂串用来测量现场污秽度。复合绝缘子（大小伞结构），通常使用1支来测量现场污秽度，采用附录A所示参数和图示的复合绝缘子伞型。

**1.12** 现场污秽度（SPS）：参照绝缘子经连续3～5年积污后获得的污秽严重程度ESDD/NSDD值，污秽取样须在积污季节结束时进行。

**1.13** 现场污秽度等级：将污秽严重程度从非常轻到非常重按SPS的分级。

# 21 防冰害工作分册（MDYJ-SD-SDYJ-GZGF-021）

## 21.1 业务概述

冰害类型分为过荷载、冰闪和覆冰舞动，线路运检单位应结合地形、气候等特点和线路覆冰现场实际情况，因地制宜开展防冰害工作，提高线路抵御冰灾的能力，降低冰害造成的损失和影响。防冰害应从气象监测与冰区分级、隐患排查、防治措施、融冰技术等几个方面开展工作。

## 21.2 相关条文说明

**21.2.1** 根据蒙东冰区分布图，结合线路设计、气象条件，以及过荷载跳闸记录排查出线路覆冰严重区段，建立防冰害风险区段台账。

**21.2.2** 应密切关注天气变化，综合利用冰情在线监测系统以及群众护线员，搜集局部地区天气情况。观冰应根据线路覆冰严重程度有序开展，优先对线路覆冰严重或局部微地形、微气象的区段进行冰情观测。运维单位要充分与气象部门合作，收集局部地区的气象资料，了解当地的地形和气候特点，加强电力气候资料信息的收集和整理工作。

**21.2.3** 覆冰期（11 月至次年 3 月）为冰害高发区段，运检班组每个月应至少巡视 1 次。难以到达的地区，巡视周期可适当延长。在遭受恶劣天气后的线路应进行特巡，当线路导、地线发生覆冰、舞动时应做好观测记录，并进行专项检查及处理。

**21.2.3.1** 按覆冰的程度可分为轻度覆冰（10mm 以下）、中等覆冰（10～20mm）、严重覆冰（20mm 及以上）。运维人员应观察天气情况，测量现场气温、湿度、风向、风速；观察导线、地线、铁塔以及绝缘子覆冰的厚度、形状和性质，判断覆冰发展趋势；观察导地线弧垂是否存在异常、电气距离是否满足要求，绝缘子串是否冰棱桥接等；以及利用观冰模拟线、拉线等截取导线冰样，获取导线覆冰厚度。

**21.2.3.2** 各班组应保证观测设备齐全应有照相机、游标卡尺、温湿度计、指南针、电子秤、雨量筒、皮卷尺、手电筒、刮冰刀、秤（台秤、弹簧秤）、风速仪。

**21.2.4** 覆冰、气象观测记录表（见附件 1）。

**21.2.5** 线路冰情人工观测数据记录表（见附件 2）。

**21.2.6** 防治措施。

**21.2.6.1** 防过荷载倒塔断线。

（1）普通金具更换为高强度耐磨金具。

（2）重覆冰区导地线悬垂线夹、防振锤、间隔棒包缠预绞丝护线条。

（3）对断裂的金具进行校核，强度不够的单串金具更换为双串金具，并增大金具强度。

（4）覆冰较重的长耐张段采用增加防串倒塔或耐张塔改善线路的抗覆冰过载能力。

（5）覆冰过载严重段适当放松导地线最大使用张力，提高导地线的抗覆冰过载力。

**21.2.6.2** 防冰闪跳闸。

（1）在电气间隙满足的情况下，增加绝缘子片数，以加大绝缘子覆冰闪络电压。

（2）由于倒 V 串的覆冰闪络电压高于悬垂串约 5%，具有更好的防冰闪性能，因此，建议在地势平坦，两侧档距较均匀的杆塔处，悬垂串更换为倒 V 串。

（3）在覆冰较轻微的地段，建议悬垂 I 串更换为大小伞插花形式，或将绝缘子更换为大小伞防冰闪型复合绝缘子。

**21.2.6.3** 防舞动跳闸及倒塔断线。

（1）安装线夹回转式间隔棒：采用回转线夹结构，能全部或部分取消档内间隔棒线夹对子导线的扭转向约束，这样导线不均匀覆冰后由于偏心扭矩而产生绕其自身轴线相对自由的转动，消除或减轻覆冰的不均匀度，可有效减轻线路的空气动力。

（2）相间间隔棒：500kV 紧凑型线路以及 220kV 输电线路相导线垂直或三角排列时，宜采用相间间隔棒。

（3）双摆防舞器：双摆防舞器安装间距为 7m 左右。双摆质量控制在档内导线总质量的 7%左右。在双摆防舞器安装位置的10m 范围内不需安装线路子导线间隔棒。

（4）偏心重锤：偏心重锤的重锤总质量应为档内导线质量的 8%左右。重锤安装在间隔棒上，交叉布置。

（5）安装防舞减震器：防舞减震器是利用弹簧质量系统消振防舞的。

（6）安装 FR 防振锤：采用 FR 型防振锤时，在档内不对称集中安装 3 处，一档内安装总质量控制在全档导线总质量的 8%～10%。

（7）以上具体安装规范可参照《国家电网防冰害工作手册》。

**21.2.6.4** 防脱冰跳跃及倒塔断线。

（1）对于易发生脱冰跳跃的杆塔优先采取增加杆塔，增加杆塔困难时采取加强杆塔等措施。

（2）覆冰较严重的耐张段在对地距离满足要求的情况下，适当放松导地线应力，提高导地线的覆冰过荷载能力。

（3）耐张段较长的，增加耐张塔，以减小脱冰跳跃影响范围。

（4）对杆塔进行加固，关键部位包铁加装防松（盗）螺母，辅材安装弹簧垫片。

（5）挂点金具采用加强型金具，提高金具安全系数，避免脱冰跳跃引起的金具串掉落。

（6）重要交叉跨越处两侧杆塔悬垂串采用双联双挂点。

**21.2.7** 班长一般工作要求。

**21.2.7.1** 按照输电运检技术下发的防冰害文件要求制定本班组防冰害排查计划，确定排查时间和工作组负责人及工作组成员。

**21.2.7.2** 完成 PMS 系统审核流程和作业文本评估。

**21.2.7.3** 对隐患排查结果进行分析，对存在问题采取相应措施。

**21.2.8** 技术员一般工作要求。

**21.2.8.1** 及时更新线路冰害区段台账信息。

**21.2.8.2** 保存原始资料（巡视记录本等）。

**21.2.9** 工作组负责人一般工作要求。

**21.2.9.1** 工作前，工作组负责人在 PMS 系统中新建巡视计划，编制巡视作业文本，在 PMS

系统中推送至班长审核。

**21.2.9.2** 工作组负责人将 PMS 系统审核合格的作业文本进行打印执行，带领工作组成员开展防冰害专项隐患排查。

**21.2.10** 工作组成员一般工作要求。

**21.2.10.1** 开展防冰害专项隐患排查，做好相关记录和影像资料留存。

**21.2.10.2** 排查工作结束后，将排查记录及时录入 PMS 系统，并将巡视记录本交与技术员处留存。

## 21.3 流程图（见表 21-1）

**表 21-1** 流 程 图

| 防冰害工作业务流程 | | | | | |
|---|---|---|---|---|---|
| | 输电运检技术 | 班长 | 技术员 | 工作组负责人 | 工作组成员 |
| 1 | | 开始<br>制定工作计划 | | | |
| 2 | | 不合格 | | 编制作业文本 | |
| 3 | 输电运检技术审核 | 合格<br>班长审核 | | | |
| 4 | | | | 组织开展隐患排查及测量工作 | |
| 5 | | | | | 开展隐患排查及测量工作 |
| 6 | | 统计分析 | | | 录入系统 |
| 7 | | 结束 | | | |

## 21.4 流程步骤（见表 21-2）

**表 21-2** 流 程 步 骤

| 步骤编号 | 流程步骤 | 责任岗位 | 步骤说明 | 工作要求 | 备注 |
|---|---|---|---|---|---|
| 1 | 制定工作计划 | 班长 | 按照输电运检技术下发的防冰害文件要求制定本班组防冰害排查计划，确定排查时间和工作组负责人及工作组成员 | | |

续表

| 步骤编号 | 流程步骤 | 责任岗位 | 步骤说明 | 工作要求 | 备注 |
|---|---|---|---|---|---|
| 2 | 编制作业文本 | 工作组负责人 | 在 PMS 系统中新建巡视计划，编制巡视作业文本，推送至班长审核 | | |
| 3 | 班长审核 | 班长 | 在 PMS 系统中审核工作组负责人编制的巡视作业文本，审核合格后推送至输电运检技术审核合格后执行 | 作业文本不合格退回至工作组负责人 | |
| 4 | 组织开展隐患排查 | 工作组负责人 | 工作组负责人将 PMS 系统审核合格的作业文本进行打印执行，带领工作组成员开展防冰害专项隐患排查 | 按照作业文本内容落实责任分工 | |
| 5 | 开展隐患排查 | 工作组成员 | 开展防冰害专项隐患排查，做好相关记录和影像资料留存 | | |
| 6 | 录入系统 | 工作组成员 | 排查工作结束后，工作组成员配合工作组负责人将 PMS 系统中作业文本内容进行回填后执行，作业文本执行后生成巡视记录，登记巡视记录检查合格后进行归档并将巡视记录本交与技术员处留存 | | |
| 7 | 统计分析 | 班长 | 评估作业文本，对隐患排查结果进行分析，对存在问题采取相应措施 | | |
| 8 | 工作结束 | | | | |

# 附件 1：覆冰、气象观测记录表（见附表 21-1）

附表 21-1　　覆冰、气象观测记录表

观测日期：观测员：

| 观测时间 | | | 温湿度计 | | MS6252B 风速表 | | | 风向 | 导线覆冰（mm） | | 天气情况 |
|---|---|---|---|---|---|---|---|---|---|---|---|
| 月 | 日 | 时 | 温度（℃） | 相对湿度（%） | 温度（℃） | 相对湿度（%） | 风速 m/s | | 东西向 | 南北向 | |
| | | | | | | | | | | | |
| | | | | | | | | | | | |
| | | | | | | | | | | | |
| | | | | | | | | | | | |
| | | | | | | | | | | | |
| | | | | | | | | | | | |
| | | | | | | | | | | | |

# 附件 2：线路冰情人工观测数据记录表（见附表 21-2）

附表 21-2　　线路冰情人工观测数据记录表

| 序号 | 日期时间 | 哨所名称 | 电压等级 | 线路名称 | 监视杆段 | 导线覆冰厚度（mm） | 天气情况 | 气温（℃） | 湿度（%） | 风速（m/s） | 风向 | 绝缘子串覆冰（mm） | 杆塔覆冰（mm） | 绝缘子串倾斜（mm） | 备注 |
|---|---|---|---|---|---|---|---|---|---|---|---|---|---|---|---|
| | | | | | | | | | | | | | | | |
| | | | | | | | | | | | | | | | |
| | | | | | | | | | | | | | | | |
| | | | | | | | | | | | | | | | |
| | | | | | | | | | | | | | | | |
| | | | | | | | | | | | | | | | |
| | | | | | | | | | | | | | | | |

# 附件 3：融除冰实施策略（见附表 21-3）

附表 21-3　　融除冰实施策略

| 覆冰等级 | 融除冰实施策略 |
|---|---|
| 轻度覆冰<br>（0～3 天） | （1）微地形微气象区覆冰超过融冰冰厚 80%的主网线路，需实施交直流融冰，其他主网线路可等待自然融冰。<br>（2）农配网线路视情况开展交直流融冰、人工除冰或打拉线工作。<br>（3）针对易覆冰区、污秽较严重且存在干弧距离不足设备的变电站，安排应急处置人员值守，如发生外绝缘桥接，实施带电热力除冰。<br>（4）及时开展输电线路防舞动特巡，根据舞动情况采取转移负荷、交直流融冰等针对性措施 |
| 中度覆冰<br>（3～7 天） | （1）干弧距离不够的 500kV 线路视情况开展绝缘子人工除冰。<br>（2）主网线路做好交直流融冰准备，根据线路覆冰程度、发展趋势及电网情况，按“先直流后交流，先低压交流后高压交流”的原则，开展线路融冰工作。当严重覆冰线路条数较多，现有融冰手段无法满足全部融冰需求时，按照线路排序，优先对重要线路实施融冰。<br>（3）农配网线路及时开展交直流融冰、人工除冰和打拉线工作。<br>（4）针对易覆冰区、污秽较严重且存在干弧距离不够设备的变电站，安排应急处置人员值守，如发生外绝缘桥接，应立即实施带电热力除冰或停电人工除冰。<br>（5）如发生农配网线路倒杆断线，立即启动抢修工作，快速恢复供电 |
| 重度覆冰<br>（7～10 天） | （1）对干弧距离不够的 500kV 线路，开展绝缘子人工除冰。<br>（2）按“先直流后交流，先低压交流后高压交流”的原则，及时开展重要线路的融冰工作，含 500kV 骨干网架、220kV 骨干网架、地区间联络线、县城间联络线以及电铁、高铁等重要用户和中心城镇的供电线路。<br>（3）及时开展农配网线路交直流融冰，人工除冰、打拉线和抢修工作。<br>（4）针对易覆冰区、污秽较严重且存在干弧距离不够设备的重要变电站，安排应急处置人员值守，如发生外绝缘桥接，应立即实施带电热力除冰或停电人工除冰。<br>（5）如出现主网线路倒塔（杆）断线，立即启动电网抢修、重建工作，快速恢复电网供电。恢复过程中，优先恢复本策略提出的重要线路。对于冰灾受损严重的地区，提前做好黑启动准备工作 |
| 严重覆冰<br>（10～14 天） | （1）对干弧距离不够的 500kV 线路，开展绝缘子人工除冰。<br>（2）及时开展重要线路的融冰工作，含 500kV 骨干网架、220kV 骨干网架、地区间联络线、县城间联络线以及电铁、高铁供电线路。线路融冰按尽量不扩大停电范围为原则，优先选择直流融冰、低压交流融冰，尽量不采用高压交流融冰。<br>（3）开展重要农配网线路交直流融冰，人工除冰、打拉线和抢修工作。<br>（4）对易覆冰区、污秽较严重且存在干弧距离不够设备的重要变电站实施带电热力除冰或停电人工除冰。<br>（5）开展倒塔（杆）断线输电线路抢修、抢建工作，快速恢复电网供电。恢复过程中，优先恢复本策略提出的重要线路。对于冰灾受损严重的地区，提前做好黑启动准备工作 |
| 特别严重覆冰<br>（14 天以上） | （1）按照“骨干网架基本完整、地级城市不全停”的目标，开展相关输变电设备抢修抢建、人工除冰和融冰工作。线路融冰按尽量不扩大停电范围为原则，优先选择直流融冰、低压交流融冰，尽量不采用高压交流融冰。<br>（2）电网运行按照 220kV 网络分片平衡负荷，并留足旋转备用，防止解列后地区电网崩溃。<br>（3）全停地区电网开展黑启动工作 |

# 22 防鸟害工作分册（MDYJ-SD-SDYJ-GZGF-022）

## 22.1 业务概述

本手册从鸟类习性、鸟害机理等一般规律入手，介绍了架空电力线路鸟害的类型、鸟类的活动规律、鸟类活动观测等几个方面。防鸟害工作应根据鸟类的活动规律及迁徙情况及时安排隐患排查，针对不同的鸟类采取不同的技术措施。

## 22.2 相关条文说明

### 22.2.1 鸟害概述

**22.2.1.1** 主要类型及机理。

鸟害一般分为鸟粪类、鸟巢类、鸟体短接类和鸟啄类，其中鸟粪类又可分为鸟粪污染绝缘子闪络故障和鸟粪短接空气间隙。

**22.2.1.2** 鸟类的规律。

（1）季节性：春秋两季是鸟害的多发期，线路鸟害故障在4～7月发生次数较多，这是由于该段时期为鸟类的繁殖期，鸟类活动频繁。鸟类迁徙的3月、11月等也是鸟害的高发月份。

（2）时间性：鸟粪类故障一般发生在夜间至凌晨或傍晚。

（3）区域性：大部分鸟害发生在人员稀少的丘陵、山地、水田，邻近水源，无树林。

（4）瞬时性：鸟排泄粪便所引起的鸟害跳闸，一般属于单相接地瞬时故障，不会造成单相接地永久性故障，线路重合闸几乎都能动作成功。

（5）重复性：有过繁殖经历的鸟类出于对原有领域或巢址的依恋，往往会多年在同一地点繁殖。

### 22.2.2 鸟类活动观测

开展鸟类活动观测主要是对线路鸟害多发区开展实地调查及观测，特别是在鸟害高发期，对危害线路运行的鸟种分布、杆塔筑巢情况、停落栖息鸟类种类及种群密度进行观测工作。

### 22.2.3 防鸟害巡视工作内容

**22.2.3.1** 对鸟害区段开展巡视工作。运检单位应明确防鸟特巡时段、区段、人员、巡视要

点等。

**22.2.3.2** ××线路鸟害故障风险区段状态巡视计划（见附件1）。

**22.2.3.3** ××单位防鸟装置检查表（见附件2）。

**22.2.3.4** 对鸟害多发区段，运检班组每1个月应至少巡视1次，护线员每半个月应至少巡视1次。难以到达的地区，巡视周期可适当延长。

**22.2.3.5** 开展架空输电线路防鸟害巡视期间，运检单位如发现杆塔上新出现的鸟巢、防鸟装置缺失或杆塔周边可能影响线路安全运行的鸟类，应及时填写防鸟害巡视记录表（见附件3），拍摄清晰的鸟类照片，作为本单位开展鸟害故障防治工作和鸟害故障风险分布图更新依据。

**22.2.3.6** 按要求开展鸟害故障处置工作并开展应包括防鸟装置效果评估。

## 22.2.4 防鸟害措施

目前线路防鸟害措施主要分为：防鸟刺、防鸟挡板、防鸟粪绝缘子、防鸟屏蔽罩、防鸟针板等。

## 22.2.5 鸟害隐患及故障处置

**22.2.5.1** 鸟害隐患处置方法。

（1）防鸟装置缺失。结合国家电网公司2016年运检5号文，对照鸟害故障风险分布图，逐基排查不满足防鸟措施配置要求的杆塔，并按风险等级高低和线路重要性，逐步加装到位。

（2）防鸟装置损坏。对破损或固定不牢固的防鸟装置进行修复、更换或加固，危及线路安全运行的应立即处理。

（3）鸟巢。对于危及线路安全运行的鸟巢，应将鸟巢拆除。

（4）鸟粪污染。对鸟粪污染严重的绝缘子实施清扫或更换，视情况加装防鸟刺、防鸟挡板等装置。

（5）鸟啄复合绝缘子。对已发现遭受鸟啄的复合绝缘子，应根据复合绝缘子的损坏程度确定是否更换，若护套损坏应立即更换。鸟啄严重区段，必要时更换为玻璃或瓷质绝缘子。

**22.2.5.2** 鸟害故障的处置流程。

（1）鸟害故障处置：

1）检查绝缘子闪络烧伤情况，若瓷质绝缘子的瓷釉烧伤、复合绝缘子伞裙烧伤或金具烧伤严重，应及时进行更换。

2）对于鸟巢类故障，应清理引发故障的鸟巢材料，修复或加装防鸟盒、防鸟挡板等防鸟装置。

3）对于鸟粪类故障，应对已遭受鸟粪污染的绝缘子实施清扫或更换，修复或加装防鸟刺、防鸟挡板等防鸟装置。

（2）鸟害故障信息记录。发生鸟害故障跳闸后，应做好鸟害信息的收集整理和分析工作。鸟害故障信息记录应主要包含故障基本情况、故障巡视及处理、故障原因分析、暴露出的问题和下步工作计划等内容，并且留取现场照片，现场照片应不少于以下信息：

1）故障天气照片、故障杆塔周围地形环境照片。

2）故障杆塔整体照片，并标明故障相位置。

3）引起故障的鸟巢或鸟粪等照片。

4）闪络或受损的局部照片。

### 22.2.6　班长一般工作要求

**22.2.6.1**　按照输电运检技术下发的防鸟害文件要求制定本班组防鸟害排查计划，确定排查时间和工作组负责人及工作组成员。

**22.2.6.2**　完成 PMS 系统审核流程和作业文本评估。

**22.2.6.3**　对隐患排查结果和测试数据进行分析，对存在问题采取相应措施。

### 22.2.7　技术员一般工作要求

**22.2.7.1**　负责统计防鸟技术措施落实情况，建立防鸟装置检查表。

**22.2.7.2**　汇总当地鸟的种类、活动习惯及迁徙情况，建立线路防鸟害巡视记录表。

**22.2.7.3**　保存原始资料（巡视记录本等）。

### 22.2.8　工作组负责人一般工作要求

**22.2.8.1**　工作前，工作组负责人在 PMS 系统中新建巡视计划，编制巡视作业文本，在 PMS 系统中推送至班长审核。

**22.2.8.2**　工作组负责人将 PMS 系统审核合格的作业文本进行打印执行，带领工作组成员开展防鸟害专项隐患排查。

### 22.2.9　工作组成员一般工作要求

**22.2.9.1**　开展防鸟害专项隐患排查，做好相关记录和影像资料留存。

**22.2.9.2**　收集、统计当地鸟的种类、活动习惯、迁徙情况及做好记录和影像资料。

**22.2.9.3**　排查工作结束后，将排查记录及时录入 PMS 系统，并将巡视记录本交与技术员处留存。

## 22.3 流程图（见表 22-1）

表 22-1　　　　　　　　　　　流　程　图

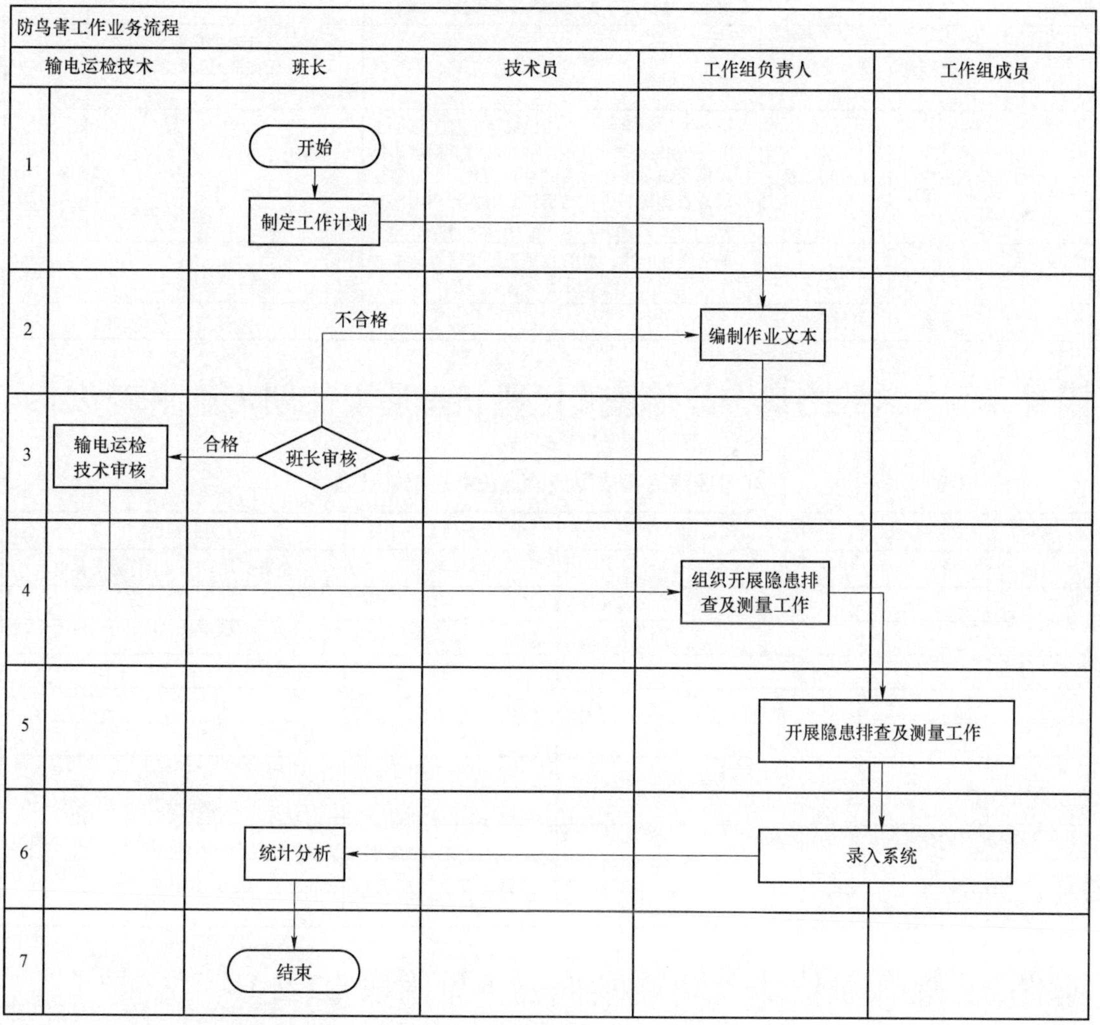

| 防鸟害工作业务流程 | | | | | |
|---|---|---|---|---|---|
| | 输电运检技术 | 班长 | 技术员 | 工作组负责人 | 工作组成员 |
| 1 | | 开始<br>制定工作计划 | | | |
| 2 | | 不合格 | | 编制作业文本 | |
| 3 | 输电运检技术审核 | 合格<br>班长审核 | | | |
| 4 | | | | 组织开展隐患排查及测量工作 | |
| 5 | | | | | 开展隐患排查及测量工作 |
| 6 | | 统计分析 | | | 录入系统 |
| 7 | | 结束 | | | |

## 22.4 流程步骤（见表 22-2）

表 22-2　　　　　　　　　　　流　程　步　骤

| 步骤编号 | 流程步骤 | 责任岗位 | 步骤说明 | 工作要求 | 备注 |
|---|---|---|---|---|---|
| 1 | 制定工作计划 | 班长 | 按照输电运检技术下发的防鸟害文件要求制定本班组防鸟害排查计划，确定排查时间和工作组负责人及工作组成员 | | |
| 2 | 编制作业文本 | 工作组负责人 | 工作组负责人在 PMS 系统中新建巡视计划，编制巡视作业文本，在 PMS 系统中推送至班长审核 | | |
| 3 | 班长审核 | 班长 | 在 PMS 系统中审核工作组负责人编制的巡视作业文本，审核合格后推送至输电运检技术审核合格后执行 | 作业文本不合格退回至工作组负责人 | |

续表

| 步骤编号 | 流程步骤 | 责任岗位 | 步骤说明 | 工作要求 | 备注 |
|---|---|---|---|---|---|
| 4 | 组织开展隐患排查 | 工作组负责人 | 工作组负责人将PMS系统审核合格的作业文本进行打印执行，带领工作组成员开展防鸟害专项隐患排查及落实安装防鸟装置技术措施 | 按照作业文本内容落实责任分工 | |
| 5 | 开展隐患排查 | 工作组成员 | 开展防鸟害专项隐患排查，做好相关记录和影像资料留存 | 收集、统计当地鸟的种类、活动习惯、迁徙情况及做好记录和影像资料 | |
| 6 | 录入系统 | 工作组成员 | 排查工作结束后，工作组成员配合工作组负责人将PMS系统中作业文本内容进行回填后执行，作业文本执行后生成巡视记录，登记巡视记录检查合格后进行归档并将巡视记录本交与技术员处留存 | | |
| 7 | 统计分析 | 班长 | 评估作业文本，对隐患排查结果进行分析，对存在问题采取相应措施 | | |
| 8 | 工作结束 | | | | |

# 附件1：××线路鸟害故障风险区段状态巡视计划（见附表22-1）

附表22-1　　××线路鸟害故障风险区段状态巡视计划

| 序号 | 线路区段 | 巡视时段 | 责任人 | 巡视要点 |
|---|---|---|---|---|
| 示例 | 1～10号 | 3～4月 | ×× | 鸟类繁殖时期，注意杆塔鸟巢情况 |
| | | | | |
| | | | | |
| | | | | |
| | | | | |
| | | | | |
| | | | | |
| | | | | |
| | | | | |
| | | | | |
| | | | | |

# 附件2：××单位防鸟装置检查表（见附表22-2）

附表22-2　　××单位防鸟装置检查表

| 序号 | 线路名称 | 电压等级 | 杆塔编号 | 装置1 | | 装置2 | | 是否完好 |
|---|---|---|---|---|---|---|---|---|
| | | | | 装置类型 | 安装位置 | 装置类型 | 安装位置 | |
| 示例 | ××线 | 220kV | 2号 | 防鸟盒 | 两边相 | 防鸟刺 | 三相 | 是 |
| | …… | | | | | | | |
| | | | | | | | | |
| | | | | | | | | |
| | | | | | | | | |
| | | | | | | | | |
| | | | | | | | | |
| | | | | | | | | |
| | | | | | | | | |

# 附录3：防鸟害巡视记录表（见附表22-3）

附表22-3　　　　防鸟害巡视记录表

| 1. 杆塔及周边环境信息 | | | |
|---|---|---|---|
| 运行单位 | | 记录人 | |
| 记录时间（如2012-6-12 9：00） | | 发现地点（具体到县） | |
| 电压等级（kV） | | 线路名称 | |
| 杆塔号（如#12） | | 海拔高度（m） | |
| 杆塔经度 | | 杆塔纬度 | |
| 当地生境（如丘陵、农田、山地、湿地、林区等） | | 周边水系（如1km外有××水库等） | |
| 2. 鸟类信息 | | | |
| 鸟类名称 | | 鸟类活动位置（如地线支架，边相横担、中相横担，杆塔附近） | |
| 数量 | | 鸟类身长（m） | |
| 3. 鸟巢信息（若巡视发现鸟巢则填此项） | | | |
| 筑巢鸟类名称 | | 鸟巢所处杆塔位置（如地线支架，边相横担、中相横担） | |
| 鸟巢材料（稻草、藤、短树枝、长树枝、塑料薄膜等） | | 鸟巢直径（cm） | |
| 4. 鸟类或鸟巢照片（可附多张，尽可能包括反映鸟巢或鸟类在杆塔上位置的远景照片及其近距离照片） | | | |
| | | | |
| 5. 周边生态环境照片 | | | |
| | | | |
| 6. 其他补充说明 | | | |
| | | | |

# 23　防外力破坏工作分册（MDYJ-SD-SDYJ-GZGF-023）

## 23.1　业务概述

输电线路外力破坏是人们有意或无意造成的线路部件的非正常状态，主要有毁坏线路设备、蓄意制造事故、盗窃线路器材、工作疏忽大意或不清楚电力知识引起的故障。如树竹砍伐、建筑施工、采石爆破、车辆冲撞、放风筝、山火、非法取（堆）土等。防外力破坏工作应结合外力破坏发生区段建立群众护线网络和采取多种监测手段、开展线路巡视、隐患排查和电力设施保护宣传工作、实时了解通道变化情况，及时制止违章作业确保线路安全稳定运行。

## 23.2　相关条文说明

### 23.2.1　线路通道排查

集中排查隐患，建立外力破坏隐患档案。

（1）输电运检单位应对本地区输电线路外力破坏隐患进行一次集中排查，对线路保护区周边施工工地、吊车市场、垃圾场、新建小区、开发区等易受外力破坏区段摸清底数，建立档案，落实责任人。

（2）实行隐患动态管理，要根据施工作业的变化和影响程度，及时更新隐患档案信息，使安全隐患始终处于在控、能控状态。

### 23.2.2　信息排查

**23.2.2.1**　内部信息排查

内部信息主要包括各级属地管理供电所、信息员、护线驿站、护线员等内部人员和单位上报的隐患信息。

**23.2.2.2**　外部信息排查

外部信息主要包括政府相关合作部门提供的隐患信息，以及企业、群众举报、95598热线等社会来源信息。

### 23.2.3　隐患风险分级

### 23.2.4　群众护线机制

**23.2.4.1**　设备运维管理单位及属地供电公司具体负责群众护线的日常管理工作，组织群众

护线人员开展外力破坏隐患排查。

**23.2.4.2** 加强护线队伍建设，根据输电线路运行特点，酌情聘用沿线地方群众或志愿者配合做好防外力破坏工作。

**23.2.4.3** 制定群众护线和巡防工作标准，及时掌控输电线路运行环境，防范树竹放电、山火、爆破等外力破坏事件的发生。

## 23.2.5 防范措施

**23.2.5.1** 宣传方式与重点。

（1）宣传方式：

1）传单类宣传。

2）媒体类宣传。

3）户外宣传。

（2）宣传重点：

1）重点人群宣传，包括护线组织宣传教育和吊车等大型机械驾驶员等特定人群教育和宣传。

2）重点区域宣传，在施工密集区域宣传、人流密集的广场宣传和特定隐患点的集中宣传。

3）重点时期宣传，在每年安全月期间、施工季节来临前、山火高发时段前、各种保供电（特殊电网运行方式、重要节假日、重大社会活动）期间开展的宣传。

**23.2.5.2** 签订安全协议，落实安全责任和防范措施。

（1）针对输电线路附近工程施工中吊车、翻斗车、挖掘机等大型机械、车辆的使用情况，线路通道运行维护单位要与施工单位签订《施工作业保证输电线路安全协议书》，明确保证输电线路安全范围、安全距离及注意事项，落实施工单位应采取的安全措施和技术措施，落实双方责任人和联系方式。

（2）对不满足安全要求的作业现场要下发隐患通知书和整改通知书，限期整改；对影响输电线路安全运行的违章建筑和违法施工要坚决予以制止，及时报当地政府电力管理部门，并加强监视或派专人看护。

**23.2.5.3** 设立警示标志，完善输电线路防护设施。

（1）针对大型机械施工、偷盗塔材、垃圾漂浮物、放风筝等不同外力破坏易发地段，在线路杆塔或保护区内醒目位置装设安全警示标志牌，标明输电线路的水平及垂直安全距离、安全提示和联系方式，必要时应增设围栏。

（2）在偷盗塔材高发地段设立防盗标志牌，注明电力设施保护的法律法规等。各类标志牌应齐全，线路巡视时要对其进行检查，缺失的要及时补充。适当推广应用通道视频监控、铁塔防盗报警等电力设施安全防范的新技术和新成果，提高线路整体防护水平。

## 23.2.6 外力破坏事件处置

**23.2.6.1** 现场处置。

（1）输电线路发生外破故障后，线路运检单位结合输电线路受损严重程度和现场综合情况，确定故障抢修方案及安全组织措施，力争在最短的时间内恢复线路的常规运行方式，最大限度降低系统异常运行方式下的安全风险。

（2）对于重合良好的故障情况，重点检查导地线有无断股，绝缘子和金具有无严重损伤，判断是否能够继续安全运行或是否需要进行补强及更换处理等；对于重合不良和单相永久接地的故障情况，重点检查导地线、金具及绝缘子的损坏程度，以及杆塔、拉线、基础等主要部件的损坏变形程度，确定故障处理方案。

（3）采取相关措施进行故障抢修及缺陷处理。按照确定的抢修方案，线路运检单位准备好抢修工器具和材料，填写“事故应急抢修单”，向电力调度控制中心申请作业，开展故障抢修及缺陷处理。

（4）当由于非法盗窃、车辆（机械）施工、火灾、化学腐蚀等原因引发线路外破故障，造成架空导地线、杆塔、基础、拉线、地下电缆等主要部件严重受损、车辆损毁、人员伤亡等严重后果时，立即上报上级专业管理部门，全力抢救伤员，设法保护现场。

（5）追究责任，落实处理措施。针对肇事的责任单位和个人，由政府输电线路管理部门、安监等相关部门配合开展事件调查，针对事件的严重程度依法采取经济处罚、中止供电、限期整改等处理措施。

（6）运维班组在做好安全防护措施并确保安全的前提下，使用灭火装备开展初发山火灭火。参与灭火的人员必须经过灭火技能培训并合格，熟练掌握灭火装备使用，清楚火场危险点和安全注意事项。

（7）线路运检单位对故障第一现场、应急抢修等全过程应保留详细全面的影像资料。

**23.2.6.2** 现场取证。

（1）肇事单位或肇事人所写的事件经过情况陈述、申辩、个人陈述的录音录像笔录资料等。

（2）损坏的输电线路现场实物、图片图像资料、试验报告等。

（3）肇事单位或肇事人损坏输电线路的工具、作业文件。

（4）因损坏输电线路而造成的直接经济损失及其计算依据文件。

（5）能提供人证、物证群众的情况及联系方式等。

（6）因建设施工引发的外力破坏事故，线路运检单位还应向肇事单位和肇事人索取施工许可证特种、作业资格证书等相关材料。

### 23.2.7 班长一般工作要求

**23.2.7.1** 按照输电运检技术下发的防外力破坏文件要求制定本班组防外力破坏排查计划，确定排查时间和工作组负责人及工作组成员。

**23.2.7.2** 完成 PMS 系统审核流程和作业文本评估。

**23.2.7.3** 对隐患排查结果进行分析，对存在问题采取相应措施。

### 23.2.8 技术员一般工作要求

**23.2.8.1** 结合线路通道环境根据线路实际运行情况，及时更新线路防外力区段台账信息。

**23.2.8.2** 保存原始资料（巡视记录本等）。

**23.2.8.3** 根据发现违章作业情况，编制影响线路安全运行隐患整改通知书。

### 23.2.9 工作组负责人一般工作要求

**23.2.9.1** 工作前，工作组负责人在 PMS 系统中新建巡视计划，编制巡视作业文本，在 PMS 系统中推送至班长审核。

**23.2.9.2** 工作组负责人将 PMS 系统审核合格的作业文本进行打印执行，带领工作组成员开展防鸟害专项隐患排查。

**23.2.9.3**　发现违章作业时，及时制止并向违章单位或个人下发影响线路安全运行隐患整改通知书。

**23.2.10**　工作组成员一般工作要求。

**23.2.10.1**　开展防外力破坏专项隐患排查和电力设施保护宣传工作，做好相关记录和影像资料留存。

**23.2.10.2**　排查工作结束后，将排查记录及时录入 PMS 系统，并将巡视记录本交与技术员处留存。

## 23.3　流程图（见表 23-1）

**表 23-1**　　　　　　　　　　**流　程　图**

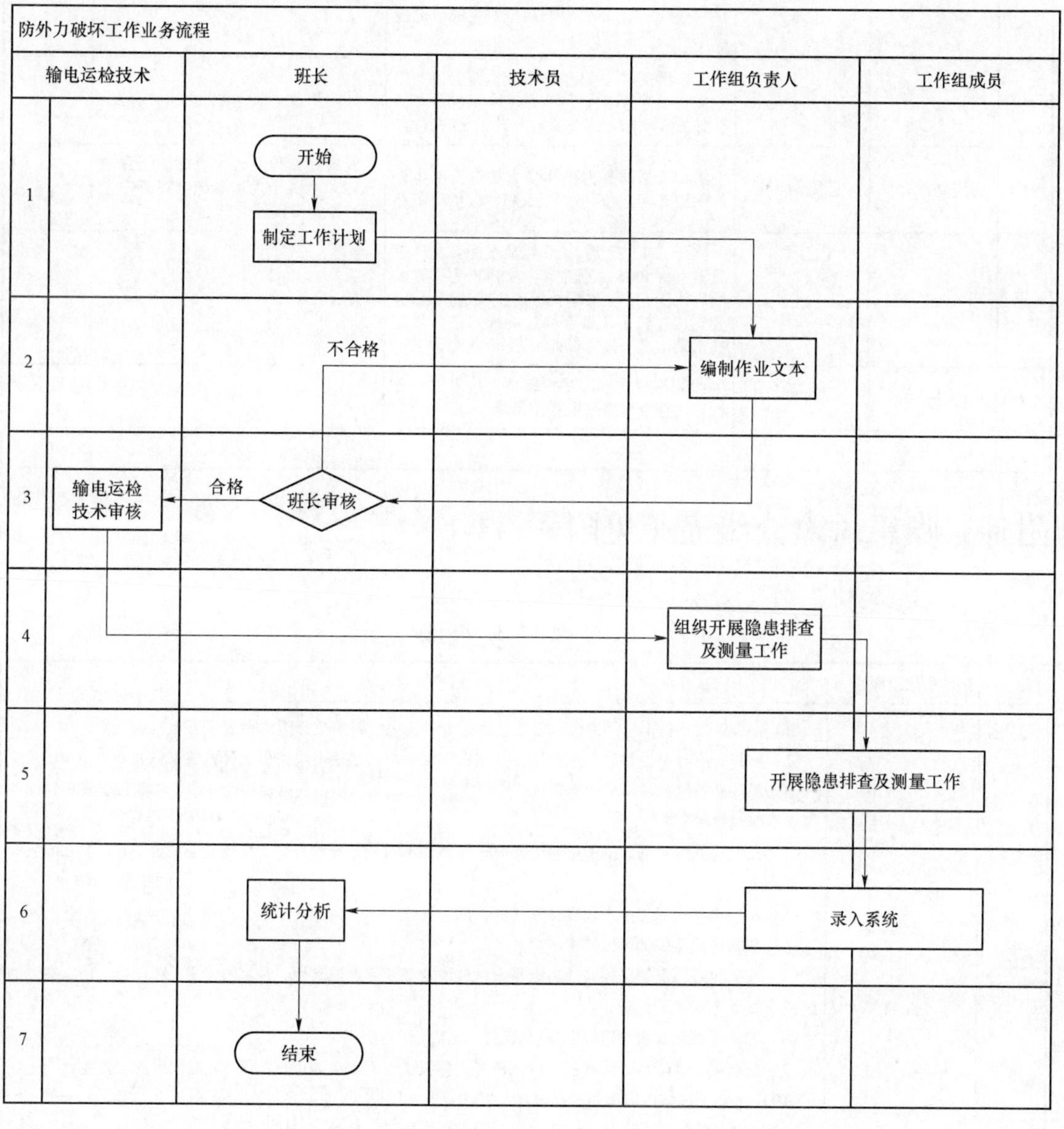

| 防外力破坏工作业务流程 | | | | | |
|---|---|---|---|---|---|
| | 输电运检技术 | 班长 | 技术员 | 工作组负责人 | 工作组成员 |
| 1 | | 开始<br>制定工作计划 | | | |
| 2 | | 不合格 | | 编制作业文本 | |
| 3 | 输电运检技术审核 | 合格<br>班长审核 | | | |
| 4 | | | | 组织开展隐患排查及测量工作 | |
| 5 | | | | | 开展隐患排查及测量工作 |
| 6 | | 统计分析 | | | 录入系统 |
| 7 | | 结束 | | | |

## 23.4 流程步骤（见表23-2）

表23-2　　流程步骤

| 步骤编号 | 流程步骤 | 责任岗位 | 步骤说明 | 工作要求 | 备注 |
|---|---|---|---|---|---|
| 1 | 制定工作计划 | 班长 | 按照输电运检技术下发的防外力破坏文件要求制定本班组防外力破坏排查计划，确定排查时间和工作组负责人及工作组成员 | | |
| 2 | 编制作业文本 | 工作组负责人 | 工作前，工作组负责人在PMS系统中新建巡视计划，编制巡视作业文本，在PMS系统中推送至班长审核 | | |
| 3 | 班长审核 | 班长 | 在PMS系统中审核工作组负责人编制的巡视作业文本，审核合格后推送至输电运检技术审核合格后执行 | 作业文本不合格退回至工作组负责人 | |
| 4 | 组织开展隐患排查 | 工作组负责人 | 工作组负责人将PMS系统审核合格的作业文本进行打印执行，带领工作组成员开展防外力专项隐患排查及电力设施保护宣传 | 按照作业文本内容落实责任分工 | |
| 5 | 开展隐患排查 | 工作组成员 | 组织开展防外力破坏隐患排查及电力设施保护宣传，做好相关记录和影像资料留存 | 发现违章作业时，及时制止并向违章单位或个人下发影响线路安全运行隐患整改通知书 | |
| 6 | 录入系统 | 工作组成员 | 排查工作结束后，工作组成员配合工作组负责人将PMS系统中作业文本内容进行回填后执行，作业文本执行后生成巡视记录，登记巡视记录检查合格后进行归档并将巡视记录本交与技术员处留存 | | |
| 7 | 统计分析 | 班长 | 评估作业文本，对隐患排查结果进行分析，对存在问题采取相应措施 | | |
| 8 | 工作结束 | | | | |

## 附件：隐患风险分级表（见附表23-1）

附表23-1　　隐患风险分级表

| 序号 | 隐患风险级别 | 隐患风险内容 |
|---|---|---|
| 1 | I级 | （1）各类管线、树木以及建设的公路、桥梁等对输电线路的交跨距离小于等于80%规定值。<br>（2）塔吊、打桩机、移动式起重机、挖掘机等大型机械在输电线路保护区内施工作业。<br>（3）塔吊、打桩机、移动式起重机、挖掘机等大型机械在输电线路保护区外施工作业，但其移动部件可能引起线路跳闸者。<br>（4）距输电线路杆塔、拉线基础边缘10m以内进行开挖，导致杆塔、拉线基础缺土严重，需立即采取补强措施。<br>（5）在输电线路保护区内埋设特殊（油、汽）管道。<br>（6）在输电线路保护区内违章建房。<br>（7）在输电线路保护区内兴建易燃易爆材料堆放场及可燃或易燃、易爆液（汽）体储罐。山火热点与线路距离小于或等于500m。<br>（8）在输电线路杆塔与拉线之间修筑道路。<br>（9）打桩机、顶管机、盾构机、挖掘机等大型机械临近电缆通道保护区5m范围内施工作业。<br>（10）在施工区域内电缆通道已敞开。<br>（11）水底电缆通道保护区两侧50m范围内存在施工、挖沙、抛锚等现象 |

续表

| 序号 | 隐患风险级别 | 隐患风险内容 |
|---|---|---|
| 2 | Ⅱ级 | （1）输电线路对下方各类管线、树木以及建设的公路、桥梁等交跨距离不满足规定值，但大于等于80%规定值。<br>（2）将输电线路杆塔、拉线围在水塘中。<br>（3）距输电线路杆塔、拉线基础边缘10m以外进行开挖，导致杆塔、拉线基础土容易流失，长期安全运行需增设挡土墙。<br>（4）输电线路与易燃易爆材料堆放场及可燃或易燃、易爆液（汽）体储罐的防火间距小于杆塔高度的1倍。山火热点与线路距离大于500m，且小于或等于1000m。<br>（5）输电线路保护区周围有5 m以上的横幅或氢气球所悬挂的条幅。<br>（6）超高树木倒向输电线路侧时不能满足安全距离。<br>（7）输电线路保护区内建塑料大棚，建好后能满足安全距离，但塑料薄膜绑扎不牢。<br>（8）输电线路保护区外建房，因超高有可能发生高空落物掉落在导线上。<br>（9）输电线路保护区附近立塔吊、打桩机等。<br>（10）推土机、挖掘机在输电线路保护区内施工或即将进入输电线路保护区内施工，目前能满足安全距离。<br>（11）距输电线路杆塔、拉线5m范围内修筑机动车道路。<br>（12）距输电线路300m内放风筝。<br>（13）在输电线路杆塔周边倒酸、碱、盐及其他有害化学物品。<br>（14）在输电线路保护区内堆土，接近安全距离，目前还有施工迹象。<br>（15）输电线路保护区内大面积种植高大树木。<br>（16）打桩机、顶管机、遁沟机、挖掘机等大型机械临近电缆通道保护区10m范围内施工作业。<br>（17）顶管、盾构行进方向与电缆路径存在交叉的施工作业。<br>（18）电缆线路通道上堆置酸、碱性排泄物或砌石灰坑、种植树木等。<br>（19）水底电缆通道保护区两侧100m范围内存在施工、挖沙、抛锚等现象 |
| 3 | Ⅲ级 | （1）输电线路对下方各类管线、树木以及建设的公路、桥梁等交跨距离满足规定值，但处于临界状态，裕度值低，随着检修或周边环境变化即可能造成距离小于规定值。<br>（2）距输电线路杆塔拉线边缘10m范围内附近开挖、取土，落差在1m以下。<br>（3）输电线路与易燃、易爆材料堆放场及可燃或易燃、易爆液（汽）体储罐的防火间距小于杆塔高度的1.5倍。山火热点与线路距离大于1000m，且小于或等于3000m。<br>（4）平整土地将杆塔掩埋1m以内。<br>（5）距输电线路300m外放风筝。<br>（6）输电线路保护区外有推土机、挖掘机作业。<br>（7）输电线路保护区内零星种植树木，近年内对线路安全不构成威胁。<br>（8）输电线路保护区内堆土、施工，目前对线路安全不构成威胁。<br>（9）输电线路保护区内堆草垛、废旧物品等。<br>（10）电缆线路通道上堆置瓦砾、矿渣、建筑材料、重物等。<br>（11）电缆终端下方、电力井盖板上方堆置易燃物品等 |
| 4 | 潜在 | （1）输电线路保护区50m范围内有平整地面的行为。<br>（2）输电线路保护区50m范围内地面上有画白线规划施工的现象。<br>（3）输电线路保护区30m范围内有砌围墙的行为。<br>（4）修建完成的公路未进行绿化植树、未进行路灯施工的情况。<br>（5）输电线路保护区50m范围内有测量、打桩的行为。<br>（6）联合勘查过现场但工地还未施工的情况。<br>（7）山火热点与输电线路距离大于3000m |

# 24　防风偏工作分册（MDYJ-SD-SDYJ-GZGF-024）

## 24.1　业务概述

运维班组应根据输电线路实际情况及风区分布图确定所辖线路特殊区段，建立台账。通过风偏校核、净空测距和防风偏隐患排查及时掌握动态变化情况，采用合理防风偏措施。

## 24.2　相关条文说明

### 24.2.1　风害的类型

**24.2.1.1**　风偏跳闸。

（1）导线对杆塔构件放电。

1）直线塔导线对杆塔构件放电：当直线塔导线对杆塔构件放电时，导线上放电点分布相对比较集中。导线附近塔材上一般可见明显放电点，且多在脚钉、角钢端等突出位置。

2）耐张塔跳引线对杆塔构件放电。

（2）导地线线间放电。

1）大档距同杆双回线间放电：同杆架设双回线的大档距因弧垂较大或两回线路导线型号规格不一，在强风下产生风偏及不同步风摆引起线间导线安全距离不足放电。

2）线路终端塔导线由垂直排列转水平排列引到变电站门型构架上，由于门型构架线路相间空气距离较小，在个别终端塔距离门型构架档距较大、相导线弧垂较松情况下，极易发生风偏引起相间净空距离不足放电。

（3）导线对周围物体放电。线路杆塔较低，线路对地距离普遍比较小，线和树木、线和建筑物、线和边坡安全距离不足等矛盾难于解决，导致导线风偏对树、建筑物、边坡放电。

**24.2.1.2**　绝缘子和金具损坏。

绝缘子和金具在微风振动和大风的作用下会发生金具磨损和断裂、绝缘子（断）串、绝缘子伞裙破损等故障。

**24.2.1.3**　杆塔损坏。

倒塔是风灾事故最严重的后果，会造成输电线路长时间故障停运，且需要消耗大量的人力和物力进行恢复。

## 24.2.2 气象监测及风区分布图

加强对电力气候资料的研究和收集。运维单位要充分与气象部门合作，收集局部地区的气象资料，了解当地的地形和气候特点，加强电力气候资料信息的收集和整理工作。班组应有风区分布图上墙图表（定期进行更新，更新周期不超过 3 年）。

## 24.2.3 治理措施

**24.2.3.1** 防风偏跳闸。

（1）导线对杆塔构件放电治理措施。

1）直线塔导线风偏治理措施。

a）导线悬垂串加挂重锤。

b）单串改双串或 V 串。

c）加装导线防风拉线。

d）复合横担改造。

2）耐张塔跳引线风偏治理措施。

a）加装跳线重锤。重锤适用于直线杆塔悬垂绝缘子和耐张塔跳线的加重，防止悬垂绝缘子串风偏上扬和减小跳线的风偏角。

b）跳线串单串改双串。对于 220kV 单回老旧干字型耐张塔单支绝缘子绕跳风偏，可采用双绝缘子串加装支撑管改造，并检查支撑管两侧跳线松弛度，给以收紧。采用“中相双跳串+软跳线”或“中相双跳串+支撑管”的改造措施。

c）耐张塔引流线加装防风小“T”接。通过在引流线两端加装附属引流线，降低原引流线的摆动范围，同时增加了引流线接头的通流能力，防止在线路大负荷运行时接头发热。

（2）导地线线间放电治理措施。导地线间放电治理措施主要有减小档距、加装相间间隔棒、调整线路弧垂、改造塔头间隙等。

1）对同杆架设双回线大档距不同风摆整治措施。对同杆架设双回线大档距，进行实测弧垂并校核风偏相间安全距离，对导线型号规格不一的更换成同一导线。

2）对线路终端塔导线由垂直转水平排列相间安全距离整治措施。对松弛的导线收紧，调整线路弧垂，对垂直转水平交差处相间静空距离进行校核，不满足要求的采取相间安装合成绝缘相间隔棒固定防止风偏，或原双分裂导线更换为单根大截面导线，以增加相间距离。

（3）导线对周围物体放电治理措施。对于导线对周围物体放电的治理，应校核导线或跳线的风偏角和对周围物体的间隙距离，不满足校验条件的应对周围物体（树木等）进行清理，保证导线与周围物体的安全距离。

**24.2.3.2** 防绝缘子和金具破损。

（1）金具磨损和断裂治理措施。

1）改变金具结构，对地线及光缆挂点金具“环-环”连接方式改为直角挂板连接方式，并使用高强度耐磨金具。

2）磨损的间隔棒更换为阻尼式加厚型间隔棒。

3）对磨损的耐张塔引流线进行了更换，并加装小引流处理，安装导线耐磨护套（内层为绝缘材质，外层包裹碳纤维外壳的导线耐磨护套）。

4）对断裂的金具进行校核，对于强度不够的单串金具，更换为双串金具，增大金具强度。

（2）绝缘子掉（断）串治理措施。

1）V 形串掉串故障多发生在球碗连接部位，在大风作用下，迎风侧一相导线的背风侧复合绝缘子受挤压，引起 R 销变形、球头受损。对 V 串复合绝缘子可加装碗头防脱抱箍，防止复合绝缘子下端球头与碗头挂板脱开，防止掉串事故。

2）对于新建线路中相 V 串复合绝缘子采用"环-环"连接方式，可有效避免绝缘子掉串问题。

（3）绝缘子伞裙破损治理措施。采用抗风型或小伞径复合绝缘子，但应兼顾防鸟防风问题。

**24.2.3.3** 防振动断股和断线。

（1）加装防振锤。

（2）加装阻尼线。

（3）加装护线条。

（4）加装阻尼间隔棒。

（5）采取增加杆塔数、减小档距来降低导、地线的平均运行张力。

**24.2.3.4** 防杆塔损坏。

（1）杆塔整体加固。

1）对于处在大风区的水泥杆，为防止风蚀，可在杆体 9m 以下迎风侧安装钢板，并且钢板加装双帽。铁塔全部关键部位包铁加装防松（盗）螺母，辅材安装弹簧垫片。

2）加装杆塔防风拉线。

为平衡杆塔受到的外部荷载作用力，提高杆塔强度，可以为强风地区杆塔加装防风拉线，有效保证杆塔不发生倾斜和倒塔。同时，可以减少杆塔材料消耗量，降低线路造价。拉线宜采用镀锌钢绞线，其截面不应小于 25mm$^2$。拉线棒的直径不应小于 16mm，且应采用热镀锌。

（2）更换杆塔。更换强度更高的杆塔是输电线路倒塔治理的根本措施。应根据倒塔事故情况和设计资料对杆塔强度进行校核，选择防风水平更强的杆塔型式和结构。

### 24.2.4 运维措施

**24.2.4.1** 防风偏跳闸。

（1）新建、大修技改线路竣工验收时，开展线路防风偏校验，检查导线对杆塔及拉线、导线相间、导线对通道内树竹及其他交叉跨越物、导线对架空地线等安全距离是否符合设计及规程要求。

（2）依据风区图合理划分线路特殊区段，大风天气或大风多发季节及时开展线路特巡，检查线路有无风偏跳闸隐患。

（3）搜集当地发生的大风等恶劣天气（飑线风、龙卷风、地方性风等）气象资料，及时更新风区图和线路特殊区段。

（4）对处于微地形区、微气象区的输电线路走廊开展风场观测，合理安装风偏在线监测系统，并做好数据收集与统计分析。

（5）恶劣天气来临前，开展线路保护区及附近易被风卷起的广告条幅、树木断枝、广

告牌宣传纸、塑料大棚、泡沫废料、彩钢瓦结构屋顶等易漂浮物隐患排查，督促户主或业主进行加固或拆除。

（6）风偏故障发生后，在巡视过程中，应注意收集故障发生时天气情况（包括风速、风向与线路走向夹角、降雨情况等）、现场地形特征（平地、丘陵、山地、沿海等）、走廊环境的变化（树木、广告牌的折断方向、附近的临时构筑物是否被大风吹散等）以及放电痕迹。

（7）线路风偏故障后，应检查导线、金具、杆塔等受损情况并及时处理。

（8）更换不同型式的悬垂绝缘子串后，应对导线风偏角重新校核。

（9）开展耐张转角塔防风偏隐患排查。500kV 及以上架空线路 45° 及以上转角塔的外角侧跳线串宜采用双串绝缘子并可加装重锤；15° 以内的转角内外侧均应加装跳线绝缘子串。220kV 线路参照 500kV 线路执行。

（10）开展单回路“干”字型耐张塔防风偏隐患排查。耐张中相单跳串加支撑管形式的绕跳应采用八字串或Ⅱ串连接。

（11）加强局部微气象区采用的特殊杆塔（如三相V串，单相V串等）巡视检查，记录运行状况及防风偏效果。

（12）加强防风拉线各构件连接情况，以及地面固定装置防撞措施完好情况。

（13）加强防风偏绝缘拉索棒体、金具、伞裙运行情况检查，连接是否可靠。

（14）检查耐张塔引流线绝缘护套包裹是否完整，有无开裂等现象。

（15）测量山区大档距线路导线对边坡及树木的距离，并进行风偏校验，对影响线路安全运行的应采取降坡或砍伐树木处理。

（16）对新增交叉跨越物应进行风偏校验，对影响线路安全运行的隐患及时治理。

（17）边导线与建筑物之间的最小水平距离，导线在最大弧垂、最大风偏时与树木之间的安全距离应满足《架空输电线路运行规程》要求。边线外超高树木（树木倒落距离不足的）应全部砍伐。

**24.2.4.2**　防绝缘子和金具损坏。

（1）积极应用红外测温技术监测直线接续管、耐张线夹等引流连接金具的发热情况，高温大负荷期间应增加夜巡，发现缺陷及时处理。

（2）加强对导、地线悬垂线夹承重轴磨损情况的检查，导地线振动严重区段应按 2 年周期打开检查，磨损严重的应予更换。

（3）检查锁紧销的运行状况，锈蚀严重及失去弹性的应及时更换；特别应加强 V 型串复合绝缘子锁紧销的检查，防止因锁紧销受压变形失效而导致掉线事故。

（4）对于直线型重要交叉跨越塔，包括跨越 110kV 及以上线路，铁路和高等级公路，一级公路，一、二级通航河流等，应采用双悬挂绝缘子串结构，且宜采用双独立挂点；无法设置双挂点的窄横担杆塔可采用单挂点双联绝缘子串结构。

（5）加强复合绝缘子护套和端部金具连接部位的检查，端部密封破损及护套严重损坏的复合绝缘子应及时更换。

（6）加强局部风害严重区域复合绝缘子伞裙破损情况检查。

（7）检查特殊串型如 V 型、Ⅱ型、八字型等串绝缘子串受力情况，发现受力不均或松弛情况及时调整或更换。

**24.2.4.3** 防振动断股和断线。

（1）新建、技改线路时严把验收质量关，检查导地线防振及保护金具安装情况，及时消除导地线在放线、紧线、连接及安装附件过程中造成的损伤。

（2）根据风区图划分线路特殊区段，线路停电检修时加强风害区线路防振金具、连接金具磨损情况检查。

（3）对风口区大档距或大跨越杆塔导地线悬垂线夹以及防振锤（尤其是距离线夹最远处防振锤）、间隔棒安装位置导地线进行检查，发现断股及时处理。

（4）定期对风口区线路杆塔螺栓进行紧固，必要时全塔安装防松螺栓。

（5）加强风口区、大档距及大跨越线路的运行管理，按期进行导地线测振，发现动、弯应变值超标应及时分析、处理。

（6）在腐蚀严重地区，定期检查导地线腐蚀情况。出现多处严重锈蚀、泡股、断股、表面严重氧化时应考虑换线。

（7）运行线路的重要跨越档内接头应采用预绞式金具加固。

**24.2.4.4** 防杆塔损坏。

（1）对局部地形、环境变化区域的重要输电通道进行差异化改造，提高重要线路设计水平。

（2）对于河网、沼泽、鱼塘等区域的杆塔，定期检查塔基浸淹情况。常年在水田中或雨季被水浸淹的杆塔每年枯水季节应检查金属基础和接地装置，掌握锈蚀情况制定相应对策。

（3）非居民区、交通困难地区的 110（66）kV 及以上架空输电线路拉线塔因开发建设或人口迁移等因素，周围环境发生较大变化，成为居民区或人口密集区时，拉线塔应及时进行改造，更换为自立塔或钢管杆。

（4）应对遭遇恶劣天气后的线路进行特巡，重点检查微气象区、微地形区、不良地质区杆塔基础及拉线，检查杆塔基础有无下沉、上拔，拉线有无松弛，铁塔塔材、螺栓有无松动、掉落，金具松动、磨损等情况。当导、地线发生覆风、舞动时应做好观测记录，并进行杆塔螺栓松动等专项检查及处理。

（5）加强杆塔基础的检查和维护，对取土、挖沙、采石等可能危及杆塔基础安全的行为，应及时制止并采取相应防范措施。

（6）加强拉线塔的保护和维修。拉线下部应采取可靠的防盗、防割措施；应及时更换锈蚀严重的拉线和拉棒；对于易受撞击的杆塔和拉线，应采取防撞措施。

（7）检查杆塔表面风化、裂纹、漏筋，抱箍锈蚀等情况，及时开展混凝土杆补强、金具防腐工作。

（8）提前介入基建工程施工，开展隐蔽工程质量验收，确保杆塔基础施工符合规范要求。

（9）应用可靠、有效的在线监测设备加强特殊区段的杆塔运行状况监测。

### 24.2.5 故障查找

**24.2.5.1** 故障发生后，根据故障测距数据情况，以故障测距定位杆塔为中心进行故障点查找。分地面巡视组与登塔巡视组同时开展故障检查工作。

**24.2.5.2** 地面巡视人员在巡视同时应向周边居民了解情况时，注意掌握走廊环境的变化及故障设备的运行状况，如树木、广告牌的折断方向、附近的临时构筑物是否被大风吹散等。

登塔巡视人员应重点检查故障杆塔本体、导线及其金具放电痕迹等。

**24.2.5.3** 发现疑似故障点，应将故障点周围情况做好记录，作为事故分析的依据，同时各类信息尽量附图说明，应包括但不限于：大风过后的现场照片、故障杆塔整体照片（需标注 A、B、C 相别）、故障设备在杆塔上位置说明照片、放电痕迹的局部清晰照片等。特别是将闪络放电痕迹位置、大小、烧伤程度结合现场图片进行详细描述，通过照片表明放电路径。

**24.2.5.4** 故障点确认后，应收集故障区段基本信息、区段走向（示意图，并标注南北方位）、海拔高度、沿途地形地貌特征（如平地、丘陵、山地、河网、沿海等）、气候特征（如气候类型、主导风向等）、周边污源特征、故障区段平断面图及近五年故障段采取的风偏治理措施等。

## 24.2.6 班长一般工作要求

**24.2.6.1** 按照输电运检技术下发的防风害文件要求制定本班组防风害排查计划，确定排查时间和工作组负责人及工作组成员。

**24.2.6.2** 完成 PMS 系统审核流程和作业文本评估。

**24.2.6.3** 对隐患排查结果进行分析，对存在问题采取相应措施。

## 24.2.7 技术员一般工作要求

**24.2.7.1** 及时更新线路风害区段台账信息。

**24.2.7.2** 保存原始资料（巡视记录本等）。

## 24.2.8 工作组负责人一般工作要求

**24.2.8.1** 工作组负责人应与气象部门合作，收集局部地区的气象资料，了解当地的地形和气候特点，加强电力气候资料信息的收集和整理工作。

**24.2.8.2** 工作前，工作组负责人在 PMS 系统中新建巡视计划，编制巡视作业文本，在 PMS 系统中推送至班长审核。

**24.2.8.3** 工作组负责人将 PMS 系统审核合格的作业文本进行打印执行，带领工作组成员开展防冰害专项隐患排查。

## 24.2.9 工作组成员一般工作要求

**24.2.9.1** 开展防风害专项隐患排查，做好相关记录和影像资料留存。

**24.2.9.2** 排查工作结束后，将排查记录及时录入 PMS 系统，并将巡视记录本交与技术员处留存。

## 24.3 流程图（见表 24-1）

表 24-1 流 程 图

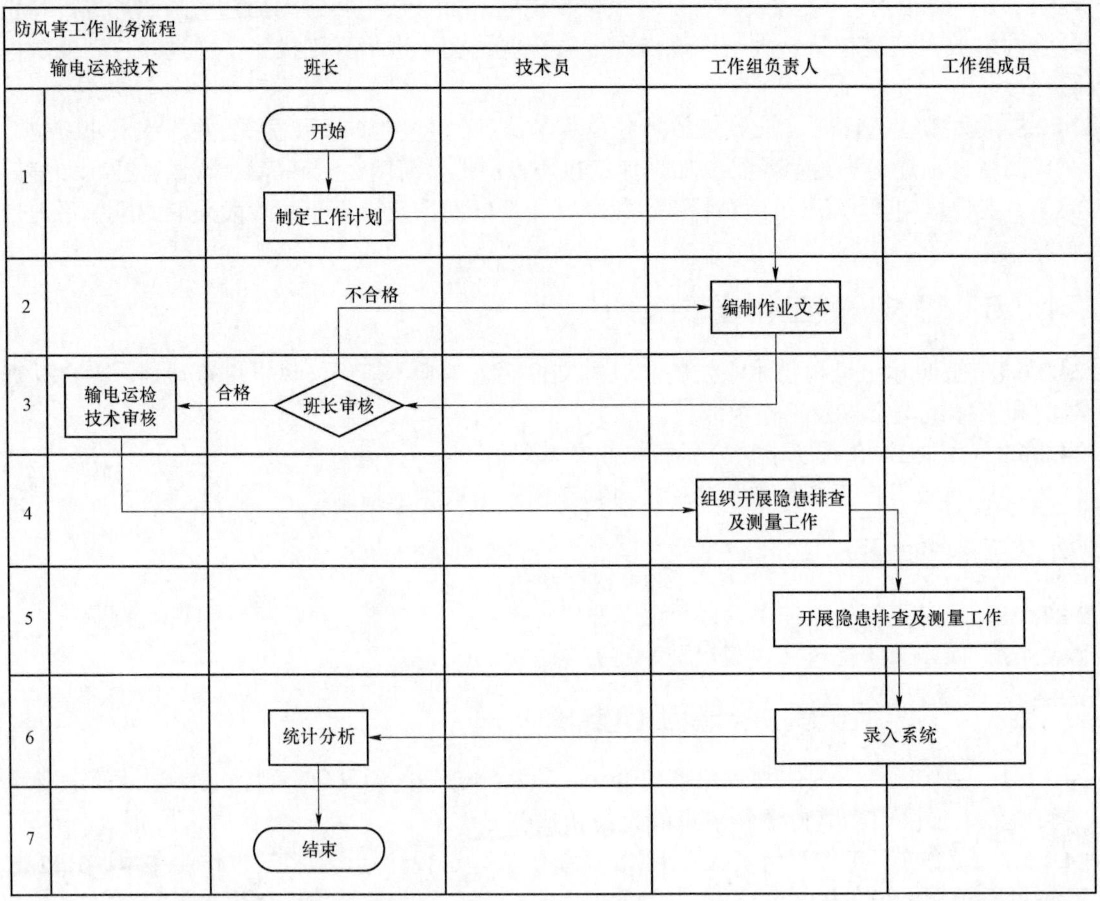

| 防风害工作业务流程 | | | | | |
|---|---|---|---|---|---|
| | 输电运检技术 | 班长 | 技术员 | 工作组负责人 | 工作组成员 |
| 1 | | 开始<br>制定工作计划 | | | |
| 2 | | 不合格 | | 编制作业文本 | |
| 3 | 输电运检技术审核 | 合格<br>班长审核 | | | |
| 4 | | | | 组织开展隐患排查及测量工作 | |
| 5 | | | | | 开展隐患排查及测量工作 |
| 6 | | 统计分析 | | | 录入系统 |
| 7 | | 结束 | | | |

## 24.4 流程步骤（见表 24-2）

表 24-2 流 程 步 骤

| 步骤编号 | 流程步骤 | 责任岗位 | 步骤说明 | 工作要求 | 备注 |
|---|---|---|---|---|---|
| 1 | 制定工作计划 | 班长 | 按照输电运检技术下发的防风害文件要求制定本班组防风害排查计划，确定排查时间和工作组负责人及工作组成员 | | |
| 2 | 编制作业文本 | 工作组负责人 | 工作组负责人在 PMS 系统中新建巡视计划，编制巡视作业文本，在 PMS 系统中推送至班长审核 | | |
| 3 | 班长审核 | 班长 | 在 PMS 系统中审核工作组负责人编制的巡视作业文本，审核合格后推送至输电运检技术审核合格后执行 | 作业文本不合格退回至工作组负责人 | |
| 4 | 组织开展隐患排查 | 工作组负责人 | 工作组负责人将 PMS 系统审核合格的作业文本进行打印执行，带领工作组成员开展防风害专项隐患排查 | 按照作业文本内容落实责任分工 | |
| 5 | 开展隐患排查 | 工作组成员 | 开展防风害专项隐患排查，做好相关记录和影像资料留存 | | |
| 6 | 录入系统 | 工作组成员 | 排查工作结束后，工作组成员配合工作组负责人将 PMS 系统中作业文本内容进行回填后执行，作业文本执行后生成巡视记录，登记巡视记录检查合格后进行归档并将巡视记录本交与技术员处留存 | | |
| 7 | 统计分析 | 班长 | 评估作业文本，对隐患排查结果进行分析，对存在问题采取相应措施 | | |
| 8 | 工作结束 | | | | |

# 25 班组建设工作分册（MDYJ-SD-SDYJ-GZGF-025）

## 25.1 业务概述

**25.1.1** 班组建设管理规范围绕班组基础建设、安全建设、技能建设、创新建设、民主建设、思想建设和文化建设等七个方面，明确了相应的管理内容，细化了工作要求，规范和指导班组共性管理工作。

## 25.2 相关条文说明

### 25.2.1 班组基础建设

**25.2.1.1** 工作过程管理。

（1）对应于本班组基本职责的每项工作，班组均应建立量化、可检查的目标值。班组应积极保障所承担的各项生产（工作）指标（任务）的实现。

（2）班组应按照部门下达的年度、月度工作计划，制定本班组月度工作实施计划，并按年度、月度检查分析计划完成情况，对未按计划完成的工作应有分析说明，对发现的问题、相应的改进措施应有跟踪记录。班组应根据自身实际工作需要，将月度工作计划细化为周计划、日计划或每个轮值计划等。

（3）班组的工作项目或作业项目，应有相应标准或作业指导书（卡）等标准化作业文本。标准化作业文本应包含和符合上级有关法规、标准、制度、规范、文件的要求。应明确工作或作业全过程中对人、事、物的要求。应明确工作环节或作业环节中应填写的记录、报告、报表等，实现对关键环节进行控制和追溯。

（4）班组应严格执行标准化作业文本的规定。作业前逐条对照并确认准备工作已全部完成。作业过程应严格按要求逐条实施，确认无漏项，并按规定填写记录、报告。作业结束必须做到工完料净场地清，经检查确认后方可进行验收。

（5）班组每项工作或作业项目均应明确负责人，对工作或作业项目全过程进行管理。对所负责的工作项目或作业项目进行检查，对问题提出改进建议，并对问题、原因、措施、完成情况进行跟踪并记录。

（6）班组应定期对全面工作开展检查、总结，对存在问题提出改进意见和具体措施，并对问题、原因、措施、完成情况进行记录。

**25.2.1.2** 资料管理。

（1）班组资料包括管理规范、技术资料台账、综合性记录三种类型。

（2）管理规范包括班组应执行的各项管理标准、岗位工作标准、管理制度以及班组内部管理规定，是班组成员的行为规范和准则。

（3）技术资料台账包括班组应执行的用以指导生产作业的各项技术标准、规程、图纸、作业指导书（卡）及原始记录、专业报表等。

（4）综合性记录应有工作日志、安全活动记录、班务记录三种。

1）工作日志由班组长记录班组每天工作开展情况。

2）安全活动记录按相关规定记录安全活动的开展情况，详见安全活动业务管理规范。

3）班务记录主要记录班务会、民主生活会、班组学习培训、思想文化建设等班组管理工作的开展情况，各项班务管理活动可合并记录。

（5）班组应分类建立资料台账目录并能检索到相应的文本，实现动态维护并保持其有效性。资料台账的管理应尽量使用电子文档，避免重复记录。

（6）各类资料台账、记录均应有记录格式、填写规定和管理要求，班组成员对其应清楚和掌握，并有专人管理。各类原始记录、台账、报表，要求资料完整、数据准确、内容真实。资料及档案管理方法详见附件。

**25.2.1.3** 信息化管理。

（1）应按照公司信息化工作的相关要求，在专业管理信息系统中为班组信息化管理创造条件。

（2）应在专业管理信息系统中建立班组设备电子档案、人员信息库、班组培训标准及试题库、班组资料管理等功能模块。

（3）加强生产管理系统的培训，使班组成员掌握并熟练应用生产管理信息系统，提高班组信息化应用水平。

（4）应建立班组建设信息化平台，反映工作动态，加强经验交流，促进共同提高。

**25.2.1.4** 文明管理。

（1）应结合本单位实际，加强班组环境建设，统筹协调，改善班组成员工作、学习、生活条件。

（2）班组实行 5S 管理。

**25.2.1.5** 库房物品摆放整齐，保管条件符合要求，标志正确清晰，制作物品标签（标签上注明型号和数量），领用手续齐全。

**25.2.1.6** 编制卫生值班表和卫生责任区明确责任落实。保证卫生责任区和室外生产区环境整洁。生活设施配置到位、摆放整齐，符合卫生条件。

**25.2.1.7** 上岗员工着装符合劳动保护的要求，佩戴岗位标志。

**25.2.1.8** 工作现场做到"四无"（无垃圾、无杂物、无积水、无油污）。

## 25.2.2 班组安全建设

**25.2.2.1** 安全目标及责任制。

（1）结合班组实际制定可量化考核的安全目标，逐级签订安全承诺书（责任书），提高班组成全意识。

（2）年度班组全员安规考试合格率应达到 100%。

（3）建立健全安全生产责任制，全面有效落实班组长、技术员、兼职安全员、工作负责人和班员的安全生产岗位职责。

**25.2.2.2** 安全管理。

（1）作业现场的安全管理参考现场安全管理业务规范。

（2）加强班组劳动保护和卫生工作，保障员工在生产劳动中的安全健康。

**25.2.2.3**　反违章工作。

（1）认真执行各种安全规程和各项安全规章制度，以班组长为第一责任人杜绝班组人员“三违”（违章指挥、违章作业、违反劳动纪律）。

（2）建立员工反违章常态机制，开展创无违章班组活动。

（3）应制定班组反违章工作措施，对反违章工作进行总结分析和考核。

## 25.2.3　班组技能建设

**25.2.3.1**　培训管理详见培训业务参考规范。

**25.2.3.2**　岗位实训。

（1）应制定班组岗位实训计划，组织开展形式多样的班组岗位实训活动。

（2）组织开展师带徒、安全技术培训、反事故演习、事故预想等活动，提升班组成员岗位技能水平。

（3）组织参加劳动竞赛、技术比武、岗位练兵、知识竞赛、技术交流等活动，营造比、学、赶、帮、超的竞争氛围，促进员工岗位成才。

**25.2.3.3**　激励措施。

建立完善员工技能提升激励机制，创造员工技能提升的良好环境。员工培训成绩应纳入班组内部绩效考核，培训结果作为员工年度绩效考核的依据之一。

## 25.2.4　班组创新建设

**25.2.4.1**　“创争”活动。

（1）大力开展班组“创争”（创建学习型组织、争做知识型员工）活动，着力提高班组成员的学习能力、创新能力和竞争能力，增强班组的凝聚力、创造力、执行力，班组工作效率显著提高，自主管理水平明显提升。

（2）以小型、多样、新颖的班组学习活动激发员工学习兴趣，引导员工将学习与岗位创新、岗位成才相结合，实现工作学习化、学习工作化。

**25.2.4.2**　群众性技术创新活动。

（1）培育创新思维，提高创新技能，立足岗位创新，开展合理化建议、技术攻关、QC小组等群众性技术创新活动。

（2）加快创新成果转化，促进创新成果的推广应用，实现创新创效，为员工参加创新成果的评比和专利成果的申报创造条件。

## 25.2.5　班组民主建设

**25.2.5.1**　建立班组民主管理制度，发挥班组民主管理作用，增强员工主人翁意识，调动员工参与企业发展决策的积极性。

**25.2.5.2**　积极引导员工参与班组民主管理，定期召开班组民主生活会，及时征求员工对班组工作的意见和建议。

**25.2.5.3**　实施班务公开，公开绩效考核、奖金分配、评先选优等情况。

**25.2.5.4**　开展绩效面谈和双向沟通，及时受理班组成员绩效意见反馈，妥善解决绩效考评的矛盾。

**25.2.5.5** 发挥员工在安全生产中的民主监督检查作用，做好劳动保护监督检查工作，提高员工的自我保护意识和能力。

### 25.2.6 班组思想建设

开展创建党员示范岗、青年标兵、先进工作者和岗位能手等创先争优活动，宣传先进典型，培育进取精神。

### 25.2.7 班组文化建设

**25.2.7.1** 组织开展健康向上、特色鲜明、形式多样的班组文体活动，培养员工高尚的道德情操。

**25.2.7.2** 创建“班组小家”、开展互助互济活动，营造班组团结和谐的氛围。

**25.2.7.3** 遵守公司行为准则，规范员工行为，培养员工文明习惯。

### 25.2.8 班长一般工作要求

**25.2.8.1** 建立健全班组管理制度，落实岗位责任制，完善各项管理标准。

**25.2.8.2** 组织安排标准化作业。

**25.2.8.3** 组织开展安全与技术培训。

**25.2.8.4** 组织班组人员参加本公司组织的反事故演习，并做好反事故演习记录。

**25.2.8.5** 负责审核班组作业指导书（卡），督促工作负责人做好每项工作任务事先的技术交底和安全措施交底。

**25.2.8.6** 建立健全安全生产责任制，全面落实技术员、兼职安全员、工作负责人和班员的安全生产岗位职责。

**25.2.8.7** 制定班组反违章工作措施，对反违章工作进行总结分析和考核。

### 25.2.9 技术员一般工作要求

**25.2.9.1** 编制本班组相应培训计划，完成上级布置的各项培训任务。

**25.2.9.2** 建立健全班组基础资料并定期检查补充所需资料。

**25.2.9.3** 协助兼职安全员组织班组安全活动并做好记录。

**25.2.9.4** 对班组运维信息进行整理归档。

### 25.2.10 兼职安全员一般工作要求

**25.2.10.1** 组织班组安全活动。

**25.2.10.2** 按规定办理工器具领用和出、入库手续。

**25.2.10.3** 保证工器具正确摆放并分类编号，确保账、卡、物三符合。

**25.2.10.4** 做好各种工器具的保管、日常维护和保养工作。

**25.2.10.5** 根据预防性试验项目、要求和周期，定期将工器具交付试验部门进行试验，对实验报告进行归档。

**25.2.10.6** 定期对消防器材检查，发现问题及时向输电运检室汇报。

### 25.2.11 工作组成员一般工作要求

**25.2.11.1** 自觉利用班前时间认真搞好工作场所环境卫生。

**25.2.11.2** 积极参加技术练兵、技术攻关、QC 小组等群众性技术活动。

**25.2.11.3** 遵守公司《员工守则》，规范自身行为，培养自身文明习惯。

**25.2.11.4** 参加安全与技术培训、政治理论学习，并做好相关笔记。

**25.2.11.5** 工作中严格执行标准化作业流程，遵守相关法律、法规、规程、规定、制度的相关规定。

# 附件：资料整理规范

基础资料的整体摆放见附图 25-1。

附图 25-1 资料柜的摆放

基础资料的归档要求如下：

1. 资料柜

（1）柜眉（见附图 25-2）。每个输电班组配备 4 个资料柜，分别编号为资料柜（1）、资料柜（2），以此类推。资料柜（1）用来归档图纸资料。资料柜（2）用来归档各类记录。资料柜（3）用来归档输电专业精益化管理相关资料。资料柜（4）用来存放临时性文件。资料柜编号样式如图所示。编号背景色为国网绿色，左侧为国网标识，右侧填写资料柜编号。尺寸为××mm×××mm，可根据资料柜柜眉宽度进行调节。

附图 25-2 柜眉

（2）编号。资料柜中摆放的资料盒需整齐排列，并对其进行编号。编号的原则为自上而下，由左向右的顺序。每个资料柜应配备资料目录，以便快速、准确查找资料盒。

2. 资料盒

（1）标签。资料盒标签见附图 25-3。侧标签的样式为：上侧为国网标识，中间为资料内容，字体采用黑体初号字，居中打印排版，下册首先填写××供电公司，然后标注输电运检××班，最后填写第××号文件，通常文件编号为三位数，如 001。正面标签名称、编号要与侧面标签一致，体采用黑体小二号字，居中排版。侧标签尺寸为：××mm×××mm，正面标签尺寸为：××mm×××mm，标签尺寸可根据资料盒进行调整。

（2）资料盒内容管理。对于图纸类资料资料盒，档案盒内的第一页应为图纸目录。对于日常填写的记录资料盒，第一页应为填写规范，即填写方法。资料盒内所有图纸资料、记录等都要摆放整齐（见附图 25-4）。

附图 25-3　资料盒标签

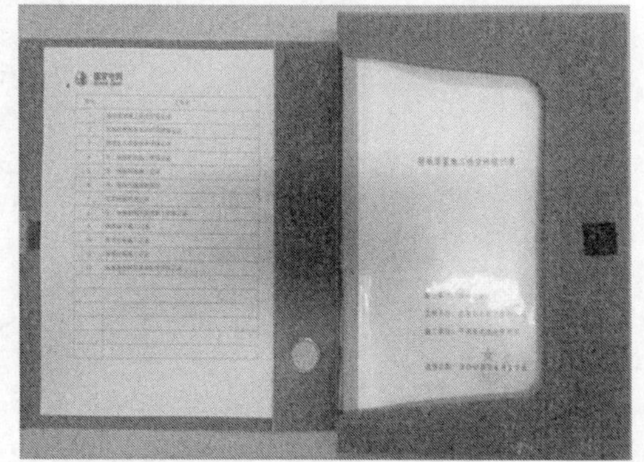

附图 25-4　资料盒内部

3. 基础资料（见附表 25-1）填写规范、基础资料填写规范

**附表 25-1**　　**应具备的基础资料**

| 序号 | 内容 |
|---|---|
| 1 | 专业管理必备法规、规程、制度、标准齐全 |
| 1.1 | 《电力设施保护条例实施细则》 |
| 1.2 | 《电业安全工作规程（电力线路部分）》 |
| 1.3 | 《架空输电线路运行规程》 |
| 1.4 | 《架空输电线路现场运行规程》 |
| 1.5 | 《架空输电线路施工及验收规范》 |
| 2 | 专业管理必备提示图表符合要求 |
| 2.1 | 图标齐全、美观，并与实际相符 |
| 2.2 | 所辖地区电力系统线路地理平面图 |
| 2.3 | 所辖地区电力系统接线图 |
| 2.4 | 设备一览表 |

续表

| 序号 | 内容 |
|---|---|
| 2.5 | 相位图 |
| 3 | 专业管理必备的记录齐全 |
| 3.1 | 生产管理系统内的记录应符合要求。系统外的记录完整、修改及时准确 |
| 3.2 | 工作日志（纸质记录） |
| 3.3 | 运行分析（纸质记录） |
| 3.4 | 培训记录（纸质记录） |
| 3.5 | 反事故演习记录（纸质记录） |
| 3.6 | 安全、绝缘用具试验记录（纸质记录） |
| 3.7 | 起重用具试验记录（纸质记录） |
| 3.8 | 安全、绝缘、起重用具外观检查记录（纸质记录） |
| 3.9 | 防洪点监视记录（纸质记录） |
| 3.10 | 事故备品备件台账（纸质记录） |
| 3.11 | 输电设备维护分界点协议书（纸质记录） |
| 3.12 | 线路条图（纸质记录） |
| 4 | 设备档案、资料、图纸齐全 |
| 4.1 | 工程竣工图 |
| 4.2 | 沿线征用土地协议 |
| 4.3 | 杆塔倾斜测量记录（原始记录） |
| 4.4 | 接地装置及接地电阻测量记录（原始记录） |
| 4.5 | 绝缘子盐密、灰密测试记录（原始记录） |
| 4.6 | 架空红外线外测温记录（原始记录） |
| 4.7 | 交叉跨越及对地距离测量记录（原始记录） |
| 4.8 | 导线、避雷线弧垂测量记录（原始记录） |
| 4.9 | 地埋金属部件锈蚀检测记录（原始记录） |
| 4.10 | 导线、避雷线覆冰观测记录（原始记录） |
| 4.11 | 绝缘子零值检测记录（原始记录） |
| 4.12 | 电杆裂纹检测记录（原始记录） |
| 4.13 | 导线、避雷线震动舞动观测记录（原始记录） |

4. 纸质记录填写规范

（1）工作日志（见附表25-2）填写要求：

1）工作日志用来记录班组的日常工作情况，它的主要内容包括：工作项目、工作时间、当天的天气情况、人员分工、人员出勤、请假、休假等情况。

2）填写工作票的工作，工作票的种类、票号、编号、工作票签发人、工作负责人、工作开始时间和完成时间应及时填写在工作日记内。

3）车辆的车牌号、司机姓名应填写在相应的位置。

4）工作日志应准确记录班组当天的安全生产天数。

5）工作日志的填写必须及时、准确、切合工作实际，不得出现拖延、漏项、与实际不符的情况。

6）工作日志必须由班长或指定的人员按时认真填写、装订。

附表 25-2　　班 组 工 作 日 志

单位：　　输电第##号

| 年　月　日 | 星期 | 安全天数：　天 | 天气： |
| --- | --- | --- | --- |
| | | | |

（2）运行分析（见附表 25-3）填写要求：

1）运行分析分为综合运行分析和专题运行分析。记载对线路运行情况的定期分析，发生事故、障碍、跳闸、异常情况及发现重大缺陷时的专题分析和定期的事故预想。

2）定期分析要对上次分析以来一段时间的运行情况进行分析，总结经验，找出问题和漏洞，研究改进工作的措施。

3）专题分析要对输电线路近期发生的和可能发生的具体事件进行研究，提出对策。专题运行分析由班长根据近期的设备运行情况，组织班组人员进行，每月至少一次。

4）分析后要记录分析日期、主持人、参加人员、分析题目、分析内容、存在问题及采取的措施。对分析出的问题及时向领导汇报，以利于问题的解决。

5）领导审核签字不得超过一周。

附表 25-3 运行分析记录簿

单位： 输电第##号

| 时间 | 年 月 日 | 主持人 | | 记录人 | |
|---|---|---|---|---|---|
| 参加人员 | | | | | |
| 分析题目： | | | | | |
| 分析内容： | | | | | |
| 存在问题及采取的措施： | | | | | |
| 领导批示： | | | | | |
| | | | | | |

（3）培训记录（见附表 25-4）填写要求：

1）记录簿由技术员和值班长负责组织填写。

2）培训以学习规程、实际操作、理论等方面知识为主，每月至少组织一次培训。

3）培训工作必须严格按照年、月培训计划进行，并切合班组实际工作需要进行适当的补充。培训内容应充实，让培训人员学有所用。

4）培训方式栏记集中讲课，必须保证规定的培训课时。

5）培训内容记录要具体，培训项目和主要内容要填写在记录中。个人自学不记入记录中。

附表 25-4 **培 训 记 录 簿**

单位：　　　　　　　　　　　　　　　　　　　输电第#号

| 培训时间 | | 学习时数 | | 主持人 | |
|---|---|---|---|---|---|
| 培训地点 | | 参加人数 | | 主讲人 | |
| 参加人员 | | | | | |
| 培训题目 | | | | | |
| 培训内容 | | | | | |

（4）反事故演习记录（见附表 25-5）填写要求：

1）反事故演习每季一次，由全班人员参加，反事故演习记录由主持人负责填写。

2）反事故演习方案应由班长或专工提前制定，工区主任或专工审批。

3）班长或专工应紧紧围绕季节天气情况、设备存在缺陷情况、系统运行方式等拟题。

4）反事故演习的题目、经过应明确、详细，总结出的经验和问题应具体，应采取的改进措施要能实施。

5）在演习结束后，在演习主持人的组织下，参与反事故演习的全体人员对演习进行认真总结、分析，查找问题并进行评价。

附表 25–5 **反 事 故 演 习 记 录 簿**

单位：　　　　　　　　　　　　　　　　　　　输电第##号

| 演习题目 | | | |
|---|---|---|---|
| 演习时间 | 年　月　日　时　分至　　年　月　日　分 | 指挥人 | |
| 参加人员 | | | |
| 演习经过： | | | |
| 发现问题及今后采取措施： | | | |
| 评价： | | | |
| 整体评价： | | | |
| 个人评价： | | | |
| 领导批示： | | | |

# 26 抢修管理工作分册（MDYJ-SD-SDYJ-GZGF-026）

## 26.1 业务概述

为进一步加强输电设备故障抢修管理，快速、有序修复因外力破坏、自然灾害和设备本体缺陷等原因引起的受损输电设备，严格执行安全工作规程，有针对性地落实安全、组织和技术措施，最大限度地降低故障对电网安全运行的影响，保证输电设备安全、可靠、稳定运行。

## 26.2 相关条文说明

**26.2.1** 班组应建立健全输电设备故障抢修工作制度和管理规范，并纳入常态化管理。

**26.2.2** 班组应结合实际编制现场处置方案。

**26.2.3** 班组应保存并学习《线路倒杆塔抢修预案》《导地线断线抢修预案》《绝缘子或金具脱落（掉线）抢修预案》《防低温、雨雪冰冻预案》《防山火灾害预案》《防输电设备污闪预案》等抢修预案。

**26.2.4** 班组需加强输电设备图纸资料管理，为抢修施工的顺利实施打好基础。

**26.2.5** 班组应加强 PMS 系统输电模块的维护，并根据现场变更及时对系统数据进行更新。

**26.2.6** 班组应建立常备的应急抢修队伍。

**26.2.7** 班组应严格执行国家电网公司有关规定，确保抢修队伍装备满足抢修工作需要。

**26.2.8** 班组应加强对抢修装备的管理，建立健全抢修装备的台账信息，做好备品备件、仪器仪表、专用工器具的检验工作，明确抢修装备的类型、数量、性能和存放位置等，定期进行维护、保养和试验，并加强进出库检查。

**26.2.9** 班组应制订输电设备抢修物资及备品备件管理制度，应每季度组织对抢修物资及备品备件管理进行抽查，每年组织一次全面检查。

**26.2.10** 班组应定期参加本单位开展的应急抢修人员的培训工作，熟悉故障抢修流程及工作要求，提高现场故障抢修、安全防护等能力。

**26.2.11** 班组要做好事故预想，每年至少参加两次本单位组织的故障抢修演练工作，重点检验班组人员故障抢修能力及相互间的配合、协调情况。

**26.2.12** 班长一般工作要求。

**26.2.12.1** 指派抢修工作负责人及抢修人员进行事故现场勘察。

**26.2.12.2** 班长根据现场勘察情况安排技术员启动相应处置方案，安排抢修工作负责人填写事故紧急抢修单，安排抢修人员准备抢修所使用的工具、材料及安全用具。

**26.2.12.3** 抢修工作结束后，班长组织有关人员对事故原因进行分析，总结抢修工作的经验，及时汇总故障抢修情况并上报，进一步完善和改进抢修管理工作。

**26.2.13** 技术员一般工作要求。

根据事故类型，启动相应处置方案。

**26.2.14** 工作负责人一般工作要求。

**26.2.14.1** 组织开展现场勘察，并将勘察情况向班长汇报。

**26.2.14.2** 填写事故紧急抢修单。

**26.2.14.3** 向停（送）电联系人提出抢修申请。

**26.2.14.4** 接到停（送）电联系人许可开始抢修的工作命令后全面开展抢修工作。

**26.2.14.5** 抢修工作结束，现场组织人员进行验收，验收合格后，抢修工作负责人向停（送）电联系人汇报，申请线路恢复送电。

**26.2.15** 工作班成员一般工作要求。

**26.2.15.1** 准备抢修工具、材料及安全用具。

**26.2.15.2** 按照作业分工参与抢修工作。

**26.2.15.3** 现场抢修工作验收。

## 26.3 流程图（见表 26-1）

表 26-1 流程图

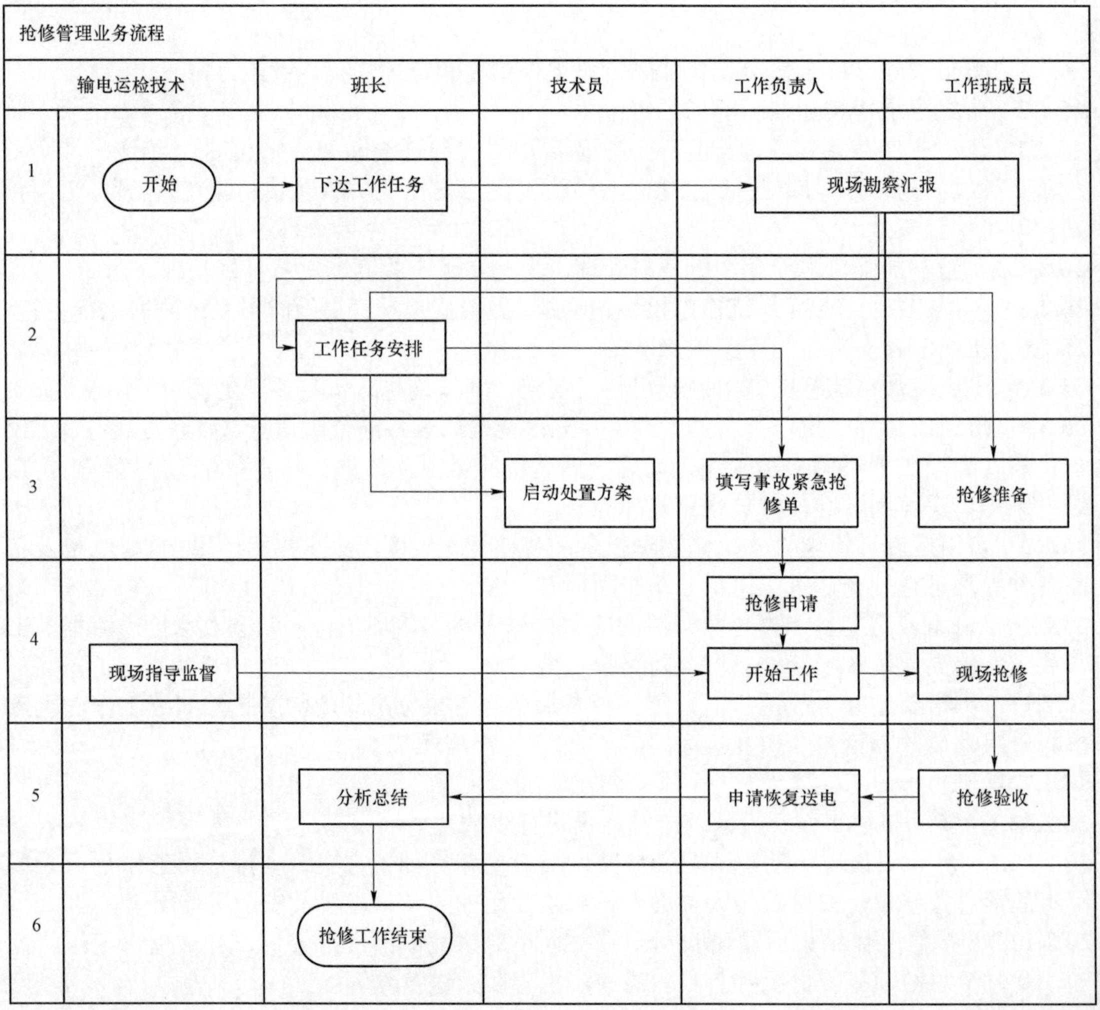

| 抢修管理业务流程 | | | | | |
|---|---|---|---|---|---|
| | 输电运检技术 | 班长 | 技术员 | 工作负责人 | 工作班成员 |
| 1 | 开始 | 下达工作任务 | | 现场勘察汇报 | |
| 2 | | 工作任务安排 | | | |
| 3 | | | 启动处置方案 | 填写事故紧急抢修单 | 抢修准备 |
| 4 | 现场指导监督 | | | 抢修申请<br>开始工作 | 现场抢修 |
| 5 | | 分析总结 | | 申请恢复送电 | 抢修验收 |
| 6 | | 抢修工作结束 | | | |

## 26.4 流程步骤（见表26-2）

表26-2 流程步骤

| 步骤编号 | 流程步骤 | 责任岗位 | 步骤说明 | 工作要求 | 备注 |
|---|---|---|---|---|---|
| 1 | 下达工作任务 | 班长 | 班长接到输电运检技术下达的故障抢修工作任务后指派抢修工作负责人及抢修人员进行现场勘察 | 现场勘察要严格执行《安规》相关要求 | |
| 2 | 现场勘察汇报 | 工作负责人 | 抢修工作负责人带领抢修人员进行现场勘察，现场勘察结束后，及时向班长汇报现场事故情况 | | |
| 3 | 工作任务安排 | 班长 | 班长根据现场勘察情况，对于小型抢修作业，向输电运检计划汇报现场勘察情况后，直接安排技术员启动相应处置方案，安排抢修工作负责人填写事故紧急抢修单，安排抢修人员准备抢修所使用的工具、材料及安全用具 | 以最快的速度赶到事故现场，做好抢修前的准备工作 | |
| 4 | 启动处置方案 | 技术员 | 技术员根据事故类型，启动相应处置方案 | 现场处置方案应每年1月进行修编完善，报本单位安质部审核批准后执行 | |
| 5 | 填写事故紧急抢修单 | 工作负责人 | 抢修工作负责人按照现场勘察情况填写事故紧急抢修单 | | |
| 6 | 抢修准备 | 工作班成员 | 抢修人员按照分工准备抢修工具、材料及安全用具 | | |
| 7 | 抢修申请 | 工作负责人 | 准备工作完毕后由工作负责人向停（送）电联系人提出抢修申请 | | |
| 8 | 开始工作 | 工作负责人 | 在接到停（送）电联系人许可开始抢修的工作命令后，要求抢修人员验电、挂好接地线，做好安全措施后方可全面开始抢修工作 | 同时要求在抢修现场装设抢修围栏等明显的抢修标志 | |
| 9 | 现场抢修 | 工作班成员 | 抢修人员按照抢修作业分工参与抢修工作 | | |
| 10 | 现场指导监督 | 输电运检技术 | | 抢修过程中，输电运检技术应在抢修现场进行指导和监督，随时掌握抢修进度，尽量以最短的时间和最快的进度使线路恢复送电 | |
| 11 | 抢修验收 | 工作班成员 | 抢修工作结束后，工作负责人组织工作班成员进行验收 | | |
| 12 | 申请恢复送电 | 工作负责人 | 验收合格后，抢修工作负责人向停（送）电联系人汇报，申请线路恢复送电 | | |
| 13 | 分析总结 | 班长 | 抢修工作全部结束后，班长组织有关人员对事故原因进行分析，总结抢修工作的经验，及时汇总故障抢修情况并上报，进一步完善和改进抢修管理工作 | | |
| 14 | 工作结束 | | | | |

# 27 工程验收管理工作规定（MDYJ-SD-SDYJ-GZGF-027）

## 27.1 业务概述

运维设备的新建、改（扩）建及技改大修工程（含用户工程）的验收和过程管理。主要包括输电工程的生产准备工作；输电线路本体、杆塔基础验收；接收核对工程移交资料、备品备件等，并保证资料的正确性、完整性，负责建立修改 PMS 系统基础数据；编写输电工程的验收大纲、验收卡；编写工程预验收报告和交接验收报告等工作。

## 27.2 相关条文说明

**27.2.1** 工序转序时要进行隐蔽工程验收，参加隐蔽工程验收人员应持验收标准卡逐项进行，发现问题反馈建设管理单位，设备运维单位保留记录并跟踪整改情况。

**27.2.2** 在设备安装调试工程中对关键工艺、关键工序、关键部位开展中间验收。中间验收以过程随机检查和指定项目旁站监督两种方式进行，以确保覆盖面。参加中间验收人员应对验收项目进行全过程旁站监督，及时纠正工艺、工序、调式试验方法等存在问题，并对相关数据进行记录，发现问题反馈给相关监管单位，设备运维单位保留记录并跟踪整改情况。

**27.2.3** 对全部杆塔进行登塔检查，对 500kV 及以上线路全线进行走线检查，检查各部件安装工艺质量。

**27.2.4** 杆塔基础逐基检查，检查基础施工工艺质量和防护情况。

**27.2.5** 交叉跨越距离实际测量，核对是否与记录相符。

**27.2.6** 全部接地极的接地电阻实际测量。

**27.2.7** 对杆塔螺栓紧固情况以抽检的方式进行力矩测试，抽检率不少于 10%。铁塔连接螺栓在组立结束时必须全部紧固一次，检查扭矩合格后方准进行架线。架线后，螺栓还应复紧一遍。

**27.2.8** 对导地线弛度以抽测的方式进行实测，抽测率不少于 10%；对基础等隐蔽工程进行中间验收时要拍摄照片。

**27.2.9** 各班组对验收需要的相关资料进行收集，主要包括设备说明书、参数、图纸、规范等，详细制定验收方案和验收卡。

**27.2.10** 全部初验完成后，各单位要在 2 个工作日内将所有发现的问题反馈至建设管理单位处理；处理完毕后，各单位要及时进行复验，复验不合格的，要将问题再次反馈至建设管理单位，并跟踪处理，直至问题处理完成。

**27.2.11**　严格按照《110～500kV 架空送电线路施工及验收规范（GB 50233—2005）、《1000kV 架空送电线路施工及验收规范》《±800kV 架空送电线路施工及验收规范》《国家电网公司生产准备及验收管理规定》进行验收。

**27.2.12**　班长一般工作要求。

**27.2.12.1**　负责接收核对工程移交资料、备品备件等，并保证资料的正确性、完整性。

**27.2.12.2**　严格按照公司有关工程验收的标准、规程、制度标准编制工程验收方案和各类设备验收卡。

**27.2.12.3**　组织班组人员参与工程重要隐蔽工程验收和中间验收。

**27.2.12.4**　负责线路投运后现场运行规程的编制及人员培训。

**27.2.13**　技术员一般工作要求。

**27.2.13.1**　参与输电线路本体、杆塔基础的验收，负责导线弛度、接地电阻、交叉跨越等测量验收。

**27.2.13.2**　负责协助班长接收核对工程移交资料、备品备件等，并保证资料的正确性、完整性。

**27.2.13.3**　负责录入修改 PMS 系统输电基础数据，并确保数据的完整性和准确性。

**27.2.13.4**　负责收集整理验收期间的验收记录和影像资料。

**27.2.14**　工作组负责人一般工作要求。

**27.2.14.1**　负责组织实施对输电线路本体、杆塔基础的验收。

**27.2.14.2**　负责收集整理验收人员现场验收记录，每天及时上报班长。

**27.2.14.3**　严格校核施工记录的准确性。

**27.2.15**　工作组成员一般工作要求。

**27.2.15.1**　对全部杆塔进行登塔检查，对 500kV 以上线路全线进行走线检查，检查各部件安装工艺质量。

**27.2.15.2**　对交叉跨越距离进行实际测量，核对是否与记录相符。

**27.2.15.3**　对基础等隐蔽工程进行中间验收时要拍摄照片。验收时对杆塔基础逐基进行检查，检查基础施工工艺质量和防护情况。

**27.2.15.4**　对杆塔螺栓紧固情况以力矩测试抽检的方式进行；对导地线驰度以抽测的方式进行实测。

**27.2.15.5**　验收时做好现场验收记录，并认真保存整理，保存原始验收痕迹。

## 27.3 流程图（见表27-1）

表27-1　　　　　　　　　　　　　　流　程　图

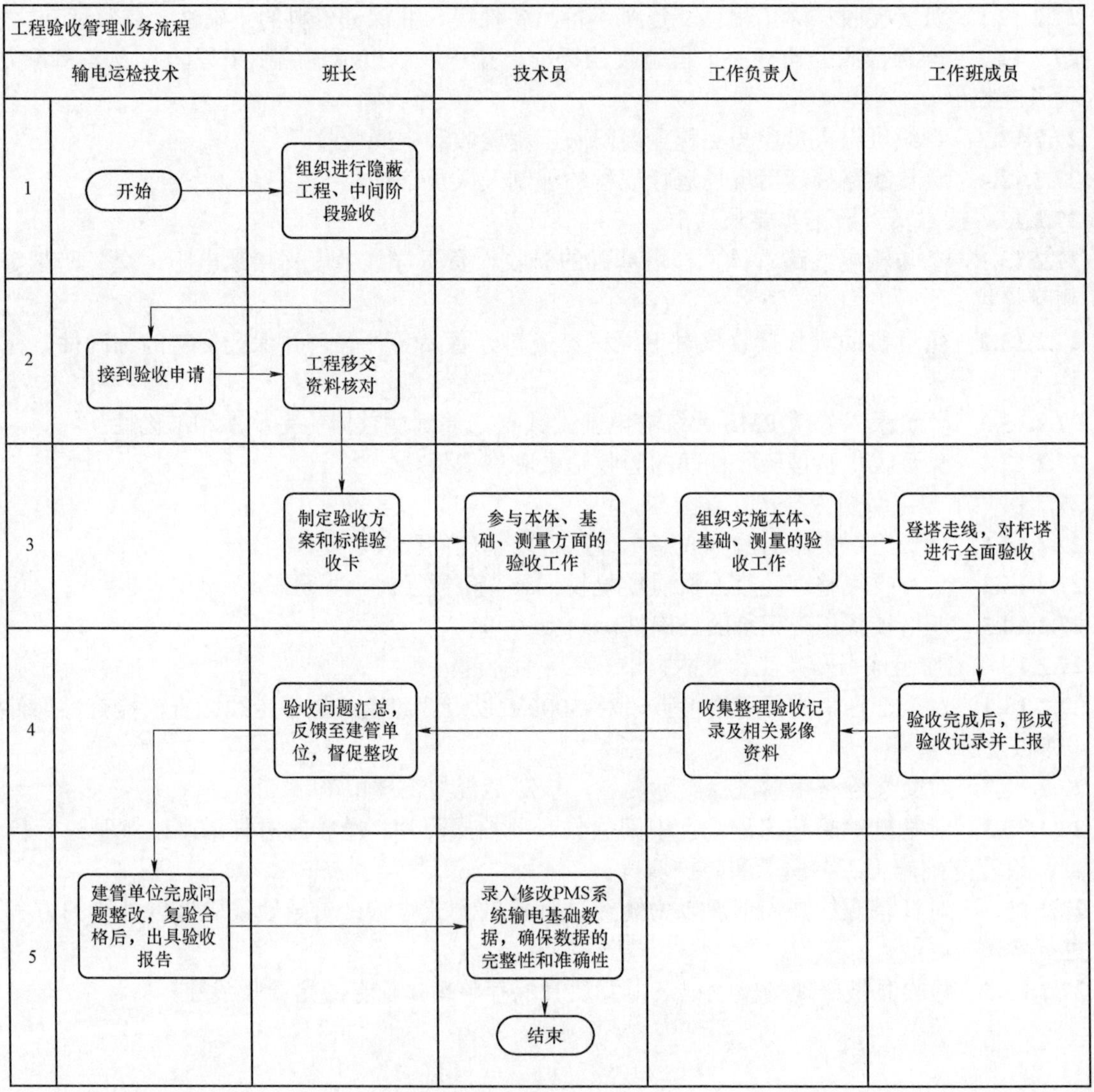

| 工程验收管理业务流程 | | | | | |
|---|---|---|---|---|---|
| | 输电运检技术 | 班长 | 技术员 | 工作负责人 | 工作班成员 |
| 1 | 开始 | 组织进行隐蔽工程、中间阶段验收 | | | |
| 2 | 接到验收申请 | 工程移交资料核对 | | | |
| 3 | | 制定验收方案和标准验收卡 | 参与本体、基础、测量方面的验收工作 | 组织实施本体、基础、测量的验收工作 | 登塔走线，对杆塔进行全面验收 |
| 4 | | 验收问题汇总，反馈至建管单位，督促整改 | | 收集整理验收记录及相关影像资料 | 验收完成后，形成验收记录并上报 |
| 5 | 建管单位完成问题整改，复验合格后，出具验收报告 | | 录入修改PMS系统输电基础数据，确保数据的完整性和准确性<br>结束 | | |

## 27.4 工程验收管理流程步骤（见表27-2）

表27-2　　　　　　　　　　　　　　流　程　步　骤

| 步骤编号 | 流程步骤 | 责任岗位 | 步骤说明 | 工作要求 | 备注 |
|---|---|---|---|---|---|
| 1 | 新建工程提前介入 | 专责 | 组织进行新建工程隐蔽工程、中间阶段验收 | 1. 需要参加隐蔽工程验收和中间验收，验收人员应持验收标准卡逐项进行，发现问题反馈建设管理单位，设备运维单位保留记录并跟踪整改情况。<br>2. 对基础等隐蔽工程进行中间验收时要拍摄照片 | |

续表

| 步骤编号 | 流程步骤 | 责任岗位 | 步骤说明 | 工作要求 | 备注 |
| --- | --- | --- | --- | --- | --- |
| 2 | 工程移交资料核对 | 班长 | 负责接收核对工程移交资料，并保证资料的正确性、完整性 | 检查工程图纸和资料是否规范完整，主要包括设备订货相关文件、设计联络文件、设计图纸资料、设计变更单、监造报告、供货清单、使用说明书、备品备件资料、出厂试验报告、型式试验报告、开箱资料、施工图纸及施工变更单、符合生产管理系统（PMS）的台账资料、交接试验报告、单体调试报告及安装记录等 | |
| 3 | 工程验收 | 班长 | 组织人员对具备验收条件的新建、大修技改等工程进行验收 | 1. 严格按照《110～500kV 架空送电线路施工及验收规范》GB 50233—2005）、《1000kV 架空送电线路施工及验收规范》《±800kV 架空送电线路施工及验收规范》《国家电网公司生产准备及验收管理规定》规章制度编号：国网（运检/3）296—2014 进行验收，验收前应提前编制验收方案并做好培训工作。<br>2. 对全部杆塔进行登塔检查，对 500kV 及线路全线进行走线检查，检查各部件安装工艺质量；对交叉跨越距离进行实际测量，核对是否与记录相符；对杆塔基础逐基进行检查，检查基础施工工艺质量和防护情况；对全部接地极的接地电阻进行实际测量；进行对杆塔螺栓坚固情况以抽检的方式进行力矩测试，抽检率不少于 10%；对导地线弛度以抽测的方式进行实测，抽测率不少于 10% | 技术员、工作负责人、班员 |
| 4 | 验收资料收集 | 工作负责人 | 整理验收人员现场验收记录，及时汇总并上报班长 | 验收时发现问题要及时反馈建设管理单位处理，全部初验完成后，要在 2 个工作日内将所有发现的问题反馈至建设管理单位处理；处理完毕后，要及时进行复验，复验不合格的，要将问题再次反馈至建设管理单位，并跟踪处理，直至问题处理完成 | |
| 5 | 出具验收报告 | 专责 | 验收完成后，对发现的问题与缺陷，形成书面材料交工程建设单位并督促整改，复验合格后方可出具合格的验收报告 | 结合验收情况，从设备运维管理单位的角度出具生产预验收报告，直接给出设备是否具备投运的结论，报告上交时代表设备已无影响投运的设备缺陷（隐患）。验收报告还应包含工程整过验收过程中发现的所有问题和问题处理情况 | |

# 28　培训管理工作分册（MDYJ-SD-SDYJ-GZGF-028）

## 28.1　业务概述

本着学以致用的原则、不断对班组成员进行有计划、有目的的培训、努力提高其理论和技能水平、做学习型员工。严格按照学习制度、保证学习时间、提高学习质量、增强学习的针对性和实效性。

## 28.2　相关条文说明

### 28.2.1　培训内容可参照下列内容

**28.2.1.1**　《中华人民共和国安全生产法》（主席令第十三号）。

**28.2.1.2**　职业技能鉴定指导书（送电线路第二版）。

**28.2.1.3**　《国家电网公司十八项电网重大反事故措施》（国家电网生〔2012〕352 号）。

**28.2.1.4**　《中华人民共和国电力法》。

**28.2.1.5**　《电力安全事故应急处置和调查处理条例》。

**28.2.1.6**　《电力安全工作规程（线路部分）》。

**28.2.1.7**　《架空输电线路运行规程》（DL/T 741—2010）。

**28.2.1.8**　《现场运行规程》。

**28.2.1.9**　《110～500kV 架空送电线路施工及验收规程》。

**28.2.1.10**　《电力设施保护条例》及《电力设施保护条例实施细则》。

**28.2.1.11**　《电力生产事故调查规程》。

**28.2.1.12**　《66kV 及以下架空电力线路设计规范》（GB 50061）。

**28.2.1.13**　《国家电网公司架空输电线路检修管理规定》。

**28.2.1.14**　《国家电网公司架空输电线路运维管理规定》。

### 28.2.2　带电作业班组应掌握的内容

**28.2.2.1**　送电线路带电作业技术导则（DL/T 966—2005）。

**28.2.2.2**　1000kV 交流输电线路带电作业技术导则（DL/T 392—2010）。

**28.2.2.3**　±500kV 直流输电线路带电作业技术导则（DL/T 881—2004）。

**28.2.2.4**　±800kV 直流输电线路带电作业技术导则（Q/GDW 302—2009）。

**28.2.2.5**　带电作业绝缘配合导则（DL 876—2004）。

**28.2.2.6**　带电作业用工具库房（DL/T 974—2005）。

**28.2.2.7**　带电作业用绝缘托瓶架通用技术条件（DL/T 699—2007）。

**28.2.2.8**　带电作业用绝缘斗臂车的保养维护及在使用中的试验（DL/T 854—2004）。

**28.2.2.9**　带电作业用工具、装置和设备使用的一般要求（DL/T 877—2004）。

**28.2.2.10**　带电作业用绝缘工具试验导则（DL/T 878—2004）。

**28.2.2.11**　带电作业用便携式接地和接地短路装置（DL/T 879—2004）。

**28.2.2.12**　带电作业工具、装置和设备的质量保证导则（DL/T 972—2005）。

### 28.2.3　培训制度

**28.2.3.1**　规程的学习与考核。

每年至少进行 2 次安全规程考试（春检或秋检之前）；每年至少进行 1 次有关输电线路技术规程考试；每年结合检修工作进行现场技能训练；事故预想，每年至少 2 次；根据事故预想，每年至少进行 2 次事故抢修演练；技术问答，每月每人至少 1 次；新人员应进行上岗三级培训；各班组应对新入职人员开展安全生产知识和岗位技能培训；学习 1 年后进行上岗考试；考试合格可正式参加线路巡视和检修；新人员入职后要签订师带徒协议；新人员上岗后应进行不定期考核。

因故间断电气工作三个月以上者，应重新学习本规程，并经考试合格后，方可恢复工作。

**28.2.3.2**　培训资料管理。

（1）培训工作应实现规范化管理，各种培训均应做好记录。

（2）各种培训记录和个人考试成绩，应存入培训档案，培训工作应注重质量，不断总结经验。

（3）外来施工人员必须经过安全生产知识和岗位技能培训，并经考试合格后方可上岗参加指定的工作。

### 28.2.4　班长一般工作要求

**28.2.4.1**　编制本班组年度培训计划、新入职人员培训计划，明确技术培训负责人、安全培训负责人及新入职培训负责人。

**28.2.4.2**　组织班组人员参加冬季集中培训。

**28.2.4.3**　督促编制安全培训、技术培训、新入职人员培训教案。

**28.2.4.4**　组织好师带徒培训工作

**28.2.4.5**　制定班组培训考核办法，定期对班组人员培训效果进行检查考核。

**28.2.4.6**　参加各类培训，做好培训记录并考试。

**28.2.4.7**　合理安排工作任务，组织班组人员参加技能鉴定。

**28.2.4.8**　编制事故预想，组织开展应急演练。

**28.2.4.9**　将安全、技术培训总结汇总上报。

### 28.2.5　技术员一般工作要求

**28.2.5.1**　根据班组培训计划编制技术培训及新入职人员培训教案。

**28.2.5.2**　负责实施班组技术培训及新入职人员培训。

**28.2.5.3**　负责技术问答出题并评价。

**28.2.5.4**　做好技术培训记录整理，留存培训影像材料。

**28.2.5.5** 负责建立班组人员个人技术培训档案。

**28.2.5.6** 参加安全培训，做好个人培训笔记。

**28.2.5.7** 定期组织人员开展技术培训考试。

**28.2.5.8** 参加班组组织的应急演练工作。

**28.2.5.9** 参加安全培训考试。

**28.2.5.10** 根据技术培训考试结果对班组人员进行能力评估。

**28.2.5.11** 编制全年技术培训总结上报班长。

### 28.2.6 兼职安全员一般工作要求

**28.2.6.1** 根据班组培训计划编制安全培训教案。

**28.2.6.2** 负责实施班组安全培训。

**28.2.6.3** 做好安全培训记录整理，留存培训影像材料。

**28.2.6.4** 定期组织人员开展安全培训考试。

**28.2.6.5** 参加技术培训，做好个人培训笔记。

**28.2.6.6** 参加班组组织的应急演练工作。

**28.2.6.7** 参加技术培训考试。

**28.2.6.8** 编制全年安全培训总结上报班长。

### 28.2.7 工作组成员一般工作要求

**28.2.7.1** 做好个人安全、技术培训笔记。

**28.2.7.2** 技术问答答卷。

**28.2.7.3** 参加班组事故预想及应急演练。

**28.2.7.4** 参加技能鉴定。

**28.2.7.5** 参加培训考试。

## 28.3 流程图（见表 28-1）

表 28-1　　流 程 图

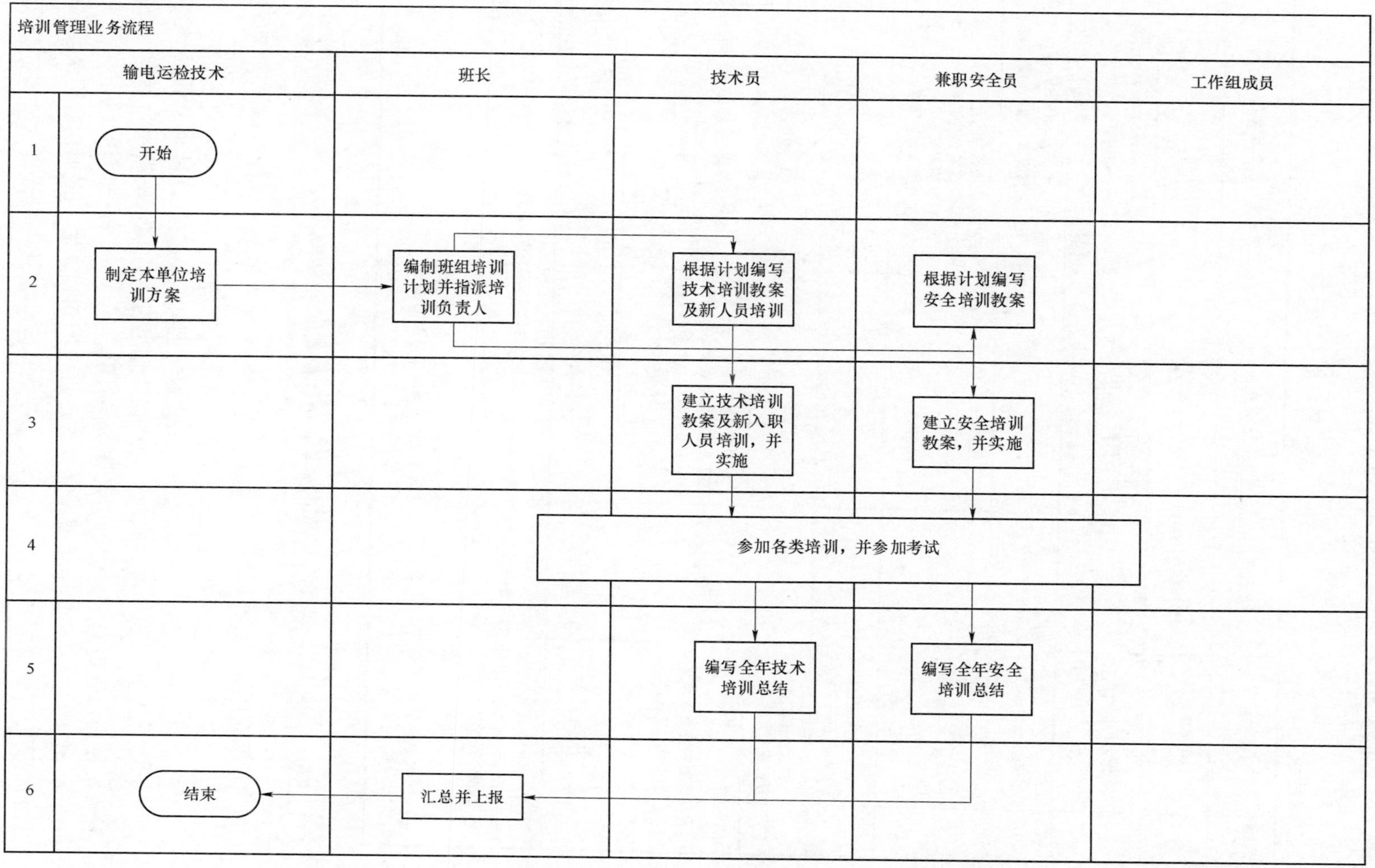

| 培训管理业务流程 | | | | | |
|---|---|---|---|---|---|
| | 输电运检技术 | 班长 | 技术员 | 兼职安全员 | 工作组成员 |
| 1 | 开始 | | | | |
| 2 | 制定本单位培训方案 | 编制班组培训计划并指派培训负责人 | 根据计划编写技术培训教案及新人员培训 | 根据计划编写安全培训教案 | |
| 3 | | | 建立技术培训教案及新入职人员培训，并实施 | 建立安全培训教案，并实施 | |
| 4 | | | 参加各类培训，并参加考试 | 参加各类培训，并参加考试 | 参加各类培训，并参加考试 |
| 5 | | | 编写全年技术培训总结 | 编写全年安全培训总结 | |
| 6 | 结束 | 汇总并上报 | | | |

## 28.4 流程步骤（见表28-2）

表28-2 流 程 步 骤

| 步骤编号 | 流程步骤 | 责任岗位 | 步骤说明 | 工作要求 | 备注 |
|---|---|---|---|---|---|
| 1 | 编制本单位培训方案 | 输电运检技术 | | | |
| 2 | 制定本班组培训计划及确定培训负责人 | 班长 | 班长根据下发的培训方案编制本班组培训计划 | 指定技术员为技术培训和新人员培训负责人、指定兼职安全员为安全培训负责人 | |
| 3 | 编制安全培训 | 兼职安全员 | | 负责实施班组安全培训和事故预想，编写演练脚本，组织应急演练 | |
| 4 | 编制技术培训和新人员培训 | 技术员 | | 负责实施班组理论技术培训、实操技术培训（结合春秋检修计划开展检修项目的实操培训）和新入职人员培训及技术问答出题并评价 | |
| 5 | 建立安全培训档案并实施 | 兼职安全员 | | | |
| 6 | 建立技术培训档案并实施 | 技术员 | | | |
| 7 | 参加各类培训并参加考试 | 班长、技术员、兼职安全员、工作组成员 | 技术员为技术培训负责人时班组人员都参加、兼职安全员为安全培训负责人时班组人员都参加、有新入职人员时参加新入职培训 | 1.技术问答答卷、参加班组事故预想及应急演练、参加技能鉴定。<br>2. 培训时应做好培训笔记，留存资料 | |
| 8 | 编制全年安全培训档案 | 兼职安全员 | 上报班组 | | |
| 9 | 编制全年技术培训档案及新入职人员培训档案 | 技术员 | 上报班长 | | |
| 10 | 汇总并上报 | 班长 | 将安全培训档案、技术培训档案及新人员培训档案汇总并上报输电运检技术 | | |

## 附件：培训记录表（见附表28-1）

填写要求：

1. 记录簿由技术员和值班长负责组织填写。

2. 培训以学习规程、实际操作、理论等方面知识为主，每月至少组织一次培训。

3. 培训工作必须严格按照年、月培训计划进行，并切合班组实际工作需要进行适当的补充。培训内容应充实，让培训人员学有所用。

4. 培训方式栏记集中讲课，必须保证规定的培训课时。培训内容记录要具体，培训项目和主要内容要填写在记录中。个人自学不记入记录中。

**附表 28-1**

## 培 训 记 录

单位：

| 培训时间 | | 学习时数 | | 主持人 | |
|---|---|---|---|---|---|
| 培训地点 | | 参加人数 | | 主讲人 | |
| 参加人员 | | | | | |
| 培训题目 | | | | | |
| | | | | | |

# 29 固定翼无人机管理工作分册（MDYJ-SD-SDYJ-GZGF-029）

## 29.1 业务概述

固定翼无人机巡检是利用无人机搭载可见光设备，基于 GPS 定位技术，在线路正上方按预设路径飞行，采用垂直或倾斜角度定时拍摄的方式，采集线路通道内的图像信息，发现线路保护区内的建筑、施工、异物、树木生长等环境变化。

## 29.2 相关条文说明

### 29.2.1 无人机分类

**29.2.1.1** 中型固定翼无人机指空机质量大于 7kg 且小于等于 20kg 的固定翼无人机，续航时间一般大于等于 2 小时，适用于大范围通道巡检、应急巡检和灾情普查。

**29.2.1.2** 小型固定翼无人机指空机质量小于等于 7kg 的固定翼无人机，续航时间一般大于等于 1 小时，适用于小范围通道巡检、应急巡检和灾情普查（例：ZW-1B、EWG-E2）。

### 29.2.2 人员要求

**29.2.2.1** 作业人员应掌握高压输电线路运行维护及安全生产相关知识，了解航空、气象、地理等必要知识。

**29.2.2.2** 作业人员应熟悉固定翼无人机巡检作业方法和技术手段，通过相应机型的操作培训并持证（AOPA 或 UTC 合格证）上岗。

**29.2.2.3** 作业人员应身体健康，精神状态良好，作业前 8 小时及作业过程中严禁饮用任何酒精类饮品。

**29.2.2.4** 固定翼无人机巡检作业人员配备应至少满足表 29-1 要求。

**表 29-1　　固定翼无人机飞行巡检作业人员配备**

| 角色 | 人数 | 作业分工 |
|---|---|---|
| 工作负责人 | 1 | 全面组织巡检工作开展，负责现场飞行安全 |
| 操控手 | 1 | 负责固定翼无人机人工起降操控、飞行姿态保持、设备准备、检查、撤收等 |
| 程控手 | 1 | 负责固定翼无人机航线规划、程控飞行、遥测信息监测、图传信息监测、设备准备、检查、撤收等 |

## 29.2.3 设备要求

**29.2.3.1** 固定翼无人机巡检系统应通过性能检测，各技术指标满足巡检作业要求。

**29.2.3.2** 应配置充足的备品备件并经检测合格。

**29.2.3.3** 应根据实际需要选配运输车辆。

## 29.2.4 安全要求

**29.2.4.1** 人员安全。

（1）作业现场应注意疏散周围人群，做好安全隔离措施，必要时终止作业。

（2）作业时，作业人员之间应保持联络畅通，严格遵守有关规定，禁止擅自违规操作。

（3）固定翼无人机起飞和降落时，作业人员应与其始终保持足够的安全距离，避开起降航线。固定翼无人机螺旋桨转动时，严禁无关人员接近。

（4）作业人员应正确使用安全工器具和劳动防护用品。

**29.2.4.2** 设备安全。

（1）固定翼无人机应预先设置突发和紧急情况下的安全策略。

（2）使用弹射起飞方式时，应防止橡皮筋断裂伤人。弹射架应固定牢固，且有防误触发装置。

（3）作业现场应做好灭火、防爆等安全防护措施，严禁吸烟和出现明火。带至现场的油料应单独存放。

（4）加油和放油操作应在良好天气条件下进行，操作人员应使用防静电手套。

（5）固定翼无人机巡检系统断电应在螺旋桨停止转动以后进行。

（6）作业现场不应使用可能对固定翼无人机巡检系统造成干扰的电子设备。

## 29.2.5 环境要求

**29.2.5.1** 如遇大雨、大风、冰雹等恶劣天气或出现强电磁干扰等情况时，不宜开展作业。

**29.2.5.2** 起飞前，应确认现场风速符合现场作业条件。

**29.2.5.3** 巡检区域处于狭长地带或大档距、大高差、微气象等特殊区域时，作业人员应根据固定翼无人机的性能及气象情况判断是否开展作业。

**29.2.5.4** 特殊或紧急情况下，如需在恶劣气候或环境开展巡检作业时，应针对现场情况和工作条件制定安全措施，履行审批手续后方可执行。

## 29.2.6 作业要求

**29.2.6.1** 空域申报。

（1）完成年度无人机巡检空域提报工作，提交巡检线路坐标、航线示意图、无人机机型、人员证件等资料。

（2）按照批复的空域，明确空域负责人，每次执行巡检任务提前七天向各地区空管部门提报计划。

（3）巡检作业前一天再次向空管部门核实批复的空域，确保第二天巡检作业顺利开展。

**29.2.6.2** 现场勘查。

（1）应制定固定翼无人机巡检计划，确定巡检作业任务，选择合适机型，必要时开展现场勘查。

（2）勘查内容应包括地形地貌、气象环境、空域条件、线路走向、通道长度、杆塔坐标、高度、塔型及其他危险点等。

（3）根据现场地形条件合理选择和布置起降点。

（4）计划外的巡检作业，应履行相关审批手续，必要时进行现场勘查。

**29.2.6.3** 航线规划。

（1）作业前应根据实际需要，向线路所在区域的空管部门履行空域审批手续。

（2）应根据固定翼无人机的性能合理规划航线。

（3）航线规划应避开军事禁区、军事管理区、空中危险区和空中限制区，远离人口稠密区、重要建筑和设施、通讯阻隔区、无线电干扰区、大风或切变风多发区，尽量避免沿高速公路和铁路飞行。

（4）应根据巡检线路的杆塔坐标、塔高等技术参数，结合线路途经区域地图和现场勘查情况绘制航线，制定巡检方式、起降位置及安全策略。

（5）首次飞行的航线应适当增加净空距离，确保安全后方可按照正常巡检距离开展作业。若飞行航线与杆塔坐标偏差较大，应及时修正航线库。

（6）固定翼无人机起、降点应与输电线路和其他设施、设备保持足够的安全距离，进场条件良好，风向有利，具备起降条件。

（7）固定翼无人机应在杆塔、导线上方开展作业，与塔顶的垂直距离不宜小于100m。巡航速度宜在60～120km/h范围内。

（8）线路转角角度较大，宜采用内切过弯的飞行模式；相邻杆塔高程相差较大时，宜采取直线逐渐爬升或盘旋爬升的方式飞行，不应急速升降。

（9）应建立巡检作业航线库，对已作业的航线及时存档、更新，并标注特殊区段信息（线路施工、工程建设及其他影响飞行安全的区段）。

（10）进行相同作业时，应在保障安全的前提下，优先调用历史航线。

**29.2.6.4** 作业许可。

（1）抵达现场后，应报告空管部门，核实批复的空域。履行工作许可手续，获得许可后方可开展作业。

（2）巡检作业前，根据机型和巡检任务编制巡检作业指导书。

（3）故障巡检、特殊巡检等非计划巡检也应办理工作许可手续。

**29.2.6.5** 现场作业。

（1）起飞前准备：

1）应检查起降点周围地理环境、电磁环境和气象条件，确认满足安全起降要求。

2）应核对航线规划是否满足安全飞行要求。

3）应检查固定翼无人机动力系统的燃油或电能储备，确认满足飞行巡检航程要求。

4）作业人员应逐项开展设备、系统自检，确保固定翼无人机处于适航状态，并填写巡检前检查工作单。

5）应明确工作内容、人员分工，落实现场安全措施，并履行确认手续。

（2）起飞：

1）起飞时，应确认风向适宜。

2）中型固定翼无人机不宜采用手抛起飞方式。

3）采用手抛起飞时，作业人员抛掷固定翼无人机后应迅速远离飞行航线。

4）采用弹射起飞时，弹射架应置于水平地面上并做好防滑和防误触发措施。高海拔地

区进行弹射起飞时，应适当增加弹射架长度或滑跑距离，以保证起飞初速度。

5）采用滑跑起降时，应提前做好跑道清理工作。

6）起飞后，应密切关注无人机飞行状态，做好突发和紧急情况下手动接管固定翼无人机准备。

（3）巡检飞行：

1）固定翼无人机宜采用自主飞行模式执行巡检作业。

2）应通过地面站全程监控固定翼无人机的发动机或电机转速、电池电压、飞行航线等技术参数及飞行状态，必要时进行人工干预。

（4）返航降落：

1）应提前做好降落场地清理工作，确保其满足降落条件。降落时，人员与无人机应保持足够的安全距离。

2）采用伞降回收方式时，应充分考虑现场风向、风速，合理确定开伞地点及高度。

3）采用机腹擦地着陆或滑跑降落方式时，降落场地应满足其最小滑行距离要求。

4）采用撞网回收方式时，回收网应有固定支撑，牢固可靠。

5）降落期间，应密切关注无人机飞行状态，做好人工接管准备，必要时切换手动降落。

（5）飞行后检查及撤收：

1）作业结束后，应及时向空管部门汇报，履行工作终结手续。

2）降落后，应进行外观及零部件检查，恢复储运状态并做好相关记录。

3）撤收前，油动无人机应将油箱内剩余油料回收并妥善储存；电动无人机应将电池取出。

4）人员撤离前，应清理现场，核对设备和工器具清单，确认现场无遗漏。

（6）巡检资料整理及移交：

1）每次巡检结束后，应及时将任务设备的巡检数据导出，汇总整理巡检结果并提交。

2）应及时做好空域审批文件、工作票（单）、航线信息库等资料的归档。

## 29.2.7　维护保养

**29.2.7.1**　设备维护。

（1）固定翼无人机巡检系统及油料应定置存放，并设专人管理。

（2）应定期对固定翼无人机巡检系统进行检查、清洁、润滑、紧固，确保设备良好。

（3）设备电池应定期进行检查维护，确保其性能良好。

**29.2.7.2**　设备保养。

（1）应定期进行零件维修更换和保养。

（2）无人机巡检系统主要部件（如电机、飞控系统、通信链路、任务设备等）更换或升级后，应进行检测，确保满足技术要求。

（3）无人机长期不用时应定期检查设备状态，如有异常应及时调试或维修。

## 29.2.8　异常处置

**29.2.8.1**　无人机巡检作业应编制异常处置应急预案（或现场处置方案），并开展现场演练。

**29.2.8.2**　飞行巡检过程中，发生危及飞行安全的异常情况时，应根据具体情况及时采取返航或就近迫降等应急措施。

**29.2.8.3**　作业现场出现雷雨、大风等突变天气或空域许可情况发生变化时，应采取措施控制固定翼无人机返航或就近降落。

**29.2.8.4** 当无人机出现状态不稳、航线偏移大、通信链路不畅等故障时应及时采取措施恢复正常状态或控制无人机降落。

**29.2.8.5** 无人机未按预定计划返航时，应根据通信链路或机载追踪器发送的最终地理坐标信息组织寻找。

**29.2.8.6** 无人机发生事故后，应立即启动应急预案，对现场情况进行拍照取证，及时组织事故抢险，做好舆情监控和民事协调，并将现场情况报告输电运检技术。

### 29.2.9 班长一般工作要求

**29.2.9.1** 上报无人机取（复）证培训人员，组织人员对新机型培训。

**29.2.9.2** 组织人员对新购置和返厂后无人机进行验收，对于验收不合格的无人机予以退回。

**29.2.9.3** 上报无人机年度巡视计划。

**29.2.9.4** 根据异常处置应急预案编制无人机现场处置方案。

**29.2.9.5** 组织分析无人机安全运行情况。

**29.2.9.6** 编写无人机年度工作总结。

### 29.2.10 技术员一般工作要求

**29.2.10.1** 上报无人机取证培训人员，开展无人机理论、实操培训。

**29.2.10.2** 将验收合格的无人机编号、登记、入库。

**29.2.10.3** 巡检后影像资料的存档，梳理隐患、缺陷纸质档案上报输电运检技术。

### 29.2.11 工作负责人一般工作要求

**29.2.11.1** 组织无人机故障巡检。

**29.2.11.2** 组织无人机日常巡检。

**29.2.11.3** 根据审批的空域制定飞行计划于飞行前一天向线路所在空管部门进行报备，并组织现场勘查。飞行当天起飞前、降落后都应报备。

**29.2.11.4** 飞行前对人员进行任务分工。

### 29.2.12 工作班成员一般工作要求

**29.2.12.1** 根据任务分工执行无人机巡检作业。

**29.2.12.2** 对于自主飞行任务应提前做好航线规划。

**29.2.12.3** 梳理隐患、缺陷及时上传 PMS 系统。

**29.2.12.4** 巡检作业后对无人机巡检系统详细检查，确定无误后入库，并做好无人机日常维护、保养工作。

**29.2.12.5** 参加无人机培训及相关安全运行分析会。

# 29.3 流程图（见表 29-2）

表 29-2　　　　　　　　　　　　　流　程　图

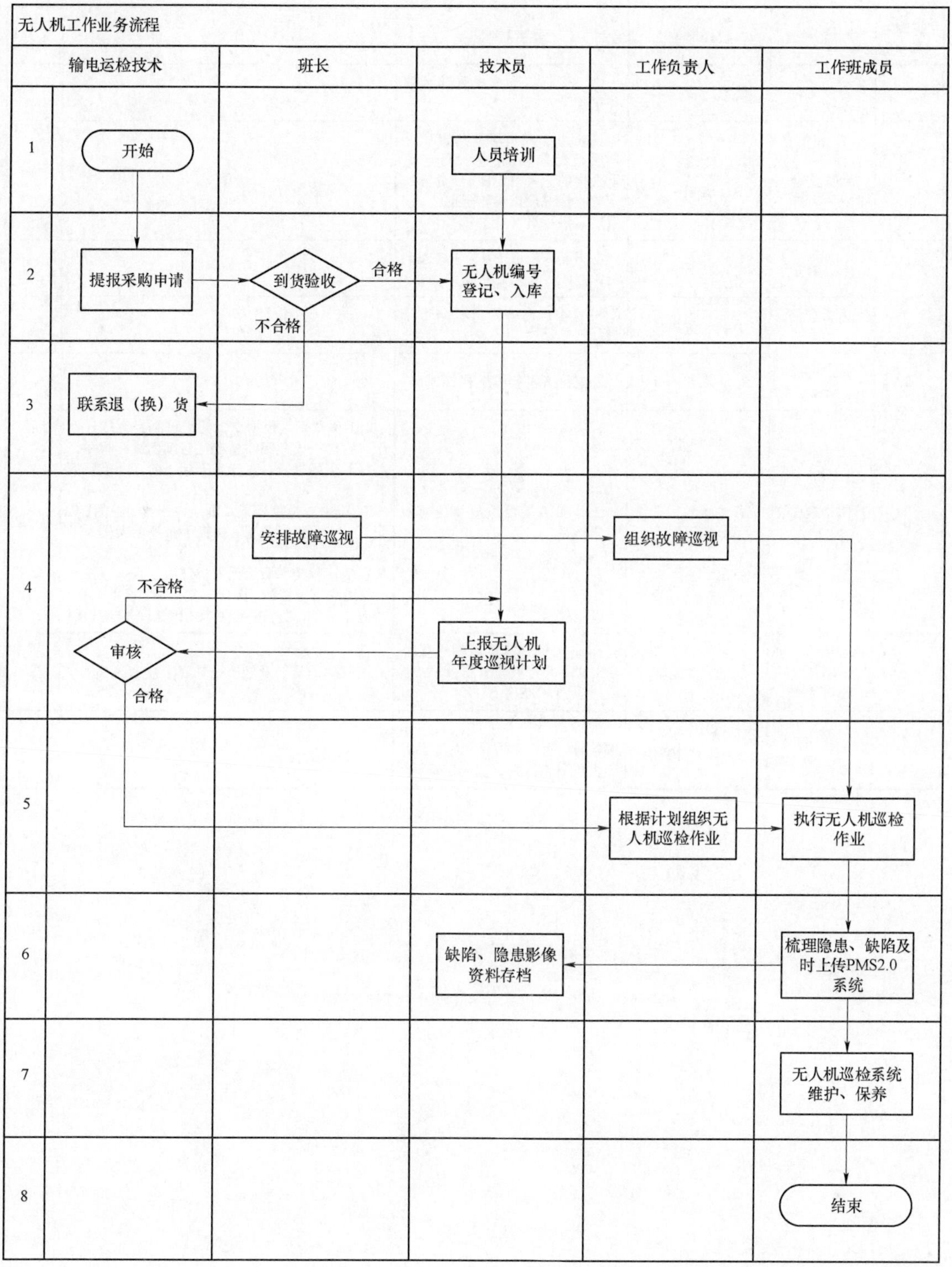

| 无人机工作业务流程 | | | | | |
|---|---|---|---|---|---|
| | 输电运检技术 | 班长 | 技术员 | 工作负责人 | 工作班成员 |
| 1 | 开始 | | 人员培训 | | |
| 2 | 提报采购申请 | 到货验收（合格；不合格） | 无人机编号登记、入库 | | |
| 3 | 联系退（换）货 | | | | |
| 4 | 审核（不合格；合格） | 安排故障巡视 | 上报无人机年度巡视计划 | 组织故障巡视 | |
| 5 | | | | 根据计划组织无人机巡检作业 | 执行无人机巡检作业 |
| 6 | | | 缺陷、隐患影像资料存档 | | 梳理隐患、缺陷及时上传PMS2.0系统 |
| 7 | | | | | 无人机巡检系统维护、保养 |
| 8 | | | | | 结束 |

## 29.4 流程步骤（见表 29-3）

表 29-3 流 程 步 骤

| 步骤编号 | 流程步骤 | 责任岗位 | 步骤说明 | 工作要求 | 备注 |
|---|---|---|---|---|---|
| 1 | 提报采购 | 输电运检技术 | 由工区提报无人机采购计划并采购无人机 | | |
| 2 | 到货验收 | 输电运检技术、班长 | 班长组织人员对新购置和返厂后无人机进行验收，对于验收不合格的无人机退回。专责将到货验收情况反馈给物资部门，联系厂家进行退（换）货 | | |
| 3 | 人员培训 | 班长 | 上报无人机取（复）证培训人员，组织人员对新机型培训 | | |
| 4 | 无人机登记、入库 | 班长、技术员 | 将验收合格的无人机编号登记、入库 | | |
| 5 | 制定巡视计划 | 班长 | 制定无人机年度巡视计划 | | |
| 6 | 日常巡视、故障巡视 | 工作负责人、工作班成员 | 工作负责人组织故障巡视和日常巡视 | 1.工作负责人根据审批的空域制定飞行计划于飞行前一天向线路所在空管部门进行报备，并组织现场勘查。飞行当天起飞前、降落后都应报备。<br>2. 班组人员执行无人机巡检作业，由工作负责人对人员进行分工。操控手负责无人机人工起降操控、飞行姿态保持、设备准备、检查、撤收等。程控手负责无人机航线规划、程控飞行、遥测信息监测、图传信息监测、设备准备、检查、撤收。任务手负责图像采集、缺陷拍照 | |
| 7 | 梳理隐患、缺陷及时上传PMS系统 | 工作班成员 | 作业人员对巡检后的影像分析处理，并将梳理出隐患、缺陷及时上传 PMS 系统 | 处理后的资料及纸质记录交于技术员存档 | |
| 8 | 维护保养 | 工作班成员 | 巡检后对无人机巡检系统详细检查，确定无误后入库，做好无人机日常维护、保养工作 | | |

# 30 多旋翼无人机管理工作分册（MDYJ-SD-SDYJ-GZGF-030）

## 30.1 业务概述

多旋翼无人机巡检是对架空输电线路本体和附属设施的运行状态进行精细化巡检，通过搭载可见光、红外设备等设备，采集杆塔本体及附属设施的图像信息，发现杆塔、导地线、绝缘子、金具、拉线、基础及附属设施等部位的各类缺陷。

## 30.2 相关条文说明

### 30.2.1 无人机分类

**30.2.1.1** 中型无人直升机指空机质量大于 7kg 且小于等于 116kg 的无人直升机，一般是单旋翼带尾桨式无人直升机，适用于中等距离的多任务精细化巡检。

**30.2.1.2** 小型无人直升机指空机质量小于等于 7kg 的无人直升机，一般是电动多旋翼无人机，适用于短距离的多方位精细化巡检和故障巡检（例：大疆悟 2、大疆精灵 4、EWZ-S8、XR-4）。

### 30.2.2 人员要求

**30.2.2.1** 作业人员应具有 2 年及以上架空输电线路运行维护工作经验，了解航空、气象、地理等相关知识，掌握无人直升机理论及技能，经考试合格，并持证（AOPA 或 UTC 合格证）上岗。

**30.2.2.2** 具备必要的安全生产知识，学会紧急救护法。

**30.2.2.3** 作业人员应身体健康、精神状态良好，无妨碍作业的生理和心理障碍。作业前 8h 及作业过程中严禁饮用任何酒精类饮品。

**30.2.2.4** 无人直升机飞行巡检作业人员配备应至少满足表 30-1 要求。

**表 30-1** 无人直升机飞行巡检作业人员配备

| 机型 | 角色 | 人数 | 作业人员分工 |
|---|---|---|---|
| 中型机 | 工作负责人 | 1 名 | 全面组织巡检工作开展，负责现场飞行安全 |
| | 操控手 | 1 名 | 负责无人直升机人工起降操控、设备准备、检查、撤收 |
| | 程控手 | 1 名 | 负责程控无人直升机飞行、遥测信息监测、设备准备、检查、航线规划、撤收 |
| | 任务手 | 1 名 | 负责任务设备操作、现场环境观察、图传信息监测、设备准备、检查、撤收 |
| 小型机 | 工作负责人 | 1 名 | 负责组织巡检工作开展及现场飞行安全。可兼任操控手或程控手 |
| | 操控手 | 1 名 | 负责无人直升机操控 |
| | 程控手（任务手） | 1 名 | 负责任务设备操作、遥测信息监测 |

### 30.2.3 设备要求

**30.2.3.1** 无人直升机巡检系统和备品备件应满足无人直升机巡检相关功能和技术要求，定期保养并经检测合格，确保其状态正常。

**30.2.3.2** 中型无人直升机应储备不少于2架次正常巡检所需油料，小型无人直升机应配备不少于6组电池。

**30.2.3.3** 中型无人直升机巡检系统应配置运输和测控车辆，小型无人直升机巡检系统可根据实际需要选配运输车辆。作业车辆应采用通过性能良好的车型，满足储运及现场作业保障要求。

### 30.2.4 安全要求

**30.2.4.1** 人员安全。

（1）作业现场应设专人进行安全监护，注意保持与无关人员的安全距离，必要时设置安全警示区；受到无关人员干扰时可终止巡检任务。

（2）巡检过程中，作业人员之间应保持联络畅通，确保每项操作均知会相关人员，禁止擅自违规操作。

（3）起飞和降落时，作业人员应与无人直升机始终保持足够安全距离避开起降航线。无人直升机桨叶转动时，严禁任何人接近。

（4）作业人员应穿戴个人防护用品，正确使用安全工器具。

**30.2.4.2** 设备安全。

（1）无人直升机应在数据链范围内开展巡检作业。

（2）无人直升机应设置失控保护、自动返航等必要的安全策略。

（3）作业现场油料应单独存放，严禁吸烟和使用明火，做好消防安全措施。

（4）加油和放油操作应在良好天气下进行。在雨、雪、风沙天气条件时，应采取必要的遮蔽措施后方可进行；雷电天气不得进行加油和放油操作。

（5）巡检过程中，不得操纵无人直升机进行与巡检作业无关的活动。

（6）现场禁止使用可能对无人直升机造成干扰的电子设备。作业过程中，操控手和程控手严禁接打电话。

**30.2.4.3** 线路安全。

（1）在检查杆塔本体及金具时，应悬停检查，中型无人直升机单次悬停不宜超过5min，与线路设备净空距离不小于30m、水平距离不小于25m。

（2）巡检作业时，严禁中型无人直升机在线路正上方飞行。确有必要跨越线路，应采用上跨方式，与最上层线路的净空距离不小于30m。

（3）相邻两回线路边线之间的距离小于100m时，严禁中型无人直升机在两回线路之间飞行。

（4）小型无人直升机不能长时间在线路设备正上方悬停，应始终与带电设备保持不小于5m的净空距离。

**30.2.4.4** 其他。

（1）无人直升机严禁在变电站（所）、电厂上空穿越飞行。

（2）中型无人直升机不应在重要设施、建筑、公路和铁路等上方悬停。

## 30.2.5 作业要求

**30.2.5.1** 空域申报。

（1）完成年度无人机巡检空域提报工作，提交巡检线路坐标、航线示意图、无人机机型、人员证件等资料。

（2）按照批复的空域，明确空域负责人，每次执行巡检任务提前 7 天向各地区空管部门提报计划。

（3）巡检作业前一天再次向空管部门核实批复的空域，确保第二天巡检作业顺利开展。

**30.2.5.2** 现场勘查。

（1）应制定无人直升机巡检计划，确定巡检作业任务，选择合适机型，并开展巡检线路的现场勘查。

（2）勘查内容包括地形地貌、线路走向、气象条件、空域条件、交跨情况、杆塔坐标、起降环境、交通条件及其他危险点等。

（3）根据现场地形条件合理布置无人直升机起降点。起降点四周净空条件应良好，满足安全起降要求。

（4）对现场勘查认为危险性、复杂性较大的无人直升机巡检作业，应专门编制组织措施、技术措施、安全措施，并履行相关审批手续。

**30.2.5.3** 航线规划。

（1）航线规划前应根据作业实际需要，向线路所在区域的空管部门履行空域审批手续。

（2）应根据无人直升机的性能合理规划航线。

（3）航线规划应避开军事禁区、军事管理区、空中危险区和空中限制区，远离人口稠密区、重要建筑和设施、通信阻隔区、无线电干扰区、大风或切变风多发区，尽量避免跨越高速公路和铁路飞行。

（4）应根据巡检线路的杆塔坐标、塔高、塔型等技术参数，结合线路途经区域地图和现场勘查情况绘制航线，制定巡检方式、起降位置及安全策略。

（5）规划的航线遇有线路交叉跨越、临近边坡等情况，应保持足够的安全距离。

（6）首次飞行的航线应适当增加净空距离，确保航线安全后方可按照正常巡检距离开展巡检作业。若飞行航线、悬停点与杆塔坐标偏差较大，应及时修正航线库。

（7）已经实际飞行的航线应及时存档，并标注特殊区段信息（线路施工、工程建设及其他影响飞行安全的区段），建立巡检作业航线库。

（8）相同巡检作业时，航线规划应优先调用已经实际飞行的历史航线，航线库应根据作业实际情况及时更新。

**30.2.5.4** 作业许可。

（1）抵达现场，应报告空管部门，核实批复的空域。履行工作许可手续，获得许可后方可开展作业。

（2）巡检作业前，根据相应机型和巡检任务编制无人直升机巡检作业指导书。

（3）故障巡检、特殊巡检等非计划巡检也应办理工作许可手续。

**30.2.5.5** 现场作业。

（1）起飞前准备：

1）应检查起降点周围地理环境、电磁环境和气象条件，确认满足安全起降要求。

2）应核对航线规划是否满足安全飞行要求。

3）应检查无人直升机动力系统的燃油或电能储备，确认满足飞行巡检航程要求。

4）应按照无人直升机巡检飞行前检查工作单对无人直升机各分系统进行逐项检查，确保系统正常。

（2）巡检飞行：

1）中型无人直升机启动后应在地面充分预热发动机。

2）无人直升机可采用全自主或手动增稳模式起飞，离地后应先保持低空悬停，确定各项状态正常后方可执行巡检作业。

3）无人直升机飞行过程中应避免进行超出其性能指标的飞行。

4）中型无人直升机巡检飞行速度不宜大于 15m/s，小型无人直升机巡检飞行速度不宜大于 10m/s。

5）单旋翼带尾桨的中型无人直升机悬停时应顶风悬停。

6）在目视范围内，操控手应密切观察无人直升机飞行姿态及周围环境变化，异常情况下，操控手可手动接管控制无人直升机。

7）程控手应密切观察飞行巡检过程中的遥测信息，综合评估无人直升机所处的气象和电磁环境，异常情况下应及时响应，必要时中止飞行，并做好飞行的异常情况记录。

8）作业过程中，作业人员之间应保持呼唱，及时调整飞行状态，确保无人直升机满足巡检拍摄角度和时间要求。

9）在巡检过程中，若发现异常情况时应对可疑部位进行重点检查核实，并记录详细信息。

10）作业过程中，任务手如发现飞行航线、悬停点与预设航线偏差较大，应及时告知操控手调整飞行航线。小型无人直升机可采用自主或增稳飞行模式控制无人直升机到巡检作业点，以增稳飞行模式进行作业。无人直升机降落前，应确认降落场地无异常。

（3）飞行后检查及撤收：

1）作业结束后，应及时向空管部门汇报，履行工作终结手续。

2）降落后，应进行外观及零部件检查，并做好无人直升机巡检系统使用记录。

3）撤收前，油动无人直升机应将油箱内剩余油料回收并妥善储存；电动无人直升机应将电池取出。

4）人员撤离前，应清理现场，核对设备和工器具清单，确认现场无遗漏。

（4）资料归档：

1）每次巡检结束后，应及时将任务设备的巡检数据导出，汇总整理巡检结果并提交。

2）应及时做好空域审批文件、工作票（单）、航线信息库等资料的归档。

## 30.2.6 维护保养

**30.2.6.1** 无人直升机巡检系统应定置存放，并专人管理。

**30.2.6.2** 无人直升机巡检系统应按要求定期保养、维修和试验，确保状态良好。

**30.2.6.3** 无人直升机巡检系统主要部件（如电机、飞控系统、通信链路、任务设备以及操作系统等）更换或升级后，应进行检测，确保满足技术要求。

**30.2.6.4** 中型无人直升机应定期启动，检查发动机工况，如有异常应及时调试和维修。

**30.2.6.5** 无人直升机巡检系统所需电池应指定专人定期检查保养。

## 30.2.7 异常处置

**30.2.7.1** 无人直升机巡检作业应编制异常处置应急预案（或现场处置方案），并开展现场演练。

**30.2.7.2**　飞行巡检过程中，发生危及飞行安全的异常情况时，应根据具体情况及时采取避让、返航或就近追降等应急措施。

**30.2.7.3**　巡检作业区域出现其他飞行器或飘浮物时，应立即评估巡检作业安全性，在确保安全后方可继续执行巡检作业，否则应采取避让措施。

**30.2.7.4**　巡检作业区域出现雷雨、大风等突变天气或空域许可情况发生变化时，应采取措施控制无人直升机返航或就近降落。

**30.2.7.5**　无人直升机飞行过程中，若作业成员身体出现不适或巡检作业受外界严重干扰时，应迅速采取措施保证无人直升机安全。情况紧急时，可立即控制无人直升机返航或就近降落。

**30.2.7.6**　无人直升机机体发生异常时，应按照预先设定的应急程序迅速处理，尽可能控制无人直升机在安全区域紧急降落，确保地面人员和线路设备安全。

**30.2.7.7**　无人直升机通信链路中断且未按预定安全策略返航时，应及时做出故障判断并上报相关部门，同时根据掌握的最后地理坐标或机载追踪器发送的位置信息就地组织搜寻。

**30.2.7.8**　无人直升机因意外或失控撞向杆塔、导地线等造成线路设备损坏时，应立即启动应急预案，开展故障巡查，并将现场情况及时报告相关部门。

**30.2.7.9**　无人直升机发生坠机事故引发次生灾害时，应立即启动应急预案，就地组织事故抢险，对现场情况进行拍照取证，及时进行民事协调，做好舆情监控，并将现场情况及时报告输电运检技术。

**30.2.7.10**　无人直升机发生事故后，应及时分析事故原因，编写事故分析报告。

### 30.2.8　班长一般工作要求

**30.2.8.1**　上报无人机取（复）证培训人员，组织人员对新机型培训。

**30.2.8.2**　组织人员对新购置和返厂后无人机进行验收，对于验收不合格的无人机予以退回。

**30.2.8.3**　上报无人机年度巡视计划。

**29.2.8.4**　根据异常处置应急预案编制无人机现场处置方案。

**30.2.8.5**　组织分析无人机安全运行情况。

**30.2.8.6**　编写无人机年度工作总结。

### 30.2.9　技术员一般工作要求

**30.2.9.1**　上报无人机取证培训人员，开展无人机日常理论、实操培训。

**30.2.9.2**　将验收合格的无人机编号、登记、入库。

**30.2.9.3**　巡检后影像资料的存档，梳理隐患、缺陷纸质档案上报输电运检技术。

### 30.2.10　工作负责人一般工作要求

**30.2.10.1**　组织无人机故障巡检。

**30.2.10.2**　组织无人机日常巡检。

**30.2.10.3**　根据审批的空域制定飞行计划于飞行前一天向线路所在空管部门进行报备，并组织现场勘查。飞行当天起飞前、降落后都应报备。

**30.2.10.4**　飞行前对人员进行任务分工。

### 30.2.11　工作班成员一般工作要求

**30.2.11.1**　根据任务分工执行无人机巡检作业。

**30.2.11.2** 对于自主飞行任务应提前做好航线规划。

**30.2.11.3** 梳理隐患、缺陷及时上传 PMS 系统。

**30.2.11.4** 巡检作业后对无人机巡检系统详细检查，确定无误后入库，并做好无人机日常维护、保养工作。

**30.2.11.5** 参加无人机培训及相关安全运行分析会。

## 30.3 流程图（见表 30-2）

**表 30-2** **流 程 图**

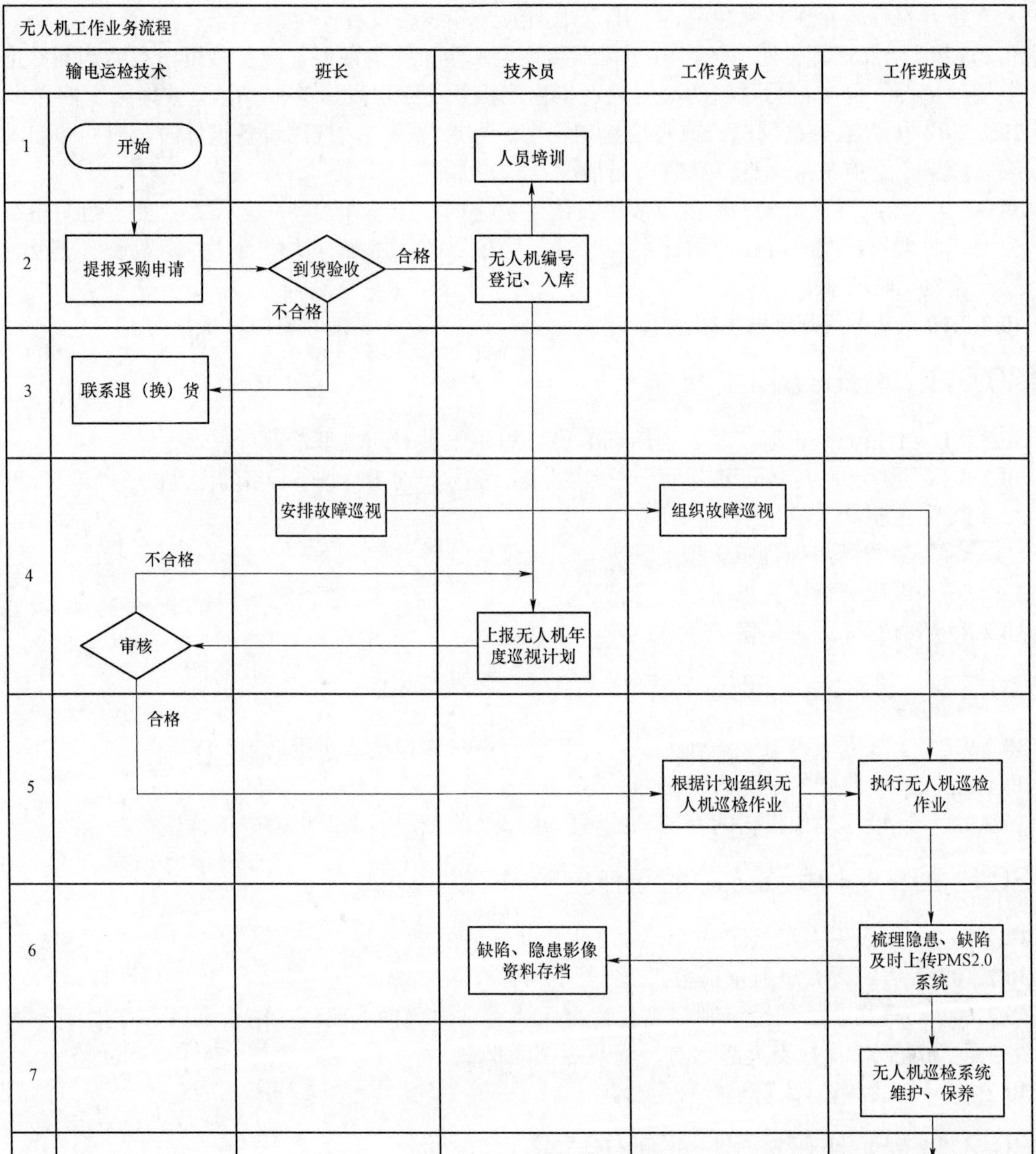

| 无人机工作业务流程 | | | | | |
|---|---|---|---|---|---|
| | 输电运检技术 | 班长 | 技术员 | 工作负责人 | 工作班成员 |
| 1 | 开始 | | 人员培训 | | |
| 2 | 提报采购申请 | 到货验收（合格；不合格） | 无人机编号登记、入库 | | |
| 3 | 联系退（换）货 | | | | |
| 4 | 审核（不合格） | 安排故障巡视 | 上报无人机年度巡视计划 | 组织故障巡视 | |
| 5 | 合格 | | | 根据计划组织无人机巡检作业 | 执行无人机巡检作业 |
| 6 | | | 缺陷、隐患影像资料存档 | | 梳理隐患、缺陷及时上传PMS2.0系统 |
| 7 | | | | | 无人机巡检系统维护、保养 |
| 8 | | | | | 结束 |

## 30.4 流程步骤（见表 30-3）

表 30-3 流 程 步 骤

| 步骤编号 | 流程步骤 | 责任岗位 | 步骤说明 | 工作要求 | 备注 |
|---|---|---|---|---|---|
| 1 | 提报采购 | 输电运检技术 | 由工区提报无人机采购计划并采购无人机 | | |
| 2 | 到货验收 | 输电运检技术、班长 | 班长组织人员对新购置和返厂后无人机进行验收，对于验收不合格的无人机退回。专责将到货验收情况反馈给物资部门，联系厂家进行退（换）货 | | |
| 3 | 人员培训 | 班长 | 上报无人机取（复）证培训人员，组织人员对新机型培训 | | |
| 4 | 无人机登记、入库 | 班长、技术员 | 将验收合格的无人机编号登记、入库 | | |
| 5 | 制定巡视计划 | 班长 | 制定无人机年度巡视计划 | | |
| 6 | 日常巡视、故障巡视 | 工作负责人、工作班成员 | 工作负责人组织故障巡视和日常巡视 | 1. 工作负责人根据审批的空域制定飞行计划于飞行前一天向线路所在空管部门进行报备，并组织现场勘查。飞行当天起飞前、降落后都应报备。<br>2. 班组人员执行无人机巡检作业，由工作负责人对人员进行分工。操控手负责无人机人工起降操控、飞行姿态保持、设备准备、检查、撤收等。程控手负责无人机航线规划、程控飞行、遥测信息监测、图传信息监测、设备准备、检查、撤收。任务手负责图像采集、缺陷拍照 | |
| 7 | 梳理隐患、缺陷及时上传PMS系统 | 工作班成员 | 作业人员对巡检后的影像分析处理，并将梳理出隐患、缺陷及时上传 PMS 系统 | 处理后的资料及纸质记录交于技术员存档 | |
| 8 | 维护保养 | 工作班成员 | 巡检后对无人机巡检系统详细检查，确定无误后入库，做好无人机日常维护、保养工作 | | |

# 31　带电作业工具管理工作分册（MDYJ-SD-SDYJ-GZSC-031）

## 31.1　业务概述

带电作业工具是指和电有关的一些工具设备，带电作业有特殊要求，带电作业工具在工作状态下，承受着电气和机械双重荷载的作用。工具质量的好坏直接关系到作业人员和设备的安全。

## 31.2　相关条文说明

### 31.2.1　带电作业工具名称

**31.2.1.1**　硬质绝缘工具。以硬质绝缘板、管、棒及各种异性材质为主构件制成的工具，包括通用操作杆、承力杆、硬梯、托瓶架、滑车等。

**31.2.1.2**　软质绝缘工具。以柔性绝缘材料为主构件制成的工具，包括各种绳索及其制成品和各种软管、软板、软棒的制成品等。

**31.2.1.3**　防护用品。带电作业人员使用的安全防护用品的总称，包括绝缘防护用具和电场屏蔽用具。

**31.2.1.4**　绝缘防护用具。用绝缘材料制成的供带电作业人员专用的安全隔离用品，包括绝缘手套、绝缘鞋等。

**31.2.1.5**　电场屏蔽用品。用导电材料制成的屏蔽强电场的用品，包括屏蔽服、防静电服、导电鞋、导电手套等。

**31.2.1.6**　绝缘杆。杆状结构的绝缘件，分为承力杆及操作杆两类。承力杆时承受轴向导、地线水平张力或垂直荷载的工具，例如紧线拉杆、吊线杆等。

**31.2.1.7**　载人器具。承受作业人员体重计随身携带工具重量的承载器具，例如软梯、硬梯、吊篮等。

**31.2.1.8**　牵引机具。手动或机动产生机械牵引力、起吊力的施力机具，例如紧线丝杠、液压收紧器等。

**31.2.1.9**　固定器具（卡具）在承力系统中起锚固作用的非运动器具，例如翼型卡、夹线器等。

**31.2.1.10**　载流器具。导通交、直流电流的接触线夹及导线的组合体，例如接引线夹等。

**31.2.1.11**　消弧工具。具有一定载流量和灭弧能力的携带型开合器具，例如消弧绳、消弧棒等。

## 31.2.2 带电作业工具选材原则

**31.2.2.1** 承力工具。用于承力工具的层压绝缘材料，其纵向和横向都应具有较高的抗张强度，但横向强度科略低于纵向，两者之比可控制在1.5:1以内。应具有较好的纵向机械加工和接续性能，在连接方式确定后，材料应具有相应的抗剪、抗挤压机抗冲击强度。绝缘承力部件只能选用纵向有纤维骨架的层压机模压、卷制工艺生产的环氧树脂复合材料。严禁使用无纤维骨架的纯合成树脂材料制成承力部件。用于承力工具的金属材料，除高强度铝合金外，不允许使用其他脆性金属材料。

**31.2.2.2** 载人器具。承受垂直荷重的部件（例如挂梯、软梯、娱蛤梯）应选用有较高抗张强度（抗压强度）的绝缘材料制作，承受水平荷重的横置梁型部件（例如水平硬梯、转臂梯）则应选用具有较高抗弯强度的绝缘材料制作。硬质载人工具，推荐采用环氧树脂玻璃布层压板、矩形管及其他模压异形材制作，严禁使用无纤维骨架的绝缘材料制作载人工具。软质载人工具及其配套索具，推荐采用具有一定阻燃性、防水性的桑蚕绳索、锦纶绳索及锦纶帆布制作。

**31.2.2.3** 牵引机具。金属机具的承力部件（例如丝杠的螺旋体和螺线；液压工具的活塞杆）应选用抗张强度高，有一定冲击韧性及耐磨性的优质结构钢制作，其他非承力部件（例如外壳、手柄），可选用较轻便的铝合金制作。绝缘衬讨落应按其发力方式（例如杠杆装置、扁带收紧装置、滑车组），选用有相应机械强度的绝缘材料制作主要发力部件（例如滑车的承力板及带环板应用3140绝缘板制作）。

**31.2.2.4** 固定器具（卡具）。凡具有双翼力臂的卡具，除个别荷载较小的允许使用绝缘材料制作外，一般都应选用高强度铝合金或结构钢制作。由塔上电工和等电位电工安装使用的长具，应优先选用轻合金材料（例如高强铝合金）制作。无强力臂作用或塔下电工安装使用的各类固定器，可选用一般金属材料制作，但不允许使用铸铁等脆性材料（可锻铸铁除外）。

**31.2.2.5** 绝缘操作杆。较长的操作杆可选用不等径塔型连接方式的环氧树脂玻璃布空心管及泡沫填充管制作，短的操作杆则可用等径圆管制作。绝缘操作杆的接头及堵头应尽可能使用绝缘材料（例如环氧树脂玻璃布棒）制作。一般也允许使用金属制作活动接头，其选材应注重耐磨性及防锈蚀性。

**31.2.2.6** 通用小工具。一般小工具应根据工具的功能选用金属或绝缘材料制作。有冲击性操作的小工具（例如开口销拔出器）应选用优质结构钢制作。

**31.2.2.7** 消弧工具。消弧绳一般选用具有阻燃性、防潮性的桑蚕或锦纶绳索制作，其引流段应选用编织软铜线制作，导电滑车应全部选用导电性能良好的金属材料制作。自产气消弧棒的产气管体一般选用有机玻璃管或其他产气管（例如刚纸管）制作。依靠外施压缩空气消弧者，应采用耐内压强度高的绝缘管材制作绝缘储气缸。

**31.2.2.8** 索具。作主绝缘的索具应选用桑蚕或锦纶复丝绳索制作，专用绝缘滑车套推荐选用编织定型圆绳制作。地面使用的围栏绳可采用塑料绳或其他绳索。

**31.2.2.9** 电场屏蔽用具。屏蔽服及防静电服应选用不锈钢纤维（或其他导电纤维、导电细金属丝）与阻燃性良好的天然纤维或合成纤维的衣料制作。屏蔽服的衣、裤子、帽子、手套、袜子及导电鞋垫，均应选用屏蔽效率高、电阻小、有足够载流量的屏蔽衣料制作。导电鞋的鞋底应采用导电橡胶制作。屏蔽服各部的导电连接线应采用有足够机械强度、足够载流量及防锈蚀性好的多股软铜线制作。

## 31.2.3 带电作业工具的保管

**31.2.3.1** 带电作业工具应存放于通风良好，清洁干燥的专用工具房内。工具房门窗应密闭严实，地面、墙面及顶面应采用不起尘、阻燃材料制作。室内的相对湿度应保持在 50%～70%。室内温度应略高于室外，且不宜低于 0℃。

**31.2.3.2** 带电作业工具房每周进行一次室内通风，通风时应在干燥的天气进行，并且室外的相对湿度不准高于 75%。通风结束后，应立即检查室内的相对湿度，并加以调控。

**31.2.3.3** 带电作业工具房应配备湿度计、温度计，抽湿机（数量以满足要求为准），辐射均匀的加热器，足够的工具摆放架、吊架和灭火器等。

**31.2.3.4** 带电作业工具应统一编号、专人保管、登记造册，并建立试验、检修、使用记录。

**31.2.3.5** 有缺陷的带电作业工具应及时修复，不合格的应予报废，禁止继续使用。

## 31.2.4 带电作业工器具的使用

**31.2.4.1** 带电作业工具应绝缘良好、连接牢固、转动灵活，并按厂家使用说明书、现场操作规程正确使用。

**31.2.4.2** 带电作业工具使用前应根据工作负荷校核机械强度，并满足规定的安全系数。

**31.2.4.3** 带电作业工具在运输过程中，带电绝缘工具应装在专用工具袋、工具箱或专用工具车内，以防受潮和损伤。发现绝缘工具受潮或表面损伤、脏污时，应及时处理并经试验或检测合格后方可使用。

**31.2.4.4** 进入作业现场应将使用的带电作业工具放置在防潮的帆布或绝缘垫上，防止绝缘工具在使用中脏污和受潮。

**31.2.4.5** 带电作业工具使用前，仔细检查确认没有损坏、受潮、变形、失灵，否则禁止使用。并使用 2500V 及以上绝缘电阻表或绝缘检测仪进行分段绝缘检测（电极宽 2cm，极间宽 2cm），阻值应不低于 700MΩ。操作绝缘工具时应戴清洁、干燥的手套。

## 31.2.5 带电作业工器具的试验

**31.2.5.1** 带电作业工具应定期进行电气试验及机械试验。电气试验，预防性试验每年一次，检查性试验每年一次，两次试验间隔半年。机械试验，绝缘工具每年一次，金属工具两年一次。

**31.2.5.2** 操作冲击耐压试验宜采用 250/2500μs 的标准波，以无一次击穿、闪络为合格。

**31.2.5.3** 工频耐压试验以无击穿、无闪络及过热为合格。

**31.2.5.4** 高压电极应使用直径不小于 30mm 的金属管，被试品应垂直悬挂，接地极的对地距离为 1.0～1.2m。接地极及接高压的电极（无金具时）处，以 50mm 宽金属铂缠绕。试品间距不小于 500mm，单导线两侧均压球直径不小于 200mm，均压球距试品不小于 1.5m。

**31.2.5.5** 试品应整根进行试验，不准分段。

**31.2.5.6** 绝缘工具的检查性试验条件是：将绝缘工具分成若干段进行工频耐压试验，每 300mm 耐压 75kV，时间为 1min，以无击穿、闪络及过热为合格。

**31.2.5.7** 整套屏蔽服装各最远端点之间的电阻值均不得大于 20Ω。

**31.2.5.8** 带电作业工具的机械预防性试验。静荷重试验，1.2 倍额定工作负荷下持续 1min，工具无变形及损伤者为合格。动荷重试验：1.0 倍额定工作负荷下操作 3 次，工具灵活、轻便、无卡住现象为合格。

## 31.2.6 班长一般工作要求

**31.2.6.1** 负责带电作业工器具的维护、检测、保养。

**31.2.6.2** 开展带电作业工具创新及应用工作。

## 31.2.7 技术员一般工作要求

参与带电作业工具创新及应用工作。

## 31.2.8 班员一般工作要求

**31.2.8.1** 正确使用带电作业工器具。

**31.2.8.2** 参与带电作业工具创新及应用工作。

**31.2.8.3** 负责带电作业工器具库房进行通风、清扫、擦拭，并对各类测控设施检查维护及工器具库房管理系统出入库信息记录。

# 附件：带电作业工具清册（见附表 31-1）

**附表 31-1** 带 电 作 业 工 具 清 册

| 编号 | 工具名称 | 规格 | 单位 | 数量 | 使用范围 | 备注 |
|---|---|---|---|---|---|---|
| | | | | | | |
| | | | | | | |
| | | | | | | |
| | | | | | | |
| | | | | | | |
| | | | | | | |
| | | | | | | |
| | | | | | | |
| | | | | | | |
| | | | | | | |
| | | | | | | |
| | | | | | | |
| | | | | | | |
| | | | | | | |
| | | | | | | |
| | | | | | | |

# 32　带电作业工作分册（MDYJ-SD-SDYJ-GZSC-032）

## 32.1　业务概述

带电作业是指在高压电气设备上不停电进行检修、测试的一种作业方法。电气设备在长期运行中需要经常测试、检查和维修。带电作业是避免检修停电，保证正常供电的有效措施。带电作业的内容可分为带电测试、带电检查和带电维修等几方面。

## 32.2　相关条文说明

### 32.2.1　带电作业准备工作管理

**32.2.1.1**　查阅资料。了解作业设备情况。如导、地线规格、设计所取的安全系数及荷载；杆塔结构、档距；相位和运行方式；设备情况及作业环境状况，根据作业内容确定作业方法、所需工器具，并作出是否需要停用重合闸的决定。必要时还应验算导、地线应力，或计算导、地线张力或悬垂重量；计算空载电流、环流和电位差；计算悬重后的弧垂，并校核对地或被跨越物的安全距离。

**32.2.1.2**　现场勘查。了解作业设备各种间距、交叉跨越、缺陷部位及其严重程度、地形地貌、周围环境，作出能够进行带电作业、带电作业方法、所需工器具及必要的安全措施等决定。

**32.2.1.3**　天气情况。应提前了解当地气象部门的当天气象预报。到达现场后，应对作业所及范围内的气象情况（主要包括风速、气温、雷雨、霜雾等）作出能否进行带电作业判断。

**32.2.1.4**　承载力分析。工作负责人对班组人员的精神状态和健康情况应充分了解，当发现身体状态不佳有可能危及安全的作业人员，禁止分派工作任务。

**32.2.1.5**　工作票、标准化作业卡。工作负责人应按照《内蒙古东部电力有限公司工作票实施细则》在生产管理信息系统中填写电力线路带电作业工作票，编写标准化作业卡，并履行审批手续。

**32.2.1.6**　带电作业前检测。距离测量：安全距离、交叉跨越距离和对地距离可用带尺寸标志的绝缘测距杆、绝缘测距绳索或非接触性的测距仪进行测量。绝缘子检测：可用火花间隙检测装置、分布电压检测仪进行检测。绝缘工器具检测：可用 2500V 绝缘电阻表、高压绝缘检测仪对其绝缘性能进行检测。

### 32.2.2　带电作业安全技术措施

**32.2.2.1**　带电作业应在良好天气下进行。如遇雷电（听见雷声、看见闪电）、雪、雹、雨、

雾等，不准进行带电作业。风力大于 5 级，或湿度大于 80%时，一般不宜进行带电作业。在特殊情况下，必须在恶劣天气进行带电抢修时，应组织有关人员充分讨论并编制必要的安全措施，经本单位分管生产的领导（总工程师）批准后方可进行。

**32.2.2.2** 对于比较复杂、难度较大的带电作业新项目和研制的新工具，应进行科学试验，确认安全可靠，编出操作工艺方案和安全措施，并经本单位分管生产的领导（总工程师）批准后，方可进行和使用。

**32.2.2.3** 参加带电作业的人员，应经专门培训，并经考试合格取得资格、单位书面批准后，方能参加相应的作业。带电作业工作票签发人和工作负责人、专责监护人应由具有带电作业资格、带电作业实践经验的人员担任。

**32.2.2.4** 带电作业应设专责监护人。监护人不准直接操作。监护的范围不准超过一个作业点。复杂或高杆塔作业必要时应增设（塔上）监护人。

**32.2.2.5** 带电作业工作票签发人或工作负责人认为有必要时，应组织有经验的人员到现场勘察，根据勘察结果作出能否进行带电作业的判断，并确定作业方法和所需工具以及应采取的措施。

**32.2.2.6** 带电作业有下列情况之一者，应停用重合闸或直流线路再启动功能，并不准强送电，禁止约时停用或恢复重合闸及直流线路再启动功能。中性点有效接地的系统中有可能引起单相接地的作业。中性点非有效接地的系统中有可能引起相间短路的作业。直流线路中有可能引起单极接地或极间短路的作业。工作票签发人或工作负责人认为需要停用重合闸或直流线路再启动功能的作业。

**32.2.2.7** 带电作业工作负责人在带电作业工作开始前，应与值班调控人员联系。需要停用重合闸或直流线路再启动功能的作业和带电断、接引线应由值班调控人员履行许可手续。带电作业结束后应及时向值班调控人员汇报。

**32.2.2.8** 在带电作业过程中如设备突然停电，作业人员应视设备仍然带电。工作负责人应尽快与调控人员联系，值班调控人员未与工作负责人取得联系前不准强送电。

**32.2.2.9** 带电作业不得使用非绝缘绳索（如棉纱绳、白棕绳、钢丝绳）。

**32.2.2.10** 在绝缘子串未脱离导线前，拆、装靠近横担的第一片绝缘子时，应采用专用短接线或穿屏蔽服方可直接进行操作。

**32.2.2.11** 在市区或人口稠密的地区进行带电作业时，工作现场应设置围栏，派专人监护，严禁非工作人员入内。

**32.2.2.12** 非特殊需要，不应在跨越处下方或邻近有电力线路或其他弱电线路的档内进行带电架、拆线的工作。如需进行，则应制定可靠的安全技术措施，经本单位生产领导（总工程师）批准后，方可进行。

**32.2.2.13** 等电位作业一般在 66kV 及以上电压等级的电力线路和电气设备上进行。20kV 及以下电压等级的电力线路和电气设备上不准进行等电位作业。

**32.2.2.14** 电位作业人员应在衣服外面穿合格的全套屏蔽服（包括帽、衣裤、手套、袜和鞋，1000kV 等电位作业人员还应戴面罩），且各部分应连接良好。屏蔽服内还应穿着阻燃内衣。禁止通过屏蔽服断、接接地电流、空载线路和耦合电容器的电容电流。

**32.2.2.15** 在连续档距的导、地线上挂梯（或飞车）时，其导、地线的截面不准小于：钢芯铝绞线和铝合金绞线 120mm$^2$；钢绞线 50mm$^2$（等同 OPGW 光缆和配套的 LGJ—70/40 导线）。

**32.2.2.16** 有下列情况之一者，应经验算合格，并经本单位分管生产的领导（总工程师）

批准后才能进行：在孤立档的导、地线上的作业。在有断股的导、地线和锈蚀的地线上的作业。在15条以外的其他型号导、地线上的作业。两人以上在同档同一根导、地线上的作业。

**32.2.2.17** 在瓷横担线路上禁止挂梯作业，在转动横担的线路上挂梯前应将横担固定。

**32.2.2.18** 等电位作业人员在作业中禁止用酒精、汽油等易燃品擦拭带电体及绝缘部分，防止起火。

### 32.2.3 带电作业项目管理

**32.2.3.1** 带电作业项目主要包括：绝缘子类，导、地线类，金具类。

**32.2.3.2** 输电带电作业班实施的带电作业项目应根据现场勘查情况，确定作业方法、人员配备和所需工器具以及应采取的安全措施，编制标准化作业卡，经本部门审批后实施。500kV及以上电压等级输电线路实施等电位作业前，应报国网蒙东检修公司运维检修部备案。

**32.2.3.3** 输电带电作业班开展重大带电作业新项目（系指500kV及以上操作复杂的新带电作业项目）应通过国网蒙东电力运维检修部组织的审查、验收，形成技术总结和技术报告。验收通过、批复后方可到带电设备上试行。一般带电作业新项目（系指本单位以往未进行过的常规带电作业项目）必须编制作业安全技术措施，经现场模拟操作，确认安全可靠，经公司运检部审查，经分管领导批准后方可到带电设备上试行。

**32.2.3.4** 输电带电作业班研制试用的新工具、新工艺，应进行严格的电气、机械试验和停电模拟操作，制定完备的安全技术组织措施，编制相应的现场标准化作业指导书，并应通过国网蒙东检修公司运维检修部组织的审查。

**32.2.3.5** 新项目转为常规项目前，必须经过技术鉴定，取得技术鉴定证书。技术鉴定小组由公司运检部、安质部有关人员和有经验的带电作业人员组成，在总工程师主持下进行。技术鉴定应具备下列资料：新工具组装图及机械、电气试验报告。新项目或新工具研制报告。现场操作程序和安全技术措施。

### 32.2.4 应具备的技术资料和记录

**32.2.4.1** 国家、行业及上级有关带电作业的标准、导则、规程及制度，见附件。

**32.2.4.2** 经公司分管领导批准的带电作业项目和公司每年以文件形式确认的带电作业工作票签发人、工作负责人名单、带电作业人员资格证书。

**32.2.4.3** 带电作业按项目所需工具卡片。

**32.2.4.4** 带电作业登记表。

**32.2.4.5** 带电作业工器具清册、出厂资料及试验报告，绝缘材料技术证明或使用说明书。

**32.2.4.6** 带电作业工器具检查性试验和预防性试验试验报告。

**32.2.4.7** 带电作业新项目、新工具（指自制工具）技术鉴定书及其附件。

**32.2.4.8** 专用检测仪器、仪表的定检校验报告。

**32.2.4.9** 带电作业技术培训和培训考核记录。

### 32.2.5 班长一般工作要求

**32.2.5.1** 贯彻执行国家有关法律法规和国家、行业及上级单位带电作业相关标准、规程、制度、规定。

**32.2.5.2** 负责编制带电作业项目现场操作规程和标准化作业卡。

**32.2.5.3** 负责实施分部（中心）制定的带电作业工作计划，计划变动时，应通过分部（中

心）向国网蒙东检修公司运维检修部申明理由，经批准后方可变动。

**32.2.5.4** 负责带电作业工器具的维护、检测、保养。

**32.2.5.5** 开展带电作业工具、工艺、方法等创新及应用工作。

**32.2.5.6** 报送带电作业开展情况。

**32.2.5.7** 负责带电作业人员技术培训工作，每月至少组织一次培训。

**32.2.5.8** 负责生产管理信息系统中带电作业相关数据录入、更新等工作。

### 32.2.6 技术员一般工作要求

**32.2.6.1** 负责班组带电作业技术管理工作，积累带电作业相关资料，填写各种技术记录。

**32.2.6.2** 组织开展带电作业人员技术培训工作。

**32.2.6.3** 协助工作负责人开展各类带电作业准备工作。

**32.2.6.4** 参与带电作业工具、工艺、方法等创新及应用工作。

**32.2.6.5** 及时、准确记录本单位输电线路带电作业开展情况，精确统计带电作业月度统计表中的各项内容。

**32.2.6.6** 每季度组织开展带电作业分析会，对线路带电作业计划执行和现场实施情况进行分析，找出存在的主要问题，提出改进措施。

### 32.2.7 工作负责人一般工作要求

**32.2.7.1** 负责开展各类带电作业准备工作，通过现场勘查，做出能否进行带电作业的判断。

**32.2.7.2** 生产管理信息系统中填写电力线路带电作业工作票，编制标准作业卡，并履行审批手续。

**32.2.7.3** 开工前，应对本次带电作业项目内容、安全技术措施等要求进行针对性培训，未完成培训的人员不得参加本次带电检修任务。

**32.2.7.4** 参与带电作业工具、工艺、方法等创新及应用工作。

### 32.2.8 班员一般工作要求

**32.2.8.1** 执行工作负责人分配的带电作业任务。

**32.2.8.2** 正确使用带电作业工器具和劳动防护用品。

**32.2.8.3** 参与带电作业工具、工艺、方法等创新及应用工作。

**32.2.8.4** 负责带电作业工器具库房进行通风、清扫、擦拭，并对各类测控设施检查维护及工器具库房管理系统出入库信息记录。

## 32.3 流程图（见表32-1）

表32-1 流 程 图

| 输电带电作业流程图 | | | | | | |
|---|---|---|---|---|---|---|
| | 带电专责 | 班长 | 技术员 | 工作负责人 | 班员 | 工作要求 |
| 1 | 派发带电作业计划 | | 协助工作负责人进行准备工作（准备工作情况汇报至工作负责人） | | 开工前培训 | 班长：带电作业计划变动时，应通过分部（中心）向国网蒙东检修公司运维检修部申明理由，经批准后方可变动 |
| 2 | | 指定工作负责人（通知工作负责人、技术员） | | 开展现场勘查（判断是否具备带电作业条件） | 准备带电作业工器具、材料，出库 | 准备工作：包括查阅资料、现场勘查、天气情况、承载力分析、工作票、标准作业卡、带电作业前检测 |
| 3 | | | 不具备带电作业条件 | 具备带电作业条件 | 实施带电作业任务 | 开工前培训：作业内容、安全技术措施、危险点 |
| 4 | | | | 填写电力线路带电作业工作票、编制标准作业卡，履行审批手续 | 竣工汇报 | 竣工汇报及验收：作业完成情况，设备连接情况，设备运行情况 |
| 5 | | | 竣工汇报 | 现场带电作业验收 | 带电作业工器具入库 | 出入库：<br>1. 班员应及时检查维护工器具库房管理系统出入库信息记录。<br>2. 每周进行一次库房通风、清扫、擦拭 |
| 6 | | | 带电作业统计、分析 | | | |

# 附件 1：带电作业班组应具备的制度、法律、法规（见附表 32-1）

附表 32-1　　带电作业班组应具备的制度、法律、法规

| 序号 | 规程、制度、法律、法规名称 | 存档 |
|---|---|---|
| 1 | 送电线路带电作业技术导则（DL/T 966—2005） | 班组 |
| 2 | 国家电网公司电力安全工作规程（线路部分）（Q/GDW 1799.2—2013） | 班组 |
| 3 | 1000kV 交流输电线路带电作业技术导则（DL/T 392—2010） | 班组 |
| 4 | ±500kV 直流输电线路带电作业技术导则（DL/T 881—2004） | 班组 |
| 5 | ±800kV 直流输电线路带电作业技术导则（Q/GDW 302—2009） | 班组 |
| 6 | 带电作业绝缘配合导则（DL 876—2004） | 班组 |
| 7 | 带电作业用工具库房（DL/T 974—2005） | 班组 |
| 8 | 带电作业用绝缘托瓶架通用技术条件（DL/T 699—2007） | 班组 |
| 9 | 带电作业用绝缘斗臂车的保养维护及在使用中的试验（DL/T 854—2004） | 班组 |
| 10 | 带电作业用工具、装置和设备使用的一般要求（DL/T 877—2004） | 班组 |
| 11 | 带电作业用绝缘工具试验导则（DL/T 878—2004） | 班组 |
| 12 | 带电作业用便携式接地和接地短路装置（DL/T 879—2004） | 班组 |
| 13 | 带电作业工具、装置和设备的质量保证导则（DL/T 972—2005） | 班组 |

# 附件 2：110（66）～220kV 带电作业月度统计表（见附表 32-2）

附表 32-2　　110（66）～220kV 带电作业月度统计表

<table>
<tr><td colspan="2">统计月份　　年</td><td>月</td><td>填报人：</td><td colspan="2">填报日期：　年　月　日</td></tr>
<tr><td>作业方式</td><td colspan="2">作业项目</td><td>计量单位</td><td colspan="2">单位</td></tr>
<tr><td rowspan="12">等电位法</td><td colspan="2">修补导线</td><td>次</td><td colspan="2"></td></tr>
<tr><td colspan="2">处理导线异物</td><td>次</td><td colspan="2"></td></tr>
<tr><td colspan="2">修、换导线间隔棒</td><td>次</td><td colspan="2"></td></tr>
<tr><td colspan="2">更换防振锤</td><td>次</td><td colspan="2"></td></tr>
<tr><td colspan="2">紧固引流板螺丝</td><td>次</td><td colspan="2"></td></tr>
<tr><td colspan="2">更换直线串绝缘子</td><td>次</td><td colspan="2"></td></tr>
<tr><td colspan="2">更换直线串连接金具</td><td>次</td><td colspan="2"></td></tr>
<tr><td colspan="2">更换耐张串绝缘子</td><td>次</td><td colspan="2"></td></tr>
<tr><td colspan="2">更换耐张串连接金具</td><td>次</td><td colspan="2"></td></tr>
<tr><td colspan="2">修补销子</td><td>次</td><td colspan="2"></td></tr>
<tr><td colspan="2">安装绝缘子均压环</td><td>次</td><td colspan="2"></td></tr>
<tr><td colspan="2">作业次数小计</td><td>次</td><td colspan="2"></td></tr>
<tr><td rowspan="5">地电位法</td><td colspan="2">处理导线异物</td><td>次</td><td colspan="2"></td></tr>
<tr><td colspan="2">更换直线串绝缘子</td><td>次</td><td colspan="2"></td></tr>
<tr><td colspan="2">更换耐张串绝缘子</td><td>次</td><td colspan="2"></td></tr>
<tr><td colspan="2">修补销子</td><td>次</td><td colspan="2"></td></tr>
<tr><td colspan="2">检测零值绝缘子</td><td>次</td><td colspan="2"></td></tr>
</table>

续表

| 作业方式 | 作业项目 | 计量单位 | 单位 |
|---|---|---|---|
| 地电位法 | 带电检测复合绝缘子和防污闪涂料憎水性 | 次 | |
| | 带电清扫 | 次 | |
| | 带电安装鸟刺、避雷针等 | 次 | |
| | 调整绝缘子均压环 | 次 | |
| | 作业次数小计 | 次 | |
| 中间电位法 | 处理导线异物 | 次 | |
| | 作业次数小计 | 次 | |
| 带电作业次数合计 | | 次 | |
| 带电作业时间合计 | | 小时 | |
| 带电作业工时合计 | | 工时 | |
| 在职带电作业职工人数 | | 人 | |
| 人均带电作业工时数 | | 工时/人 | |
| 输电线路总长度 | | 百公里 | |
| 带电作业率 | | 次/百公里 | |

注：1."带电作业次数合计""带电作业时间合计""带电作业工时合计"可由《蒙东电力公司输电线路带电作业记录表》中获取；
2. 人均带电作业工时数=带电作业工时合计/在职带电作业职工人数，可由单元格公式自动计算；
3. 带电作业率=带电作业次数合计/输电线路总长度，可由单元格公式自动计算。

# 附件3：500kV带电作业月度统计表（见附表32-3）

附表32-3　　500kV带电作业月度统计表

| 统计月份 | 年 | 月 | 填报人： | 填报日期： | 年 | 月 | 日 |
|---|---|---|---|---|---|---|---|
| 作业方式 | 作业项目 | | 计量单位 | 单位 | | | |
| 等电位法 | 修补导线 | | 次 | | | | |
| | 处理导线异物 | | 次 | | | | |
| | 修、换导线间隔棒 | | 次 | | | | |
| | 更换直线串绝缘子 | | 次 | | | | |
| | 更换耐张串绝缘子 | | 次 | | | | |
| | 更换V串绝缘子 | | 次 | | | | |
| | 更换跳串绝缘子 | | 次 | | | | |
| | 安装绝缘子均压环 | | 次 | | | | |
| | 补销子 | | 次 | | | | |
| | 作业次数小计 | | 次 | | | | |
| 地电位法 | 处理导线异物 | | 次 | | | | |
| | 处理地线异物 | | 次 | | | | |
| | 检测零值绝缘子 | | 次 | | | | |
| | 修补避雷线（光缆） | | 次 | | | | |
| | 调整绝缘子均压环 | | 次 | | | | |
| | 作业次数小计 | | 次 | | | | |
| 中间电位法 | 更换耐张串绝缘子 | | 次 | | | | |
| | 作业次数小计 | | 次 | | | | |

续表

| 作业方式 | 作业项目 | 计量单位 | 单位 |
|---|---|---|---|
| 带电作业次数合计 | | 次 | |
| 带电作业时间合计 | | 小时 | |
| 带电作业工时合计 | | 工时 | |
| 在职带电作业职工人数 | | 人 | |
| 人均带电作业工时数 | | 工时/人 | |
| 输电线路总长度 | | 百公里 | |
| 带电作业率 | | 次/百公里 | |
| 注：1.“带电作业次数合计”“带电作业时间合计”“带电作业工时合计”可由《蒙东电力公司输电线路带电作业记录表》中获取；<br>2. 人均带电作业工时数=带电作业工时合计/在职带电作业职工人数，可由单元格公式自动计算；<br>3. 带电作业率=带电作业次数合计/输电线路总长度，可由单元格公式自动计算。 | | | |

# 附件 4：±500kV 带电作业月度统计表（见附表 32-4）

**附表 32-4　　　　±500kV 带电作业月度统计表**

| 统计月份 | 年 | 月 | 填报人： | 填报日期： | 年 | 月 | 日 |
|---|---|---|---|---|---|---|---|
| 作业方式 | 作业项目 | | 计量单位 | 单位 | | | |
| 等电位法 | 修补导线 | | 次 | | | | |
| | 处理导线异物 | | 次 | | | | |
| | 修、换导线间隔棒 | | 次 | | | | |
| | 更换直线串绝缘子 | | 次 | | | | |
| | 更换耐张串绝缘子 | | 次 | | | | |
| | 更换 V 串绝缘子 | | 次 | | | | |
| | 更换跳串绝缘子 | | 次 | | | | |
| | 安装绝缘子均压环 | | 次 | | | | |
| | 补销子 | | 次 | | | | |
| | 作业次数小计 | | 次 | | | | |
| 地电位法 | 处理导线异物 | | 次 | | | | |
| | 处理地线异物 | | 次 | | | | |
| | 检测零值绝缘子 | | 次 | | | | |
| | 修补避雷线（光缆） | | 次 | | | | |
| | 调整绝缘子均压环 | | 次 | | | | |
| | 作业次数小计 | | 次 | | | | |
| 中间电位法 | 更换耐张串绝缘子 | | 次 | | | | |
| | 作业次数小计 | | 次 | | | | |
| 带电作业次数合计 | | | 次 | | | | |
| 带电作业时间合计 | | | 小时 | | | | |
| 带电作业工时合计 | | | 工时 | | | | |
| 在职带电作业职工人数 | | | 人 | | | | |
| 人均带电作业工时数 | | | 工时/人 | | | | |
| 输电线路总长度 | | | 百公里 | | | | |
| 带电作业率 | | | 次/百公里 | | | | |
| 注：1.“带电作业次数合计”“带电作业时间合计”“带电作业工时合计”可由《蒙东电力公司输电线路带电作业记录表》中获取；<br>2. 人均带电作业工时数=带电作业工时合计/在职带电作业职工人数，可由单元格公式自动计算；<br>3. 带电作业率=带电作业次数合计/输电线路总长度，可由单元格公式自动计算。 | | | | | | | |

# 附件 5：±800kV 带电作业月度统计表（见附表 32-5）

附表 32-5　　±800kV 带电作业月度统计表

| 统计月份 | 年 | 月 | 填报人： | | 填报日期： | 年 | 月 | 日 |
|---|---|---|---|---|---|---|---|---|
| 作业方式 | 作业项目 | | | 计量单位 | 单位 | | | |
| 等电位法 | 修补导线 | | | 次 | | | | |
| | 处理导线异物 | | | 次 | | | | |
| | 修、换导线间隔棒 | | | 次 | | | | |
| | 更换直线串绝缘子 | | | 次 | | | | |
| | 更换耐张串绝缘子 | | | 次 | | | | |
| | 更换 V 串绝缘子 | | | 次 | | | | |
| | 更换跳串绝缘子 | | | 次 | | | | |
| | 安装绝缘子均压环 | | | 次 | | | | |
| | 补销子 | | | 次 | | | | |
| | 作业次数小计 | | | 次 | | | | |
| 地电位法 | 处理导线异物 | | | 次 | | | | |
| | 处理地线异物 | | | 次 | | | | |
| | 检测零值绝缘子 | | | 次 | | | | |
| | 修补避雷线（光缆） | | | 次 | | | | |
| | 调整绝缘子均压环 | | | 次 | | | | |
| | 作业次数小计 | | | 次 | | | | |
| 中间电位法 | 更换耐张串绝缘子 | | | 次 | | | | |
| | 作业次数小计 | | | 次 | | | | |
| 带电作业次数合计 | | | | 次 | | | | |
| 带电作业时间合计 | | | | 小时 | | | | |
| 带电作业工时合计 | | | | 工时 | | | | |
| 在职带电作业职工人数 | | | | 人 | | | | |
| 人均带电作业工时数 | | | | 工时/人 | | | | |
| 输电线路总长度 | | | | 百公里 | | | | |
| 带电作业率 | | | | 次/百公里 | | | | |
| 注：1."带电作业次数合计""带电作业时间合计""带电作业工时合计"可由《蒙东电力公司输电线路带电作业记录表》中获取；<br>2. 人均带电作业工时数=带电作业工时合计/在职带电作业职工人数，可由单元格公式自动计算；<br>3. 带电作业率=带电作业次数合计/输电线路总长度，可由单元格公式自动计算。 | | | | | | | | |

# 附件 6：带电作业分项需用工具卡片（见附表 32-6）

附表 32-6　　带电作业分项需用工具卡片

作业项目：　　　　作业方法：

| 编号 | 工具名称 | 规格 | 单位 | 数量 | 备注 |
|---|---|---|---|---|---|
| | | | | | |
| | | | | | |
| | | | | | |
| | | | | | |
| | | | | | |
| | | | | | |
| | | | | | |

（注：此处附工具图片）

## 附件 7：带电作业新项目、新工具（指自制工具）技术鉴定书（见附表 32-7）

附表 32-7　　带电作业新项目、新工具（指自制工具）技术鉴定书

| 申请单位 | | 申请日期 | |
|---|---|---|---|
| 名称 | | | |
| 使用范围 | | | |
| 新研究或推广 | | 研制负责人 | |
| 技术资料及附件名称 | | | |
| 鉴定小组<br>鉴定意见 | | | |
| 带电作业专责人<br>审查意见 | | | |
| 总工程师批示 | | | |

# 附件 8：带电作业技术培训记录（见附表 32-8）

附表 32-8　　带电作业技术培训记录

| 培训时间 | | 学习时数 | | 主持人 | |
|---|---|---|---|---|---|
| 培训地点 | | 参加人数 | | 主讲人 | |
| 参加人员 | | | | | |
| 培训题目 | | | | | |
| | | | | | |

# 附件 9：带电作业技术培训点名簿（见附表 32-9）

附表 32-9　　带电作业技术培训点名簿

| 时间<br>姓名 | | | | | | | | | | | | | | | | |
|---|---|---|---|---|---|---|---|---|---|---|---|---|---|---|---|---|
| | | | | | | | | | | | | | | | | |
| | | | | | | | | | | | | | | | | |
| | | | | | | | | | | | | | | | | |
| | | | | | | | | | | | | | | | | |
| | | | | | | | | | | | | | | | | |
| | | | | | | | | | | | | | | | | |
| | | | | | | | | | | | | | | | | |
| | | | | | | | | | | | | | | | | |
| | | | | | | | | | | | | | | | | |

说明：参加划（V）；出差划（O）；事假划（△）；病假划（□）。

# 附件 10：带电作业技术培训考试成绩统计表（见附表 32-10）

附表 32-10　　带电作业技术培训考试成绩统计表

| 月份<br>姓名 | 一 | 二 | 三 | 四 | 五 | 六 | 七 | 八 | 九 | 十 | 十一 | 十二 | 合计 | 平均 | 排名 |
|---|---|---|---|---|---|---|---|---|---|---|---|---|---|---|---|
| | | | | | | | | | | | | | | | |
| | | | | | | | | | | | | | | | |
| | | | | | | | | | | | | | | | |
| | | | | | | | | | | | | | | | |
| | | | | | | | | | | | | | | | |
| | | | | | | | | | | | | | | | |
| | | | | | | | | | | | | | | | |
| | | | | | | | | | | | | | | | |
| | | | | | | | | | | | | | | | |
| | | | | | | | | | | | | | | | |

# 附件 11：经公司生产领导批准的带电作业项目（见附表 32-11）

附表 32-11　　　　　经公司生产领导批准的带电作业项目

| 序号 | 项目名称 | 采用的作业方法 | 批准日期 | 投入生产日期 | 项目来源 | 备注 |
|---|---|---|---|---|---|---|
| | | | | | | |
| | | | | | | |
| | | | | | | |
| | | | | | | |
| | | | | | | |
| | | | | | | |
| | | | | | | |
| | | | | | | |
| | | | | | | |
| | | | | | | |

生产领导：

运 检 部：

安 质 部：

单位主管：

编　　制：

编制时间：

经公司生产领导批准的带电作业项目一览表

中心（分部）　　　　带电作业　班（组）

# 附件 12：带电作业登记表（见附表 32-12）

附表 32-12　　　　　带 电 作 业 登 记 表

| 序号 | 设备类型 | 工作内容 | 作业方式 | 实际作业时间 h | 减少停电时间 h | 作业次数 | | | | | 工作负责人 | 等电位人员作业时间 h | 作业人数 | 作业时间 |
|---|---|---|---|---|---|---|---|---|---|---|---|---|---|---|
| | | | | | | 线路 66kV | 线路 220kV | 线路 500kV | 线路 ±500kV | 线路 ±800kV | | | | |
| | | | | | | | | | | | | | | |
| | | | | | | | | | | | | | | |
| | | | | | | | | | | | | | | |
| | | | | | | | | | | | | | | |
| | | | | | | | | | | | | | | |
| | | | | | | | | | | | | | | |
| 合计 | | | | | | | | | | | | | | |
| 累计 | | | | | | | | | | | | | | |

审核人：　　　　　　　　　　填报人：　　　　　　　　年　　月　　日

# 33 PMS 系统管理工作分册（MDYJ-SD-SDYJ-GZSC-033）

## 33.1 业务概述

PMS 系统管理工作主要内容包括：设备台账管理、电网图形管理、实物资产、工器具及仪器仪表、备品备件、巡视管理、电力设施保护管理、检测管理、故障管理、缺陷管理、隐患管理、任务单管理、两票管理、标准化作业管理、试验报告管理等。通过设备巡视、在线监测、带电检测和设备试验等手段，了解设备运行状态，发现设备故障、缺陷和隐患，及时调派资源对设备故障进行抢修处理。

## 33.2 相关条文说明

### 33.2.1 条文说明填写

**33.2.1.1** 现场执行的工作票（工作负责人持有）：电话下达和派人送达联系时，在工作票许可栏中工作负责人代写工作许可人姓名，并在许可人姓名后注明“代签”或“代”字样。工作许可人在场时由本人签名，时间填写方式为阿拉伯数字，年：4 位，月、日、时、分应精确 2 位。

例：

| 许可方式 | 工作许可人（签名） | 工作负责人（签名） | 许可工作的时间 |
|---|---|---|---|
| 电话下达 | ×××（代签） | ××× | ××××年××月××日××时××分 |

**33.2.1.2** 工作票签发人或工作许可人收执的工作票，需手工签名的项仅有工作许可人和工作负责人项，且需要本人亲自签名，其他各项（包括工作班成员项）无需签名。

例：

| 终结方式 | 工作许可人（签名） | 工作负责人（签名） | 终结工作的时间 |
|---|---|---|---|
| 电话下达 | ××（代签） | ×× | ××××年××月××日××时××分 |

### 33.2.2 备注栏填写标准

**33.2.2.1** 其他事项如无特殊情况可填写以下 2 项内容：

**33.2.2.2** 到岗到位人员签名。签字仅在现场执行的工作票上填写即可，PMS 系统回填的

工作票无需进行签字。

例：同意开工，××（到岗到位人），××××年××月××日××时××分。

**33.2.2.3** 工作票在执行过程中出现的特殊情况等需进行标注说明的，在此栏进行原因说明或标注。

## 33.2.3 运检班组主要职责

**33.2.3.1** 按照系统业务应用要求进行相关数据维护。

**33.2.3.2** 负责提出业务需求变更、标准变更及系统缺陷等系统应用问题并上报。

**33.2.3.3** 负责系统终端设备使用、保管和维护。

**33.2.3.4** 参加系统应用培训。

## 33.2.4 电网资源管理

电网资源管理主要包括：设备台账管理、电网图形管理、实物资产、工器具及仪器仪表、备品备件。

**33.2.4.1** 设备台账维护。

线路设备台账维护主要包括生产辅助设施、设备新增、设备更换、设备退出以及接线方式变更时，由运维人员发起设备变更申请，并提交班组长审核发布。主要要求如下：

（1）新投线路，所属班组在投运前 7 天完成线路信息的维护及审核工作，在投运当天完成发布及调度确认，并在投运后 3 天内完成线路设备的初始化工作。

（2）新投具备调度铭牌的设备，设备主人需提前完成调度铭牌申请，在设备维护时选择已批复的调度铭牌，实现设备和调度铭牌、设备图形的关联。

（3）新投线路设备，在维护图形时同步创建设备台账，设备主人在设备投运后 3 天内完成设备详细参数维护。

（4）新投生产辅助设施，设备主人在设备投运后 10 天内完成维护、审核工作。

（5）对于技改项目拟定退役/报废的设备，需在系统中提出报废申请；非技改项目的设备报废需在 ERP 中提出报废申请并开展报废工作。

**33.2.4.2** 电网图形管理。

输电专业电网图形管理主要指的是地理接线图（主要包含杆塔、导线、导线段、电缆段、电缆终端、分线箱、避雷器等）。当图形发生变更时，由运维人员发起设备变更申请，依据变更资料及变更设备的地理位置，完成电网变更设备的电网图形维护，提交班组长审核发布。主要要求如下：

（1）新投线路，所属班组在投运前 7 天，完成线路地理图信息的维护及审核工作，在投运当天完成发布。

（2）新投具备电系铭牌的设备，各班组需提前完成电系铭牌申请，在设备维护时选择已批复的电系铭牌，实现调度铭牌和设备图形的关联，无电系铭牌的设备由各运维单位直接进行图形绘制，实现电网图形与设备台账的关联。

（3）新投生产辅助设施图形在设备投运后 10 天内完成维护、审核工作。

**33.2.4.3** 实物资产。

设备退役须从电网图形中将原有杆塔进行替换，PMS 台账相关杆塔退役，再将新换杆塔重新图数对应。

**33.2.4.4** 工器具及仪器仪表。

（1）工器具仪器仪表专责根据年度定额配置在系统中维护本单位定额。

（2）工器具及仪器仪表台账在设备到货后由责任人在 3 天内完成台账维护。

（3）根据工器具及仪器仪表定期校验和检查情况，在 3 天内完成台账修订，并根据定检结果及设备运行情况在系统中发起设备报废操作。

（4）工器具及仪器仪表的使用须登记领用和归还记录，并同步更新工器具的使用/库存状态。

**33.2.4.5** 备品备件。

（1）应遵循《国家电网公司备品备件管理指导意见》中相关要求开展备品备件管理工作。

（2）备品备件用于电网紧急缺陷处理及故障抢修的工作任务。

（3）对于基建移交、物资采购的备品，交接验收后，严格按照《设备（资产）运维精益管理系统设备参数规范》要求维护备品台账数据。

（4）通过系统试验管理功能开展对备品的定期试验工作。

（5）备品报废需在系统中提出报废申请，开展备品报废工作。

（6）备品备件信息发生变化时，应在 3 天内完成台账信息修订。

## 33.2.5 电网检修管理

**33.2.5.1** 巡视管理。

（1）根据设备巡视周期管理和设备实际状态在设备投运后 5 天内完成设备巡视周期、巡视责任段、重点巡视设备库设置。

（2）正常巡视根据巡视周期及上次巡视时间自动推送巡视计划，由运行班组根据实际工作调整并发布。

（3）特殊巡视计划根据实际工作需要手动新建，并发布。

（4）在设备巡视前由运行班组编制巡视标准化作业文本，标准化作业编制可引用范本或历史作业文本。

（5）移动终端执行任务时，移动终端记录的信息应在巡视结束后上传至系统。

（6）线路设备巡视后，在 3 天内录入巡视记录，并归档。

（7）巡视过程中发现缺陷或隐患，巡视记录应与缺陷记录相关联。隐患记录可直接新建，不必关联巡视记录。

**33.2.5.2** 故障管理。

（1）发生故障后，运维班组人员在 24h 内录入故障信息。

（2）故障排除后，应在 3 天内完成故障分析，5 天内完成归档。

**33.2.5.3** 缺陷管理。

（1）设备巡视、检测、检查及检修试验等过程中发现的缺陷，在 3 天内录入缺陷记录。

（2）设备缺陷的处理时限。危急缺陷处理时限不超过 24h；严重缺陷处理时限不超过 1 个月；需停电处理的一般缺陷处理时限不超过一个例行试验周期，可不停电处理的一般缺陷处理时限不超过 3 个月。

（3）即时处理缺陷（发现后 24h 内消除的缺陷）不要求启动流程，严重和一般缺陷必须启动缺陷处理流程，纳入检修计划处理，实现缺陷与任务的关联。危急缺陷处理完成后，应补录系统流程。

（4）运检专责在收到缺陷流程信息 3 天内完成缺陷单的审核。审核后两天内派发工单或添加到任务池，进入检修计划管理流程。

（5）检修人员收到工作任务单或缺陷流程信息后，按照消缺工作安排的计划工作时间，完成实际的消缺工作后，在工作现场填写修试记录完成消缺登记环节。

（6）运行人员应在收到修试记录验收信息后，3 天内完成修试记录验收信息填写，完成缺陷处理流程的闭环管理。

**33.2.5.4**　隐患管理。

（1）设备巡视、在线监测、隐患排查等过程发现隐患，在 3 天内录入隐患信息。

（2）隐患审核流程启动后，各环节处理人员应在 3 天内办理，审核后可直接安排人员进行处理。隐患处理后，在 5 天内完成归档（结束）。

**33.2.5.5**　检测管理。

（1）根据设备检测周期管理和设备实际状态在设备投运后 10 天内完成设备检测周期设置。

（2）运行班组根据检测周期及上次检测时间编制检测计划，计划可自动生成也可手动新建。

（3）在设备检测前由运行班组编制检测标准化作业文本，标准化作业编制可引用范本或历史作业文本。

（4）移动终端执行任务时，移动终端记录的信息应在检测结束后上传至系统。

（5）线路设备检测后，在 3 天内录入检测记录。

（6）检测过程中发现缺陷或隐患，检测记录应与缺陷及隐患记录相关联。

**33.2.5.6**　工作任务单管理。

（1）开工前 2 天完成工作任务单编制、下发。

（2）需要停电的工作，工作任务单须与停电申请单相关联。

（3）工作任务完成后，在 3 天内完成修试记录的登记。基于修试记录登记带电作业信息，系统自动生成相应带电作业记录；基于修试记录登记消缺处理信息，系统自动生成相应的消缺处理记录。

**33.2.5.7**　两票管理。

（1）计划性工作的第一种工作票应于工作前 1 日在系统内完成填写、签发、接票流程；第二种工作票、带电作业工作票及临时性工作的第一种工作票可在当日开工前完成上述流程。工作票必须与工作任务单进行关联。

（2）第一种工作票需采用总、分工作票（小组任务单）时，总工作票负责人或签发人在总工作票创建完成后同时建立分工作票（小组任务单），可直接填写完整也可分发至分工作票（小组任务单）负责人填写相关内容，经审核无误后一同完成签发流程。

（3）工作票完成许可或终结后，应及时将许可、终结内容回填至系统。

（4）电力线路事故应急抢修单可沿用原纸制票形式完成工作，应在抢修工作完毕 1 天内将该抢修单转录至系统。

（5）已生成票号的工作票，经审核发现有误时不允许回退，将该票转为作废票，并重新办票履行审核流程；因调度、天气等特殊原因该工作取消时，将该票转为未执行票或作废票。

（6）不能正常登录系统办理工作票时，经本单位运检部、安质部允许后方可手工办票；最迟应在设备恢复正常后，且下一份工作票开票前，按顺序将手工票转录至系统中归档。

**33.2.5.8** 标准化作业管理。

（1）标准化作业范本由省公司组织进行统一编写，形成各单位标准范本。

（2）由运检班组人员编写作业文本，作业文本可引用已审批通过的范本或历史作业文本，现场作业须携带已审批的作业文本。

（3）所有现场工作，应在系统中编制标准化作业文本，下载至移动作业终端或打印纸质文档执行，并回填执行结果。

### 33.2.6 状态检修

**33.2.6.1** 新设备投运后 30 天内，需根据设备出厂试验、安装信息、交接试验信息等数据，完成新投运设备首次评价。

**33.2.6.2** 设备运行中发生缺陷、家族缺陷或试验，需结合缺陷、家族缺陷、试验对设备开展动态评价。

**33.2.6.3** 主网设备定期评价每年不少于 1 次；

**33.2.6.4** 每年需根据设备定期评价结果和对应的检修策略，制定状态检修年度计划。

### 33.2.7 航巡作业管理

### 33.2.8 班长一般工作要求

**33.2.8.1** 电网资源管理。

（1）PMS 系统数据查询。

（2）PMS 系统电网资源管理（台账维护、图形维护）变更申请的变更审核。

（3）PMS 系统修改线路基本参数数据（杆塔、绝缘子、金具、附属设施、拉线、导线、地线、光缆、交叉跨越）。

**33.2.8.2** 实物资产管理。

PMS 系统实物资产管理线路切改、退役和报废流程。

**33.2.8.3** 工器具及仪器仪表管理。

（1）PMS 系统工器具及仪器仪表管理新建台账。

（2）PMS 系统工器具及仪器仪表管理工器具及仪器仪表出入库登记。

（3）PMS 系统工器具及仪器仪表管理固定资产报废流程、易损品报废流程。

**33.2.8.4** 电网运维检修管理。

（1）PMS 系统巡视管理巡视周期维护、巡视计划编制并发布、巡视记录登记、巡视记录查询统计、巡视计划查询统计。

（2）PMS 系统缺陷管理缺陷录入和缺陷审核及消缺结果验收；缺陷转隐患流程及审核；PMS 系统家族性缺陷管理疑似家族缺陷登记。

（3）PMS 系统故障管理故障登记、故障分析报告编制及审核；故障查询统计。

（4）PMS 系统隐患管理隐患登记、定级审核及隐患验收。

（5）PMS 系统检测管理检测计划编制及审核、检测记录录入、检测记录查询。

（6）PMS 系统任务池管理新建任务池将检修缺陷入池。

（7）PMS 系统检修管理工作任务单受理及指派工作负责人（小组负责人）；现场勘察编制及审核；修试记录验收；修试记录查询统计；工作任务单查询统计。

（8）PMS 系统工作票管理编制电力线路第一种工作票（电力线路工作任务单、现场勘

察记录）、电力线路第二种工作票、电力线路带电工作票、电力线路事故抢修单编制、现场勘察及审核和电力线路第一种工作票中电力线路工作任务单签发。

（9）PMS 系统带电作业管理带电作业统计查询。

（10）PMS 系统标准化作业管理作业文本、检测文本、巡视文本编制及审核、作业文本执行、作业文本评估。

（11）PMS 系统试验报告管理试验报告审核。

（12）PMS 系统移动作业查询统计、移动作业班组应用情况、移动作业应用情况。

**33.2.8.5** 状态检修管理。

PMS 系统状态检修管理输电设备定期评价、制定检修策略。

**33.2.8.6** 应用情况指标。

（1）输电设备台账字段完整性。

（2）输电设备台账参数规范性。

（3）输电缺陷录入及时率。

（4）输电缺陷与任务单关联率。

（5）输电严重、危急缺陷消除及时率。

（6）输电缺陷记录完整性。

（7）输电线路巡视录入率。

（8）输电巡视录入及时率。

（9）输电停电工作任务单与检修计划关联率。

（10）输电试验报告应用率。

（11）输电工作票归档及时率。

（12）输电工作票与工作任务单关联率。

（13）输电移动作业班组应用率。

**33.2.8.7** 工作负责人一般工作要求。

（1）电网资源管理：

1）PMS 系统数据查询。

2）PMS 系统电网资源管理（台账维护、图形维护）变更申请。

3）PMS 系统修改线路基本参数数据（杆塔、绝缘子、金具、附属设施、拉线、导线、地线、光缆、交叉跨越）。

（2）实物资产管理。

PMS 系统实物资产管理。

（3）工器具及仪器仪表管理。

PMS 系统工器具及仪器仪表管理。

（4）电网运维检修管理。

1）PMS 系统故障管理故障登记、故障分析报告编制。

2）PMS 系统缺陷管理缺陷录入和缺陷上报班长审核及消缺结果验收；缺陷转隐患流程上报班长审核；PMS 系统家族性缺陷管理疑似家族缺陷登记。

3）PMS 系统隐患管理隐患登记上报班长审核及隐患验收。

4）PMS 系统检修管理现场勘察编制；填写修试记录验收。

5）PMS 系统标准化作业管理作业文本、检测文本、巡视文本编、作业文本执行。

6）PMS 系统检测管理检测计划编制、检测记录录入。

7）PMS 系统试验报告管理填写试验报告。

8）PMS 系统巡视管理巡视周期维护、巡视计划编制、巡视记录登记。

9）PMS 系统工作票管理编制电力线路第一种工作票（电力线路工作任务单、现场勘察记录）、电力线路第二种工作票、电力线路电带工作票、电力线路事故抢修单编制、现场勘察编制和电力线路第一种工作票中电力线路工作任务单签发。

**33.2.8.8** 工作班成员一般工作要求。

（1）电网资源管理。

1）PMS 系统数据查询。

2）PMS 系统电网资源管理（台账维护、图形维护）变更申请。

3）PMS 系统修改线路基本参数数据（杆塔、绝缘子、金具、附属设施、拉线、导线、地线、光缆、交叉跨越）。

（2）实物资产管理。

PMS 系统实物资产管理。

（3）工器具及仪器仪表管理。

PMS 系统工器具及仪器仪表管理。

（4）电网运维检修管理。

1）PMS 系统故障管理故障登记。

2）PMS 系统缺陷管理缺陷录入和缺陷上报班长审核及消缺结果验收；缺陷转隐患流程上报班长审核；PMS 系统家族性缺陷管理疑似家族缺陷登记。

3）PMS 系统隐患管理隐患登记上报班长审核及隐患验收。

4）PMS 系统检测管理检测记录录入。

5）PMS 系统试验报告管理填写试验报告。

6）PMS 系统巡视管理巡视记录登记。